日氣와 人間生活
# 날씨와 인간생활

소 선 섭(蘇鮮燮) 저

# 머 리 말

　기상(대기)현상은 자연의 섭리라 인간의 힘으로는 어쩔 수 없다고 생각했던 시절에는 인간은 자연에 순응하면서 기상재해도 천재(天災)로 생각해 당하면서 살아왔다. 추우면 떨고 더울 때는 부채질을 하면서 참고 살았다. 그 시절의 대기과학은 인기도 없고, 도외시 당하고, 무시당하면서 기상학자(대기과학자) 등 이에 관련된 종사자들은 사람들의 무관심 속에 그렇게 살아왔다. 그런데 문명이 발달하고 사회의 각 방면이 전문화가 되면서 인간은 날씨에 복종하면서 사는 것이 아니고 자연을 극복(克服)하는 삶이 되었다. 더우면 냉방을 하고 추우면 난방을 하여 항상 인간이 살기에 적절한 기상조건으로 갖추어 갔다. 현대의 사회가 발달할수록 대기과학은 모든 분야에 파고들어 이제는 필수품이 되어 가고 있다. 모든 사업은 기상상황인 날씨와 상의를 하지 않으면 안 되는 사회가 점점 되어가고 있다.

　대학의 전공으로는 대기과학과(기상학과)가 있어 점점 그 자리를 굳건히 하고 있고, 관련기관인 기상청은 매일의 일기를 온 국민에게 알려주어 뉴스와 같은 매스컴에 반드시 등장하는 주역이 된지 오래이다. 모든 국민은 매일 식사를 하듯이 일기예보를 대하게 되었다. 매일 시시각각으로 접하게 되는 일기예보, 기상정보 등을 일상생활에 적용하고 사업에 이용하기 위해서는 보다 정확인 일기(日氣, 날씨)를 이해하고 알아야 할 시대가 되었다. 이 일의 일환으로 대학에서는 대학교육중 교양과정으로 대기과학(기상학)을 강의하게 되었다. 그 과목의 명칭이 **"날씨와 인간생활"** 인 것이다. 꽤 오랫동안 이 강의를 해왔으나 전공서적의 집필에 밀려 미루어 오다가 이번기회에 출판에 이르게 되었다.

　본인은 승마(乘馬)를 취미를 넘어서 제 2의 전공 정도로 하고 있어서 저서에 말[馬]이 들어가면 종종 대기과학과 승마가 무슨 관련이 있는가의 질문을 받는다. 억지로 들리는 경우도 있겠지만, 승마로 훈련된 건강한 육체로 책을 쓸 수 있다고 또 예수님은 말의 보금자리인 마구간(馬廐間)에서 태어나셔서 구름[雲: 대기과학의 용어]을 타고 재림하신다고 하니 말과 대기과학이 이정도면 끈끈한 관련이 아니냐고 답변한다.

"날씨와 인간생활"은 교양서로써 인기가 있고 잘 팔리는 책이기를 바라는 것이 아니고, 온 국민의 대기과학의 이해에 도움이 되어 날씨의 정보를 이용하는데 일조하기를 바란다. 집필에 도움을 준 대학원생 소은미(蘇恩美), 이근수(李根洙)와, 학부생 손영인(孫永仁)의 수고에 감사한다. 아울러 출판을 담당한 도서출판 보성(寶盛)과 사장 박상규(朴相奎)님의 무궁한 발전도 기원한다.

2005년 1월 19일
저자 소 선섭(蘇 鮮燮)

# 차 례

※ 삶의 이정표 / xi
※ 승마 소개 / xii

## 제1장. 대기과학의 현황 ........................................................ 1
### 1.1. 대기과학의 정의 ........................................................ 1
### 1.2. 대기과학의 중요성 ..................................................... 1
### 1.3. 대기과학의 육성 예 .................................................... 2
### 1.4. 공주대학교 대기과학과 설립 목적 ................................. 3
　1.4.1. 전국의 대기과학과의 현황 / 3
　1.4.2. 공주대학교 대기과학과의 설립 의미 / 4
### 1.5. 대기과학의 분류 ........................................................ 5
### 1.6. 기상청 ..................................................................... 8
　1.6.1. 임무와 조직도 / 8
### 1.7. 공군 73 기상전대 ...................................................... 10
　1.7.1. 몽고군의 일본 정복 실패 / 10
　1.7.2. 나폴레옹의 실패 / 10
　1.7.3. 전쟁에 기상예보의 활용 / 11
　1.7.4. 전쟁의 승패는 기상(대기) / 11
### 1.8 기상회사 .................................................................. 12
　1.8.1. 기상회사의 설립배경 / 12
　1.8.2. 기상회사의 현황 / 12
　1.8.3. 앞으로의 기상회사의 전망 / 14

## 제2장. 기상정보의 활용 ...................................................... 17
### 2.1. 그린에너지와 기상(대기) ............................................ 17
　2.1.1. 태양방사[太陽放射(복사, 輻射), 일사(日射)] / 18
　2.1.2. 풍력(風力) / 18
　2.1.3. 수력(水力) / 19
　2.1.4. 파력(波力) / 20
　2.1.5. 해양온도차(海洋溫度差) / 21
　2.1.6. 해류(海流) / 21

2.1.7. 농도차(濃度差) / 21
　　2.1.8. 조석(潮汐)·조류(潮流) / 21
　　2.1.9. 지열(地熱) / 22
　　2.1.10. 바이오매스(bio-mass) / 22
2.2. 수자원과 기상(대기) ············································································ 23
　　2.2.1. 수자원(水資源) / 23
　　2.2.2. 지구상의 물의 양과 순환 / 23
　　2.2.3. 수자원의 유효이용과 수문기상 / 25
　　2.2.4. 원격측정에 의한 수자원 조사 / 26
2.3. 농업생산과 기상(대기) ········································································ 27
　　2.3.1. 농작물과 기상 / 28
　　2.3.2. 경지의 기상환경 / 28
　　2.3.3. 하우스 농업과 기상 / 29
　　2.3.4. 농업기상재해 / 30
　　2.3.5. 병충해와 재해 / 33
2.4. 임업과 기상(대기) ················································································ 35
　　2.4.1. 삼림면적의 감소 / 35
　　2.4.2. 목재의 육성과 기상 / 36
　　2.4.3. 삼림의 기상환경 / 36
　　2.4.4. 삼림의 기상재해 / 37
2.5. 수산과 기상(대기) ················································································ 37
　　2.5.1. 기상의 지배를 받는 바다 / 38
　　2.5.2. 조업과 기상조건 / 39
　　2.5.3. 어획량·자원 변동과 기상조건 / 41
　　2.5.4. 수산생물과 해양기상 / 41
　　2.5.5. 수산 증·양식과 기상 / 43
2.6. 건축과 기상(대기) ················································································ 45
　　2.6.1. 열과 건축 / 46
　　2.6.2. 바람과 건축 / 52
　　2.6.3. 물과 건축 / 55
　　2.6.4. 도시·건축과 지구환경문제 / 59
2.7. 파랑과 기상(대기) ················································································ 60
　　2.7.1. 파도의 종류와 예보 / 60
　　2.7.2. 파랑의 특성 / 62
　　2.7.3. 풍파의 발달 / 64
　　2.7.4. 파랑예보 / 66
2.8. 교통과 기상(대기) ················································································ 67
　　2.8.1. 도로와 기상정보 / 67
　　2.8.2. 해운과 기상정보 / 68

  2.8.3. 항공과 기상정보 / 69
 2.9. 대기오염과 기상(대기) ················································································· 70
  2.9.1. 오염물질의 생성 / 70
  2.9.2. 대기오염과 광화학스모그 / 72
  2.9.3. 환경농도와 기상조건 / 73
  2.9.4. 해륙풍과 대기오염 / 75
  2.9.5. 대기오염예보의 실제 / 78
 2.10. 경제활동과 기상(대기) ··············································································· 79
  2.10.1. 총 설 / 79
  2.10.2. 소비생활과 기상 / 79
  2.10.3. 일기판매증진책 / 83
  2.10.4. 전력과 기상 / 84
  2.10.5. 경제운항과 기상 / 85
 2.11. 방재와 기상(대기) ···················································································· 87
  2.11.1. 풍 해 / 88
  2.11.2. 용권재해 / 90
  2.11.3. 염 해 / 90
  2.11.4. 파랑해 / 90
  2.11.5. 고조해 / 91
  2.11.6. 수 해 / 92
  2.11.7. 설해·눈사태 / 92
  2.11.8. 빙해·동해 / 93
  2.11.9. 뇌재(낙뢰해·우박해) / 93
  2.11.10. 냉해·간해 / 94
  2.11.11. 그 외의 기상재해 / 95
  2.11.12. 화재와 기상 / 96
  2.11.13. 방재업무 / 97
 2.12. 기상 자격시험 ························································································ 98
  2.12.1. 기상기사 / 98
  2.12.2. 기상예보기술사 / 98
  2.12.3. 대기환경(산업)기사, 대기관리기술사 / 99

# 제3장. 일기도 작성과 예보 ···································································· 101
 3.1. 일기도의 작성 ························································································ 101
  3.1.1. 원 리 / 101
  3.1.2. 방법 및 과정 / 102
 3.2. 일기예보 ································································································· 107
  3.2.1. 예보의 역사 / 107

  3.2.2. 예보의 종류 / 108
  3.2.3. 예보의 방법 / 111
 3.3. 예보용어 ································································································· 113
  3.3.1. 예보용어 개요 / 113
  3.3.2. 하늘 상태 표현 / 113
  3.3.3. 바람(풍속)강도 표현 / 114
  3.3.4. 파고(파랑) 표현 / 114
  3.3.5. 시제(時制) 표현 / 114
  3.3.6. 강수량(降水量) 표현 / 115
  3.3.7. 신적설량(新積雪量) 표현 / 116
  3.3.8. 시간(時間) 개념 표현 / 116
  3.3.9. 장소(場所) 개념 표현 / 117
  3.3.10. 기온(氣溫) 비교 표현 / 117
  3.3.11. 강수량(降水量) 비교 표현 / 117
  3.3.12. 예보(단기예보) 발표와 예보기간 / 118
  3.3.13. 일기예보 발표와 단기예보 기간의 기준 / 118
 3.4. 기상특보 기준 ······················································································ 119

## 제4장. 지상관측과 고층관측 ································································ 121

 4.1. 지상 대기 관측 ···················································································· 121
  4.1.1. 개 요 / 121
  4.1.2. 장 비 / 123
 4.2. 고층 대기 관측 ···················································································· 124
  4.2.1. 개 요 / 124
  4.2.2. 장 비 / 124
  4.2.3. 관측방법 / 124
 4.3. 위성 기상 관측 ···················································································· 125
  4.3.1. 기상위성 자료처리 체계 / 126
  4.3.2. GMS 기상위성 / 126
  4.3.3. NOAA 기상위성 / 128
 4.4. 레이더 기상관측 ·················································································· 130
  4.4.1. 기상레이더(Meteorlogical Radar) 관측 / 130

## 제5장. 일기속담과 그 풀이 ································································ 133

 5.1. 동물에 관한 속담 ················································································ 133
  5.1.1. 조류(새) / 133
  5.1.2. 곤충류 / 136
  5.1.3. 양서류 / 137

  5.1.4. 어류(물고기) / 138
  5.1.5. 그 외의 동물 / 139
 5.2. 대기현상에 관한 속담 ··················································· 140
  5.2.1. 저기압 / 140
  5.2.2. 저기압·고기압 / 144
  5.2.3. 고기압 / 145
  5.2.4. 장기예보 / 146
  5.2.5. 국지풍 / 148
  5.2.6. 편서풍 / 148
 5.3. 기 타 ················································································· 151
  5.3.1. 무생물 / 151
  5.3.2. 인 간 / 153
  5.3.3. 음향효과 / 153
  5.3.4. 냄 새 / 155
  5.3.5. 천문현상 / 155
  5.3.6. 연 기 / 156
  5.3.7. 식 물 / 158
  5.3.8. 지진예보 / 158

# 제6장. 기 상 측 기 ·································································· 161
 6.1. 기 압 ················································································· 161
  6.1.1. 기압의 단위 / 161
  6.2.1 기압계 / 162
 6.2. 기 온 ················································································· 163
  6.2.1. 기온의 단위 / 163
  6.2.2. 온도계 / 164
 6.3. 습 도 ················································································· 166
  6.3.1. 습도의 종류 / 166
  6.3.2. 습도계의 종류 / 168
 6.4. 바 람 ················································································· 169
  6.4.1. 풍향·풍속 / 169
  6.4.2. 눈관측(目測) / 172
 6.5. 구 름(雲) ·········································································· 173
  6.5.1. 운 형 / 173
  6.5.2. 운 량 / 174
 6.6. 강 수 ················································································· 175
  6.6.1. 우량계 / 175
  6.6.2. 설량계 / 175

6.6.3. 장기 자기우량계 / 176
6.7. 적 설 ............................................................................................................ 177
　6.7.1. 적설량 / 177
6.8. 증 발 ............................................................................................................ 178
　6.8.1. 증발량 / 178
　6.8.2. 증발계 / 178
6.9. 시 정 ............................................................................................................ 178
　6.9.1. 시정 관측 / 178
　6.9.2. 시정계 / 179
6.10. 복사(방사) .................................................................................................. 180
　6.10.1. 일 사 / 180
　6.10.2. 일 조 / 181
6.11. 지중온도 ..................................................................................................... 182
　6.11.1. 지중온도계 / 182

## 제7장. 생활과 기상 ............................................................ 183

7.1. 건강과 기상 ................................................................................................. 183
7.2. 화분병과 기상 ............................................................................................. 185
7.3. UV 카드 ....................................................................................................... 187
7.4. 날씨와 생활지수 ......................................................................................... 191
　7.4.1. 불쾌지수 / 191
　7.4.2. 열파지수 / 192
　7.4.3. 자외선지수 / 192
　7.4.4. 그 밖의 생활지수 / 193

# 삶의 이정표

| 순번 | 종류 | 내용 |
|---|---|---|
| 1 | 성(sex), 정조 | • 가정과 사회의 안정 또는 파멸<br>• 구성애의 아우성<br>• 시대적인 유행의 변화는 있으나 본능의 변화는 없음 |
| 2 | 양심(良心),<br>상대의 입장,<br>마음의 거울(양심) | • 사물의 가치를 변별하고 자기의 행위에 대하여 옳고 그름과 선과 악의 판단을 내리는 도덕적 의식<br>• 객관적인 사고가 가능<br>• 판단의 기준 |
| 3 | 신념(信念, belief)<br>신의(信義) | • 신념: 굳게 믿는 마음, 나의 출세와 참 친구의 사귐에 필수<br>• 신의: 믿음과 의리를 아울러 이르는 말 |
| 4 | 불변(不變), | • 언제나 변함없는 마음(初志一貫), 강인한 성격<br>• 신념과 신의를 유지에 필요 |
| 5 | 정직(正直) | • 종업원, 상업 등<br>• 어느 정직을 강조 설교하던 목사에게 택시기사가 건넨 거스름 돈 2,000 원이 시험대<br>• 학교의 시험부정행위 |
| 6 | 시간엄수 | • 신용과 믿음의 척도 |
| 7 | 쓰레기, 침, 욕(辱) | • 시민도, 문화도, 선후진국<br>• 혐오감, 비위생적<br>• 욕설의 준말, 친구간의 다정함, 부모의 푸념<br>예1) 육시를 할 놈; 육시형(戮屍刑),<br>예2) 썩어죽을 놈: 예전의 나병환자(한센병) |
| 8 | 교통질서 | • 망국과 지옥의 연상 |
| 9 | 공공사재(公共私財) | • 公私不異(二), 강의실 소등, 실험실 기구 분실, 창문 닫기<br>• 빌려주고 못 받기, |
| 10 | 언행(言行) | • 교통사고 등의 싸움<br>• 言行一致 |
| 11 | 직업관(職業觀) | • 변함없는 일 처리, 부정부패, 자손만대, 신상필벌(信賞必罰) |
| 12 | 도적(盜賊)질 | • 부정직의 소산, 도벽은 망국<br>• 여탕의 준비물 도난, |
| 13 | 야성(野性, vulgarity) | • 자연 또는 본능 그대로의 거친 성질 |
| 14 | 지성(知性, intellect) | • 지각된 것을 정리, 통일하여, 이를 바탕으로 새로운 인식을 낳게 하는 정신작용 |
| 15 | 덕성(德性,<br>nomal character) | • 어질고 너그러운 성질 |
| 16 | 등고망원(登高望遠) | • 높은 산에 올라야 먼 곳을 봄 ⇒ 큰 그릇이 될 것 |
| 17 | 신(神, god) | • 만물의 창조, 자연과학은 신의 산물의 이용 안내 ⇒ 종교 |

# 승마소개

1) 스포츠로서의 승마

2) 수양을 위한 수단으로서의 승마

3) 치료와 건강 수호자로서의 승마

4) 선수 양성으로서의 승마

5) 관광사업으로서의 승마

6) 생산과 경제적 가치로서의 승마

# 제1장 대기과학의 현황

## 1.1. 대기과학의 정의

**대기과학**(大氣科學, atmospheric science)이란 지구상에 있는 공기(空氣 大氣)를 연구하는 학문이다. 더 넓은 의미로 부연하면 지구만 아니고 다른 천체(天体; 행성 또는 항성 등)에 존재하는 大氣도 포함한다.

大氣科學은 기상학(氣象學, meteorology)과도 거의 같은 뜻이나 정확하게 구분한다면 대기과학은 예전의 기상학에다 기후학(氣候學, climate)을 합하여 부르는 학문 명이다.

$$대기과학 = 기상학 + 기후학 \tag{1.1}$$

그러나 보통은 대기과학이나, 기상학은 같은 의미로 쓰이고 있고,

$$대기과학 ≒ 기상학 \tag{1.2}$$

최근에는 大氣科學을 더 많이 사용하는 추세이다.

## 1.2. 대기과학의 중요성

공기와 물은 지상에 어디를 가나 마음대로 얻을 수가 있어서 사람들의 관심에도 없었고, 무가치하게 느껴졌다. 그러던 중 어느 새인가 환경오염이라는 단어가 우리 귀에 생소하지 않게 되었다. 옛날에는 북청 물장수의 물을 사먹는 일은 있었으나, 물이 오염이 되어서 가게에 가서 PT병의 물을 돈을 주고 사먹는 이 엄청난 일이 아무렇지도 않게 일어나고 있는 것이다. 그것도 휘발유 가격과 비슷하게 말이다. 물의 오염은 갈수록 점점 심각해져서 우리의 생명을 위협할 정도라는 것을 대부분 사람들이 부인하기 어려워졌다.

그러면 공기(空氣, 大氣)는 어떠할까? 안전하게 걱정 없이 마셔도 될까? 이 물

음에는 고개를 갸우뚱하는 사람도 있을 것이다. 그러나 대기과학자의 입장에서 보면 불행하게도 이것도 앞의 물(水分)의 경우와 같은 과정을 거쳐 우리의 생명을 달라고 하는 위협을 가할 것이다. 이제까지 마음껏 마셨던 공기를 만끽하지 못하고 사서 마셔야 한다. 그것도 산소 농도의 양에 따라서 등급제로 만들어서 부자와 가난한 자의 산소통이 다를 것이다. 또한 그 무거운 산소통을 자나 깨나 메고 다녀야 한다. 사랑하는 연인은 옆에 못 두어도 산소통은 끼고 자야한다. 이것은 소설 속의 이야기를 하는 것이 아니다. 다가올 우리의 미래 공기의 현실 속의 상황을 이야기하고 있는 것이다. 이것이 현실이 되지 않도록 대기과학자는 막아야할 것이 아닌가! 대기과학자의 임무가 중차대함을 알리는 대목이다.

지금부터 空氣(공기, 大氣)의 중요성을 인식해보자. 숨을 쉬지 않고 몇 분을 견딜 수 있겠는가! 공기의 간절함을 느낄 것이다. 이런 입장으로 지금부터는 공기를 인식해야 할 것이다. 이 세상의 그 무엇 하고도 바꿀 수 없는 이 공기를 지금부터는 보호하고 소중히 간직해야 할 때가 왔다.

옛날에는 날씨(일기)에 복종하면서 살아왔다. 추우면 벌벌 떨면서도 그 추위를 참고, 더우면 옷을 벗고 그늘을 찾아 더위를 피하면서 살아왔다. 그러나 현대에는 이렇게 참아가면서 살아가는 것이 아니고 극복하면서 살아가고 있다. 추우면 따뜻하게 난방(暖房)을 하고 더우면 선풍기가 에어컨(공기조절장치, air conditioner)을 가동해서 서늘하게 하여 인간에게 일년 내내 항상 쾌적한 기온(氣溫, 18~24℃ 정도)과 습도(濕度, 40~60% 정도)를 유지시켜서 날씨를 극복하면서 살아가고 있다. 이러한 환경 속에서는 대기과학이란 변두리의 학문이 아니고, 우리의 삶의 중심을 파고드는 핵심 심장부가 되었다. 여기에 앞으로 우리 모두에게 다가오는 **기상회사**(氣象會社)가 있다.

## 1.3. 대기과학의 육성 예

공과계열의 학과를 설립해서 기술자를 양성하고 공장이 세워지면 기술이 발달된다. 한 예로 자동차의 생산과 기술발달로 점차 빠르고 편리한 차를 만들 수 있다. 그러나 신종의 자동차를 휘발유차에서 태양에너지(太陽 energy)차로 만드는 것은 기술 개발만으로 만 이루어지는 것이 아니라, 태양에너지를 연구하는 대기방사(大氣放射, 輻射, radiation)의 자연과학의 연구에서 나오는 것이다. 이것은 태양에너지 차(車)를 만들려고 대기방사를 연구했던 것이 아니고, 자동차와는 전연 무관하게 고 영리와도 관계없이 순수한 자연과학이 기초학문인 대기과학에서 연구에서 이루어져야 하는 분야이다.

기초 자연과학은 한순간에 이루어지는 학문이 아니고 꾸준하게 오랜 세월을 걸쳐서 연구되고 있어야 언제고 응답 부분인 자동차와 같은 곳에서 이용되어 신종의 자동차가 나오는 것이다. 현재 당장 응답이나 이용이 되지 않는 것 같아서 투자를 아껴서 기초 자연과학을 육성하지 않는다면 태양에너지 차가 필요할 때 만들어 질 수 없게 된다. 이것은 한치 앞을 못 보는 어리석음이 될 것이다. 이것은 자연과학의 중의 대기과학의 기초를 튼튼히 해 두는 것이 인류의 과학을 충분히 활용하는 삶이 될 수 있을 것이라는 한 예에 지나지 않는다.

## 1.4. 공주대학교 대기과학과 설립 목적

### 1.4.1. 전국의 대기과학과의 현황

현재 우리나라에 설치되어 있는 전국의 대기과학과의 현황을 살펴보면, 서울대학교, 연세대학교, 부산대학교, 부경대학교, 공주대학교 등이 있고, 유사 학과를 더하면 경북대학교, 강릉대학교와 각 사범대학의 지구과학 교육과에서 전공으로 연구하고 하고 있는 실정이다. 이 중에서 공주대학교의 대기과학과가 제일 나중에 설치된 막내 학과이다. 전국의 다른 많은 기존의 학과에 비교하면 무척 적은 수의 학과가 존재한다고 할 수 있다. 그러나 현재의 대기과학과의 출신들도 다 기상청(氣象廳, Korea Meteorological Administration, KMA)에 취직을 하지 못하고 있는 실정이다. 이것은 아직은 기상청의 규모가 선진국이 비해서 빈약하다는 의미가 된다. 앞으로 지금의 기상청 직원의 3배 정도는 되어야 한다고 생각한다. 그리고 또 하나는 대기과학과 출신들의 진로가 오로지 기상청과 기상청 산하의 기상연구소만을 직장의 대상으로만 생각할 것이 아니라, 다른 취직처도 다양하게 고려가 되어야 한다.

예를 들면, 환경청, 수자원공사, 홍수통제소, 농촌진흥청, 재해방지 부서 등 대기과학과 관련된 부서가 많이 있음을 알 수 있다. 또 이런 관청들과도 관련되어 앞에서 잠시 언급한 기상회사의 발달은 대기과학 전공자들의 아주 중요한 직장이며 안식처가 될 것이다. 따라서 앞으로 氣象會社의 추이에 지대한 관심이 집중이 될 것이다.

## 1.4.2. 공주대학교 대기과학과의 설립 의미

　전국에 대기과학과와 이에 관련된 학과가 존재한다고는 하나, 충청남북도, 전라남북도, 제주도에 이르기까지 백제권의 호남지방과 바다건너 제주도까지 대기과학과가 하나도 없는 전무한 상태이다. 이에 공주대학교 사범대학의 지구과학교육과에서 오랫동안 대기과학을 지도하고 연구하던 교수님의 뜻으로 공주대학교의 자연과학대학에 대기과학과를 신설하게 되었다. 현재는 학부뿐만이 아니고, 대학원에 석사와 박사과정이 설치되어 매년 학사, 석사 박사를 합하여 약 50여 명씩 대기과학인(大氣科學人)이 배출이 되고 있다.

　대학원 재학생 약 50여 명 중 1/3은 기상청(氣象廳) 직원이고, 1/3은 인근에 있는 3군 본부의 기상전대(氣象戰隊) 소속의 군인들이다. 기상청과 기상전대는 본과와 산학협동의 결연히 맺어져 있어 자매와 같은 연구 동반자이다. 현재 기상청에도 약 100여명이 진출해서 10% 정도의 기상인(氣象人)이 활동하고 있다. 이대로 매년 현재의 상태대로만 기상청에 입청을 한다고 해도 앞으로 기상청의 상당수의 기상직원이 공주대인으로 채워질 것은 분명한 일이다. 그리하면 공주대학교 출신들이 백제권 호남지방을 주축으로 하여 전국에 기상청 산하의 모든 기상관서(氣象官署)와 그 외의 기상관련 업무에 중심축이 되어 일하게 될 것이다. 이것이야말로 공주대학교에 대기과학과가 만들어져야 하는 이유로 더 할 것이 무엇이 있겠는가!

## 1.5. 대기과학의 분류

### 공주대학교 대기과학과의 분류표

1. 대기요소의 원리, 측기(測器, instrument) 및 관측(觀測, observation)
   1.1. 기압(氣壓, pressure)
   1.2. 온도(溫度, air temperature)
   1.3. 습도(濕度, humidity)
   1.4. 바람(wind, breeze): 풍향·풍속(風向·風速, wind direction, wind speed)
      1.4.1. 풍력발전(風力發電, generation of wind power)
   1.5. 구름[雲, cloud]
   1.6. 강수(降水, precipitation)
   1.7. 적설(積雪, snow cover, deposited snow)
   1.8. 증발(蒸發, evaporation)
   1.9. 시정(視程, visibility)
      1.9.1. 안개[霧, fog]
      1.9.2. 대기오염(大氣汚染, air pollution)
   1.10. 방사(放射, 輻射, radiation)
   1.11. 일사(日射, 太陽放射, solar radiation)
   1.12. 일조(日照, sunshine)
   1.13. 지중온도(地中溫度, soil temperature)
   1.14. 대기현상(大氣現象, atmospheric phenomenon)
   1.15. 일기(日氣, weather)
2. 기초대기과학(基礎大氣科學, basic atmospheric science)
   2.1. 유체역학(流體力學, fluid dynamics)
      2.1.1. 대기역학(大氣力學, atmospheric dynamics)
      2.1.2. 지구유체역학(地球流体力學, global fluid dynamics)
      2.1.3. 열역학(熱力學, thermal dynamics)
      2.1.4. 교통류(交通流, traffic flow)
   2.2. 대기방사(大氣放射, 大氣輻射, atmospheric radiation)
   2.3. 대기대순환(大氣大循環, general circulation)
   2.4. 종관대기(綜觀大氣, 總觀大氣, synoptic atmosphere, 時系列 포함)
      2.4.1. 종관규모의 바람(綜觀規模의 風, wind of synoptic scale)
      2.4.2. 종관규모의 강우(綜觀規模의 降雨, rainfall of synoptic scale)
   2.5. 중소규모의 대기요란(中小規模의 大氣擾亂, disturbance of meso and small scale)
      2.5.1. 중(간)규모요란[中(間)規模의 擾亂, intermediate(medium) scale disturbance, mesoscale disturbance]
      2.5.2. 호우(豪雨, heavy rain. heavy rainfall), 뇌우(雷雨, thunderstorm)
      2.5.3. 용권(龍卷, tornado, spout, waterspout)
   2.6. 극대기(極大氣, polar atmosphere)
   2.7. 열대대기(熱帶大氣, tropical atmosphere)
      2.7.1. 태풍(颱風, typhoon)

2.8. 중·상층대기(성층권, 중간권)[中·上層大氣(成層圈, 中間圈),
       middle·upper atmosphere(stratosphere, mesosphere)]
    2.8.1. 중간대기의 미량성분(中間大氣의 微量成分, minute component of
           middle atmosphere)
    2.8.2. 초고층대기(超高層大氣, upper atmosphere)
  2.9. 대기경계층(大氣境界層, atmospheric boundary layer, 난류 포함)
    2.9.1. 접지(기)층[接地(氣)層, surface boundary layer]
    2.9.2. 국지순환(局地循環, local circulation, 열적원인)
      2.9.2.1. 해륙풍(海陸風, land and sea breeze)
    2.9.3. 국지풍(局地風, local winds)
    2.9.4. 안개[霧, fog]
  2.10. 행성대기(行星大氣, planetary atmosphere, 惑星大氣)
3. 대기성분(大氣成分, atmospheric component)
  3.1. 대기화학(大氣化學, atmospheric chemistry)
  3.2. 운대기(雲大氣, cloud atmosphere)
    3.2.1. 빙(氷, 얼음)의 물성(物性)(properties of ice)
  3.3. 대기전기학(大氣電氣學, atmospheric electricity, 천둥번개, 雷電)
  3.4. 에어로졸(aerosol)
  3.5. 설빙학(雪氷學, snow and ice)
  3.6. 대기광학(大氣光學, atmospheric optics)
  3.7. 대기음향학(大氣音響學, atmospheric acoustics)
  3.8. 운학(雲學. 구름학, nephology, 구름의 형태학)
4. 기후(氣候, climate)
  4.1. 대기후(大氣候, macroclimate)
  4.2. 중기후(中氣候, mesoclimate)
  4.3. 소기후(小氣候, microclimate)
  4.4. 도시기후(都市氣候, city climate, urban climate)
    4.4.1. 열도(熱島, 열섬, heat island)
  4.5. 고기후(古氣候, paleoclimate); 古氣候學(paleoclimatology)
  4.6. 기후변화(氣候變化, climatic change)
  4.7. 기후모델링(climate modeling)
5. 응용대기(應用大氣, applied atmosphere)
  5.1. 일기예보[日氣豫報, weather forecast(ing), weather prediction]
    5.1.1. 수치예보(數値豫報, numerical weather prediction)
  5.2. 대기오염(大氣汚染, air pollution)
  5.3. 산업대기(産業大氣, industrial atmosphere);
       산업기상(産業氣象, industrial meteorology)
  5.4. 항공대기(航空大氣, aeronautical atmosphere);
       항공기상(航空氣象, aeronautical meteorology)
  5.5. 해양대기(海洋大氣, marine atmosphere)
       해양기상(海洋氣象, marine meteorology)
  5.6. 수문대기(水文大氣, hydroatmosphere) = 수리대기(水理大氣);
       수문기상(水文氣象, hydrometeorology) = 수리기상(水理氣象)

5.7. 대기재해(大氣災害, atmospheric disaster);
　　　기상재해(氣象災害, meteorological disaster)
5.8. 생대기(生大氣, bioatmosphere); 생기상(生氣象, biometeorology)
5.9. 농업대기(農業大氣, agricultural atmosphere, agroatmosphere);
　　　농업기상(農業氣象, agricultural meteorology, agrometeorology)
5.10. 산악대기(山岳大氣, mountain atmosphere);
　　　산악기상(山岳氣象, mountain meteorology)
5.11. 생물과 대기(生物과 大氣, biology and atmosphere)
5.12. 위성대기과학(衛星大氣科學, satellite atmospheric science)
5.13. 레이더대기과학(레이더大氣科學, radar atmospheric science)
5.14. 대기제어(大氣制御, atmospheric control)
5.15. 대기통계(大氣統計, atmospheric statistics)
6. 전산대기과학(電算大氣科學, computation atmospheric science)
　6.1. 그래픽처리(그래픽處理, graphic processing) S/W
　6.2. DB 구축(DB 構築, data base development)
　6.3. 병렬화[竝(並)列化, paralyza(sa)tion]
7. 기타(the others)
　7.1. 통계수법(統計手法, statistical method)
　7.2. 실험기술(實驗技術, experimental skill)
　7.3. 사진기술(寫眞技術, photographic technique)
　7.4. 대기사업(大氣事業, atmospheric business),
　　　기상회사(氣象會社, meteorological company)
　　7.4.1. 어학(語學), 용어(用語), 논문(論文)의 쓰는 방법
　　　　　(language study, terminology and method of writing a paper)
　　7.4.2. 연구(硏究) 및 대기사업체제(大氣事業体制)
　　　　　(study and system of atmospheric business)
　　7.4.3. 회의(會議, conference)
　　7.4.4. 문헌(文獻, reference), 간행물(刊行物, publication)
　　7.4.5. 대기과학사(大氣科學史, history of atmospheric science)
　7.5. 대기교육(大氣敎育, atmospheric education)
　7.6. 인물(人物, person)
　7.7. 기상캐스터(氣象캐스터, meteorological caster),
　　　대기캐스터(大氣캐스터, atmospheric caster)
　7.8. 대기과학 관련 잡지(大氣科學 關聯 雜誌,
　　　journal with atmospheric science)
　7.9. 지구 관련 분야(地球 關聯 分野, field with earth)
　7.10. 천문(天文, astronomy)
　7.11. 해양(海洋, ocean)
　7.12. 측지(測地, geodesy, 測地學)
　7.13. 지리(地理, geography)
　7.14. 고체지구(固体地球, solid earth)

## 1.6. 기상청(www.kma.go.kr)

　**기상청**(氣象廳, Korea Meteorological Administration, KMA)은 세계의 어느 나라를 막론하고 없어서는 안 될 유일한 존재이다. 아무리 나라가 어려워서 모든 부서가 없어지고 통폐합되어도, 어느 정권의 경우에도 기상청은 존재한다. 공기는 인간에게는 없어서는 안 될 존재이고, 일기예보 또한 필수적이기 때문이다. 현재의 학문(學問)의 분야는 아주 다양하고 많으며, 그 중에서 기상학(氣象學, 대기과학)은 중요시 되고 인기 있는 학문으로 사회에서는 취급되지는 않지만, 실제로는 대기과학 이상 중요한 학문 분야가 없다고 해도 과언이 아닐 것이다. 기상청과 같이 다른 어느 학문 분야에서도 존재하는 청(廳)이 있던가! 일기예보와 같이 하루도 빠지지 않고 매스컴의 뉴스에 한번도 빠지지 않고 보도되는 학문이 있던가! 매일 매일의 뉴스에 일기예보가 나와도 하지 말라고 하는 목소리가 있던가! 대기과학(大氣科學)만이 갖는 유일한 특권이라 생각한다.

### 1.6.1. 임무와 조직도

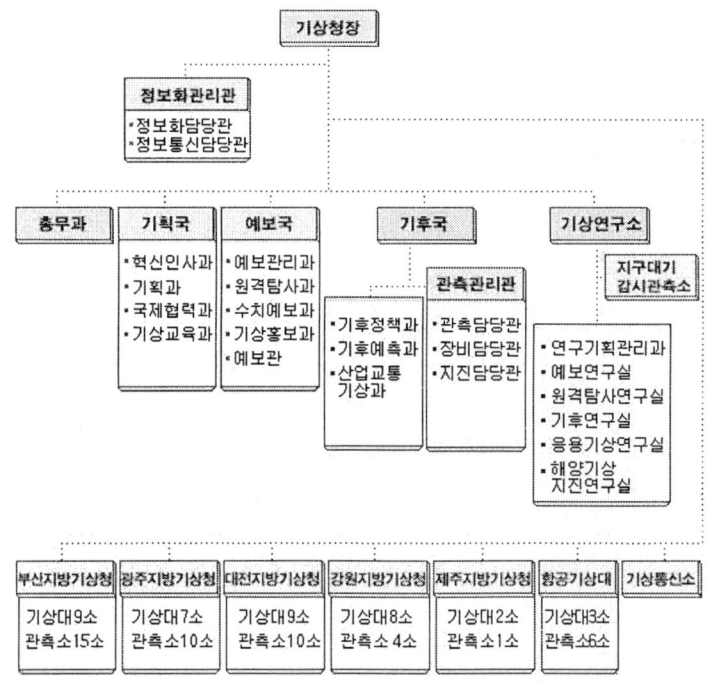

그림 1.1. 기상청 조직도

기상청은 기상·지진 등에 관한 정보를 제공하여 자연재해로부터 국민의 생명과 재산을 보호하고, 산업진흥 등 공공복리 증진에 기여하는 중앙행정기관이다. 이를 위하여 지상과 해상에서 발생하는 기상현상과 지진현상을 관측, 분석하여 기상예보와 특보를 발표한다. 또한 기후자료의 통계와 산업기상정보를 발표하고, 기상자료 및 정보를 국내외로 교환하며, 기상기술의 연구·개발 및 국제 간 기상협력 업무를 수행한다.

그림 1.2. 기상청 전국 기상 관측망

## 1.7. 공군 73기상전대

공군 73기상전대는 우리나라 군 유일의 기상전문부대이다. 일상생활에서와 마찬가지로 군 작전에서의 기상(氣象) 즉, 날씨의 변화는 상당히 많은 영향을 주고 있으며, 심지어는 작전(作戰)의 성패뿐만이 아니고 전쟁(戰爭)에서의 승패(勝敗)에도 큰 영향을 주고 있다. 과거 인류의 전쟁사(戰爭史)를 살펴보면 전쟁의 승패에 있어서 날씨가 얼마나 중요한 역할을 했는지 쉽게 알 수 있다.

그림 1.3. 공군 73기상전대 중앙기상부

### 1.7.1. 몽고군의 일본 정복 실패

첫 번째의 사례는 몽고군의 일본 정복 실패의 사례이다. 징기스칸이 이끄는 몽고군은 1274년과 1281년 두 차례에 걸쳐 일본을 정복하기 위해 수많은 군사를 이끌고 동해를 건너게 된다. 하지만 공교롭게도 그때마다 태풍(颱風)이 북상하여 몽고군의 선박이 좌초되고 많은 군사를 잃게 되는데, 우연의 일치라고 하기에는 너무나 정확한 시기(時期)이었으며 따라서 몽고군에게는 너무나 가혹한 시련이 되었다. 반면에 일본은 颱風으로 인해 징기스칸의 대군을 맞지 않아도 되었으니 그 당시 일본사람들은 태풍을 신풍(神風)이라고 부르며 하늘에 감사했다고 한다.

### 1.7.2. 나폴레옹의 실패

두 번째는 세계정복을 꿈꾸었던 나폴레옹의 실패 사례이다. 1812년 나폴레옹은 자신이 친히 대군을 이끌고 러시아를 침략하게 되는데, 식량이 부족해진데다가 극심한 추위까지 겹쳐 결국 퇴각하게 된다. 1815년에는 영국과 프로이센 연합군과의 워털루 전투에서 나폴레옹의 중화기를 갖춘 대군에 의해 승리를 눈앞에 두게 되는데, 갑자기 쏟아진 폭우(暴雨)로 중화포가 이동을 하기 어려워서 퇴각하는 영국과 프로이센 연합군에게 최후의 타격을 가하지 못하고, 오히려 연합군이 전열(戰列)을 가다듬는 시간을 벌게 해주는 결과가 되고 만다. 이 때문에 나폴레옹 군대는 역습을 당하게 되고 대패하여 세계정복에 실패하게 되었다.

### 1.7.3. 전쟁에 기상예보의 활용

다음은 전쟁에 기상예보(氣象豫報)가 활용되고 그로 인해 성공한 사례이다. 세계 2차 대전 중 연합군은 독일군에게 타격을 주기 위해서 그 유명한 노르망디 상륙 작전을 6월 5일로 계획하게 되는데, 그 당시 예보(豫報, forecasting)에 의하면 날씨가 그다지 좋지 못한 상태가 예상되었다. 그런데 연합군 기상위원회(氣象委員會)는 상륙 작전을 수행하는 시점에서는 큰 영향을 받지 않을 것이라고 豫報하였고, 반대로 독일군 기상대는 악기상(惡氣象)이 지속될 것으로 예상하여 연합군이 예상한 대로 날씨는 좋지 않았지만 惡氣象이 계속되지는 않았고 기상예보에 의해 경계를 강화하지 않았던 독일군은 크게 대패하여 2차 대전의 승리를 연합군에게 안겨주는 결과를 가져오게 된다.

### 1.7.4. 전쟁의 승패는 기상(대기)

이처럼 많은 전쟁사에서 날씨는 전쟁의 승패를 결정짓는 매우 중요한 요소로 작용하였다는 기록이 남아있다. 무기가 현대화되고 전쟁양상이 크게 변화된 지금도 날씨는 여전히 전쟁에서 매우 큰 역할을 하고 있으며, 초정밀의 최첨단 무기도 날씨의 영향을 고려하지 않으면 적(敵)에게 타격을 줄 수 없으며 아군에게도 불리한 요소들이 많이 있다. 이러한 이유로 현대전에서는 기상예보는 필수적인 작전 고려 요소로서 작용하고 있고, 따라서 공군 73기상전대(氣象戰隊)는 군 작전기상 지원을 위하여 매우 중요한 임무를 수행하고 있는 부대이다.

특히 군의 전투기를 포함해서 모든 항공기(航空機)는 기상요소에 크게 영향을 받고 있으며, 육·해군의 작전에서도 날씨의 변화는 임무 수행뿐만 아니고 병력의 손실에도 영향을 줄 수 있으므로 공군 기상전대(空軍 氣象戰隊)는 군 유일의 기상 전문부대(氣象專門部隊)로써 매우 중요한 임무를 수행하고 있다.

## 1.8. 기상회사

**기상회사**(氣象會社, meteorological company)는 대기관측, 일기예보, 기상(대기과학)의 정보, 측기, 기상서비스 등을 파는 회사라 할 수 있다. 학문적으로는 **기상과 경제**(氣象과 經濟, meteorology and economy, 大氣와 經濟) 분야에 해당한다.

### 1.8.1. 기상회사의 설립배경

원시시대나 미개인 사회 쪽으로 가면 날씨에 대한 정보나 지식도 없었지만, 거기에 대한 대책도 없어서 마냥 당하고만 사는 시대, 즉 기상에 대한 **순응**(順應)의 시대였을 것이다. 추우면 떨면서 춥게 살고, 더우면 그늘을 찾으며 식히면서 살았을 것이다. 그래서 경우에 따라서는 천둥번개, 우박, 집중호우, 태풍, 가뭄 등과 같은 천재(天災: 하늘의 재앙)는 두려움의 대상이기도 했을 것이다. 그러나 현대로 오면서부터 점차로 기상(대기)에 대한 지식도 늘어나고 어떻게 하면 피할 수 있을까 하는 궁리도 하면서 추운 면은 따뜻하게 불을 피워서 기온을 올리고, 더울 때는 에어컨(aircon, air conditioner, 공기조절장치)으로 시원하게 한다. 천둥번개[뇌전(雷電), 대기전기학(大氣電氣學)]의 원리를 알아서 피뢰침(避雷針)을 만들어 피하기도 한다. 이렇게 기상을 **극복**(克服)하는 시대로 접어들게 되었다.

이러한 기상(대기)현상의 천재지변이나 어려움을 극복하려면 보통 사람으로는 되지 않고, 대기과학(大氣科學)을 전문으로 하는 전문 기상인(氣象人)을 탄생시키게 하는 계기가 되었다. 이들의 기상정보는 점점 모든 분야와 관련이 되어 퍼져나가는 것이 세계적인 추세가 되었다. 현대의 전문화되고 바쁜 시대로 들어갈수록 이 경향은 더욱 두드러져 앞으로의 大氣科學은 어느 학문이 추종을 불허하는 학문이 될 전망이다. 이러한 전문 대기과학을 다루는 기관이나 대기과학인은 여러 곳이 있지만, 그 중에서도 **기상회사**는 이러한 소비자인 국민(기상정보를 원하는 자)의 욕구를 만족시키는 전문 기상인들로 구성되는 민간회사이다.

### 1.8.2. 기상회사의 현황

전 세계적으로 대기과학을 다루는 기관이나 기상인은 점차로 늘어나는 추세이고, 선진국일수록 그 추세는 더욱 뚜렷하다. 이에 따라서 기상회사도 계속 늘어나는 추세이고 여러 산업과의 관련성도 더욱 구체화되어 가고 있다. 여기서 몇 개국의 예를 들어보자.

**미국의 경우**, 세계 제2차 대전 이후 1946년 일기예보회사를 시작으로 하여 기상회사가 설립이 되어 몇 개의 회사가 활동을 하여 연간 매출액의 규모가 200~400만 달러($, 弗)에 불과했으나, 2000년경에는 약 12억 $ 정도의 연간 규모가 되었다. 현재는 약 500여 개 내외의 민간기상회사가 영업 활동을 하고 있다. 이와 같은 민간기상회사의 급격한 발전은 컴퓨터 기술, 기상 통신위성 레이더 등의 기능 확대, 항공 산업의 성장, 청정대기와 관련된 정책 목표의 변화, 군사 활동분야 등의 다양한 기상정보의 수요확대 등에 있다. 민간기상회사의 영업 분야는 기상예보를 비롯하여 교통, 해양, 항공, 상업기상, 생물, 하천, 수자원 예보, 기상조절 정보, 환경영향 평가, 태양에너지 조사, 기상관측 용역, 미기상, 공해분석, 상세수문기상 정보, 기상컨설턴트, 관측시스템, 영상정보시스템, 그림·그래픽 정보, 방송서비스, 기상극값 출현률, 기상재해 조사·분석 등의 업무를 수행하고 있다.

**일본의 경우**는; 1950년 재단법인 기상협회(氣象協會)의 설립으로 민간기상회사가 시작이 되어 현재 약 50여 개의 기상회사가 직원 약 3,000명 정도를 거느리고 있다. 기상정보 시장의 규모는 2000년도에는 연간 1,000억 엔(円, ¥) 정도로 예보산업 수입이 약 40%, 조사·위탁연구개발이 약 60% 정도로 추산하고 있다. 민간기상업체의 규모는 점차 확대되고 있는 형편이고 그 활동도 맹렬하다. 그 중 제일 먼저 선두에 서서 시작했던 氣象協會는 직원 1,000명 정도로 중앙본부, 지방본부(5개소), 지부(40개소)를 두고 운영하고 있으며, 기상 서비스로는 예보해설, 특정수요서비스, 기상컨설턴트, 관측·조사·분석, 연구개발, 도서출판, 기상 측기 판매 등의 활동으로 연간매출액만도 일개회사가 190억 ¥에 이르고 있다.

일본의 경우는 민·관의 역할분담이 엄격하게 구분되어 있어 기상서비스가 운영이 되고 있고, 관(官)인 기상청(氣象廳)은 도(都), 현(縣) 단위 광역적인 예보를, 민(民)에 해당하는 민간기상회사는 지점(地點, point) 예보를 수행하고 있다.

1994년(平成 6년) 기상업무법의 전면개정으로 기상예보사(氣象豫報士) 제도의 신설 및 비영리법인으로 기상업무지원센터를 설립 운영하고 있다. 기상업무지원센터는 기상협회가 주축이 되어 선박진흥회, 농촌정보시스템협회, 방송협회, TV방송국, NTT데이터통신(주), 기상사업지, 기상측기회사, 금융기관 등이 1억 3백만 円의 기금출연으로 설립되었다. 이 기상업무지원센터의 기능은 민간기상사업에 대한 기상자료 등의 분배, 기상정보에 관한 조사·연구, 기상정보 이용 해설서 발간, 기상정보 이용자에 대한 연수, 상담, 기술지도, 기상예보사 시험시행 등으로 연간 4억 円의 수입으로 운영하고 있다.

**영국의 경우**는, 기상청 내에 영업국을 두어 고객확보, 영업개발 등의 상업화 서비스의 업무를 담당하였으며, 사업화 서비스는 기상정보의 시장조사, 기상상품의 개발·생산·품질관리·판매담당 등이며, 인원은 700여명 정도로 영국기상청 전체 직원 약 2,500명의 약 30%에 해당한다. 기상정보의 전달방법은 PC, network, 인터넷 웹 사이트, Fax 등이다. 1995년까지 무료 제공하던 기상정보는 악기상 및 해일정보, 대기오염 비상경보를 위한 기상주의보, 군 작전 기상지원, 세계 항공기상센터로서의 각종 항공기상 정보 등을 제공했다. 영국 기상청의 1997년도의 총 세입 1억 5,200만 파운드(약 3,000억원) 중 국방부가 7,200만 파운드(47.5%), 환경부, 교통부 등 정부기관에서 3,000만 파운드(19.5%)를 부담하고, 비 정부기관(민간 항공, 언론, 전력회사 등)에 대한 서비스 수입으로 5,000만 파운드(33.0%)를 충당했다. 그러나 영국의 경우는 책임 운영 기관화에 따른 대부분의 연구가 고객이 원하는 단기관제로 수행되어 공공서비스 기능이 저하되는 문제점을 안고 있다.

**뉴질랜드의 경우**는 기상청은 국영기업체로 공기업화 하여 모든 기상정보를 유료(有料)로 제공하고 있으며, 1992년에는 정부가 모든 기상청의 주식을 소유하는 국영기업체로 개편하였다. 기상자료의 수집과 예보활동 등의 제경비(諸經費: 모든 경비)는 정부가 계약을 통해서 조달되고 있으며, 전체 직원의 수는 약 200명 정도이다. 고객의 서비스를 통해 연간 2,000만 US $ 정도를 벌어들이고 있으며, 운영비의 60% 정도는 정부가 지원을 하고 있으며, 나머지는 항공기상 서비스, 보도기관과 기상 전화 서비스 등의 수입으로 충당하고 있다. 기상 서비스 기술의 발전 방향은 수치예보(NWP)모델의 개발에 기초를 두고 있다.

### 1.8.3. 앞으로의 기상회사의 전망

앞으로 기상회사가 어디까지 발달 할 것인가는 간단히 말하기는 어렵지만, 상상 이상으로 전개될 것이라고 예측할 수 있다. 어렸을 때 초등학교 시절 뿔 책받침을 옆구리에 문지르면 종이조각이 달라붙는 놀이를 한 기억이 난다. 지금 생각해보면 정전기로 전기의 시작인 듯하다. 전기를 처음 만들었던 사람이 지금 살아서 현재 모든 분야에서 없어서는 안 될 필수품의 전기의 사용형태를 본다면 기절할 것이다. 또 컴퓨터는 2~30년 전 만해도 자연과학자의 복잡한 계산을 해결해주는 도구에 지나지 않았지만, 현재는 어떠한가? 모든 분야에서 없어서는 안 될 필수품이 되지 않았는가! 같은 이치로 앞으로 문명이 고도를 발달하는 사회에서는 기상정보의 활용은 모든 분야의 필수품이 되리라고 생각한다. 그 예를 들어보자. 대부분의 산업과 상업에서는 기상회사와 관련이 있다고 하는 것은 상식적으로도 알 수 있는 일이므로 가장 거리가 멀거나 하찮다고 생각되는 부분의 예를 들어 앞으로 일반화가 될 기상회사의 이해를 돕도록 하자.

ㄱ. 우유가게의 기상회사 가입

　동일한 우유 제품을 파는 같은 조건의 우유 가게가 나란히 있다고 하자. 그 중 한 가게가 기상회사에 가입을 하게 된다. 그러면 기상회사에서는 직원이 파견이 되어 우유제품의 종류와 매일 매일 기상조건에 따라 각 제품의 판매개수를 조사하게 된다. 모든 제품에 따른 조사가 끝나면 일기예보에 따른 매일의 각 우유제품에 판매 수를 예견하여 통보하게 된다. 그러면 가게 주인은 기상회사의 정보대로 제품을 구입하여 그 날로 다 소비를 하여 재고를 남기지 않게 된다. 이렇게 하여 소비자는 언제 어떤 우유를 보지 않고 선택을 해도 그날 출하된 싱싱한 우유를 마실 수가 있게 된다. 그러나 기사회사에 가입하지 않은 가게는 그렇지가 않으므로 그 쪽의 손님들은 같은 값이면 같은 돈을 주고 싱싱한 우유가 있는 기상회사에 가입된 가게로 옮기게 되어 손님이 떨어지게 된다. 결국 이 가게는 점점 쇠하다 망하게 될 것이다. 그러나 기상회사에 가입된 가게는 반대로 번성하게 된다. 이러한 상황을 기상회사는 점검하여 기상회사에 얼마의 비용을 지불을 했고, 기상정보의 이용으로 인한 이익금이 얼마가 생겨서, 가게에 얼마의 도움이 되었다는 것을 보여주게 된다. 따라서 기상회사에 가입하지 않고 현대의 기상정보 없이는 장사가 안 된다고 판단한 가게들은 앞 다투어 기상회사에 가입할 것이다. 그래야 생존할 수 있기 때문일 것이다.

ㄴ. 채소가게의 기상회사 가입

　채소가게의 기상회사의 가입도 앞의 우유가게와 동일하다. 가입이 되면 기상회사의 직원은 면밀한 조사를 통하여 모든 채소의 날씨에 따른 판매 현황을 조사를 하게 된다. 이 작업이 끝나면 매일의 일기예보에 따라 판매가능한 양을 기상정보와 함께 알려주게 된다. 그러면 채소가게 주인은 이에 따라 판매량을 주문하여 재고를 남기지 않고 그날의 채소는 모두 그날에 처분한다는 전략으로 장사를 한다.

그러면 실제로 예보에 오전에는 날씨가 좋다가 오후 주부들이 시장에 나올 시각에 비가 오는 것으로 예보가 나왔다고 하자. 그러면 기상회사에 가입한 가게는 오전에 팔 수 있는 양만을 구입하게 되어 오전 중으로 모두 처분하지면 기상회사에 미가입(未加入: 아직 기상회사에 가입하지 않음)한 가게는 예보를 듣지 않아 오후도 날씨가 좋을 줄 알고 오후 물량까지 주문하여 재고를 남기게 된다. 그 재고를 버리면 손해이고 다음 날에 팔면은 신선도가 떨어져 손임을 잃게 된다.

또 오전에 비가 오다가 오후 주부들의 장바구니 시간에는 날씨가 개어서 시장 나오기에 좋은 예보가 나왔다고 하자. 이 경우 미가입 가게는 현재 오전에 비가 오고 있으니까 오후까지 계속 비가 올 줄 알고 오후 물량은 준비하지 않을 것이다. 그러나 가입 가게는 오후 물량을 충분히 확보하고 미가입 가게의 단골손님 분까지 준비해둔다. 오후가 되어 날씨가 화창하여 시장에 나왔던 미가입 가게의 단골손님들은 채소가 없고 항상 신선도가 떨어지는 재고를 파는 기상회사에 미가입한 가게에서 이런 기회에 기상회사에 가입한 채소가게로 단골을 바꾸는 결과가 될 것이다. 미가입 채소가게의 주인이 이 사실을 알면 당연 생존을 위하여 기상회사에 가입하여 기상 서비스를 받아야 계속 장사를 해서 살아갈 수 있음을 깨달아 기상회사(대기회사)에 가입하게 될 것이다.

이와 같이 소규모의 작은 구멍가게라 할 수 있는 우유가게나 채소가게 마저도 기상회사의 기상서비스를 받아야 하므로 이로 미루어 충분히 짐작할 수 있듯이, 앞으로 모든 분야에서 기상회사의 서비스와 정보를 받아야 생존할 수 있을 것이다.

## 제2장  기상정보의 활용

 기상(대기) 현상이 우리에게 미치는 영향이 절대적이라는 것은 예전부터 알고 있었지만 천재지변(天災地變)은 어쩔 수 없는 것이라고 간주하고 포기상태였다. 하지만 현대에 와서는 인간의 지혜로 극복하고 오히려 전화위복(轉禍爲福)의 기회로 삼아 우리 일상생활의 모든 면에 응용해서 유복한 삶을 유지하려고 노력하고 있다. 그것이 어느 정도의 효과를 거두고 있고, 앞으로도 더 좋은 환경을 위하여 대기과학자들은 오늘도 불철주야(不撤晝夜) 끊임없이 노력하고 있다.

## 2.1. 그린에너지와 기상(대기)

 그린에너지(green energy, **綠色에너지**, **재생가능에너지**, **자연에너지**, **신에너지**)는 석유·석탄·천연가스로 대표되는 재래형의 화학연료에 의한 에너지와 대비해서 사용하고 있다. 또한 원자력에너지도 그린에너지와는 대립되는 것이다. 이들의 화학에너지에서는 이산화탄소(二酸化炭素, $O_2$)를 비롯하여 질소산화물(窒素酸化物, $O_x$), 황산화물(黃酸化物, $O_x$) 등이 배출되는데 반해서 이들을 배출하지 않고, 또 연소 등에서 열(熱)을 내지 않는 것을 그린에너지라고 한다. 재생가능(再生可能)이란, 사용해도 떨어지지 않고 리사이클(recycle, 재순환[再循環])이 가능하며, 자연(自然)에너지와 공통되는 이미지로서 자연에 흐르고 있는 에너지를 도중에서 다른 에너지로써 꺼내도 최종적으로는 다시 원래의 自然으로 흐르는 것, 또는 循環(순환)으로 되돌려 준다고 하는 의미이다.

 1973년 제1차 석유 쇼크(shock, 충격)를 계기로 해서 세계적으로 재생가능(再生可能)에너지원에 관한 연구와 이용기술의 개발이 본격화하고, 태양에너지에 대한 연구에도 박차를 가하게 되었다. 이것은 주로 **탈화석연료**(脫化石燃料)로써, 소위 석유 대체에너지를 의미한다. 그 후 1979~80년의 제2차 석유 충격을 거쳐서 연구개발이 더욱 진척되는 동안 석유시장은 거의 안정을 되찾았다. 한편 오존층의 파괴·지구온난화라고 하는 인류 생활환경의 위기가 신중하게 느껴지고, 지구환경의 보호라고 하는 새로운 시점에서 그린에너지로서의 **再生可能(rene-wable)에너지**가 주목을 받게 되었다. 그래서 再生可能에너지란 무엇을 의미하는지 그것들을 열거해 본다.

### 2.1.1. 태양방사[太陽放射(복사, 輻射), 일사(日射)]

태양방사의 역할은 커서, 2~7과 10까지 태양에너지가 변환되어 형태가 바뀌어진 것이다. 가정용 옥상에 급탕용(給湯用)의 집열기(集熱器)가 설치되어 있는 것을 보는 것은 진귀한 일이 아니다. 공원의 시계가 태양전지로 움직이고, 하늘-전탁(電卓)의 보급도 멀지 않았다. 태양에너지는 크게 나누어서 **열(熱)**로써의 이용과 **빛[광(光)]**으로써의 이용으로 나누어진다. 또 더욱 각각에 집광식(集光式)과 비집광식(非集光式)이 있다. 熱 이용으로서는 태양열발전소나 태양열온수기, 하늘집(solar house) 등이 주이고, 빛(光) 이용은 주로 태양전지를 이용한 것으로, 대규모의 태양광 발전소에서 위와 같은 것들까지 폭이 넓다. 집광식의 대표는 태양열발전(太陽熱發電)이다. 열발전(熱發電)에서 발전용의 증기터빈을 돌리기 위해 200~300 C의 고온이 필요하고, 태양광을 거울 등으로 집광해서 이용한다. 태양열온수기(太陽熱溫水器)나 태양냉난방용집열기(太陽冷煖房用集熱器)는 필요에 따라 온도가 수십 C 정도 또는 그 이하도 있고, 태양전지(太陽電池)도 필요에 따라서 또 효율 등을 고려해서 集光系(집광계)가 이용하고 있는 일이 많다.

### 2.1.2. 풍력(風力)

**풍력발전**(風力發電, wind mill)은 바람의 힘을 이용하여 풍차(風車)를 돌려 발전기(發電機, generator)를 회전시켜서 발전(發電)하는 것을 뜻한다. 수풍면적(受風面積) A의 이상풍차가 바람에서 이끌어 내는 에너지 W는 다음과 같이 표현된다.

$$W = 2\rho A V^3 \tag{2.1}$$

여기서 $V$는 풍속(風速)이고, $\rho$는 밀도(密度)이다. 따라서 풍차에서 이끌어 내는 에너지는 풍차의 면적에 비례하고, 풍속의 3승에 비례하는 것이 된다. 풍력발전은 다양한 형태의 풍차를 이용하여 바람이 가지는 운동에너지를 기계적 에너지로 변환하고, 이 기계적 에너지로 발전기를 구동하여 전력을 얻어내는 것이다. 이러한 풍력발전은 무한정의 청정(淸淨) 에너지인 바람을 동력원으로 하므로 기존의 화석연료나 우라늄 등을 이용한 발전방식과는 달리 발열(發熱)에 의한 열공해나 대기오염이나 방사성 누출 등과 같은 문제가 없는 무공해 발전방식이다.

전력공급원으로서 풍력에너지의 이용은 1891년인, 100여 년 이전에 이미 덴마크에서 시작이 되었다. 덴마크, 독일, 미국, 일본 등 선진국들은 지하자원의 석유에너지의 고갈로 인한 대체 에너지 중 무한한 청정에너지인 풍력이 전체의 약 10~20% 정도는 차지하리라고 전망하면서 많은 기대를 걸고 개발에 박차를 가하고 있다. 우리나라도 이에 뒤떨어지지 않도록 연구에 열을 가해야 할 것이다.

## 2.1.3. 수력(水力)

수력발전(水力發電)은 19C의 산업혁명 시대에도 사용되었을 정도로 역사가 깊다. 현재 우리나라에서도 화력발전(火力發電)과 병행해서 수력발전에 의해 전력을 얻고 있으나, 그 비중은 점점 커지고 그의 중요함은 새삼 강조할 필요가 없다고 생각한다.

수력발전소의 입지조건에는 우선 저수지(貯水池)를 포함하는 발전설비가 만들어지기 쉬운 지형일 것, 또 집수역(集水域)에 충분한 강수량이 있을 것 등이 최저한의 조건일 것이다. 비·눈 등의 형태로 내린 강수(降水)가 하천(河川, 河道)에 유출하는 과정은 다음과 같이 분류된다.

1) 지하수 유출: 지하의 비교적 깊은 곳으로 침투해서, 일단 지하수유(地下水流)가된 후 하도(河道)로 흘러나온 것.
2) 중간유출: 지하의 얕은 부분에 침투한 후, 하도(河道)로 흘러나오는 것.
3) 표면유출: 침투의 속도는 제한되어 있어, 그것을 넘는 부분이 침투하지 못하고 지표면을 흘러서 河道에 도달한 것.

이들이 어떠한 비율이 되는지는 식생(植生)·지질(地質)·지형·강수량 등에 의존한다. 이와 같이 해서 유출해 온 수량(水量)은 그 유역의 유출량(流出量)이라 하는데, 강수량과는 같지 않다. 강수의 일부는 침투하기 전에 증발하나, 또는 침투한 후 식물에 흡수되어 잎의 증산(蒸散) 등으로 소실된다. 유출량과 강수량의 비를 유출계수라고 하는데. 유출계수는

$$\text{유출계수}(流出係數) = \frac{\text{유출량}(流出量)}{\text{강수량}(降水量)} \tag{2.2}$$

이다. 유출계수의 평균은 0.7~0.8 정도이다. 유출계수가 추정된다고 하면 유출량은 유역(流域)의 강수량에서 구할 수가 있다. 다른 표현을 하면, 유출량

$$유출량(流出量) = 강수량 - 손실량(損失量) \qquad (2.3)$$

으로도 나타낼 수 있다. 이것을 다른 학자는 이론포장수량(理論包藏水量)으로 정의하고 이것을 근거로 해서 더욱 월별의 적설(積雪)·융설(融雪)을 고려한 유효포장수량(有效包藏水量)을 정의했다. 즉 눈으로 온 물은 한랭지(寒冷地)에서는 다음달 이후로 넘어가 지방에 따라서는 근설(根雪: 해빙 때까지 녹지 않고 쌓여서 굳어진 눈)로써 봄의 융설기(融雪期)에 한번에 유출한다. 이들을 고려해서 실제로 월별로 유출하는 水量을 견적하는 것이 유효포장수량이다. 앞으로 이것의 이용이 증가할 것이고, 특히 중소규모의 水力이용의 계획에 있어서 큰 기여를 할 것으로 기대된다.

수력에너지량을 간단히 말하면, 강의 유량(流量)으로 얻어지는 낙차(落差)의 곱에 비례함으로 구체적으로는 그것에 의해 적지(適地: 적당한 장소)를 선정하면 된다. 즉 우량(雨量)이나 유량(流量)이 많은 것만으로 낙차가 나오지 않으면 의미가 없다. 水力의 경우, 기상조건(강수량)과 밀접한 관계를 갖고 있는 유출량과 지형조건에 의해 규정되는 落差와는 동등한 중요성을 갖고 있는 것이 된다.

### 2.1.4. 파력(波力)

파력(波力)은 바람에 의해 일어나는 파(波)의 에너지이지만, 바람은 원래 일사에 의한 대기의 가열·대류로 발생하는 것이므로 태양에너지의 변형이라고 할 수 있다. 바람이 수면을 불면 우선 작은 잔물결(小波, 細波; 파장 수 cm, 주기 1초 이하, 속도 수십 cm/s 이하)이 일어난다. 그 바람이 장시간·장거리에 걸쳐서 불면 파도는 점점 커진다. 이것이 풍파(風波)(파장 수십 m, 주기 수 초, 속도 10 m/s 이상)이다.

풍파는 그것을 발생시킨 바람이 부는 범위 밖으로 퍼져나간다. 그 사이에 주기·파장 모두 길어져서 큰 파도(波濤)(파장 백 수십~이백 수십 m, 주기 10초 이상, 속도 십 수~20 m/s)가 된다. 이와 같이 파도는 바람이 없는 곳도 전파해 간다. 또 풍파에 대해서도 바람의 멈춘 후 바로 사라지는 것이 아니고, 그 역도 성립

한다. 소위 물결의 에너지 분포는 바람의 그것과 시간적·공간적으로 평활화한 성질을 갖고 있다.

## 2.1.5. 해양온도차(海洋溫度差)

태양에너지인 日射(일사)를 흡수해서 따뜻해진 표층의 해수(海水)와 수심(水深) 500~1,000 m의 심층에 있는 저온의 해수를 이용해서 그 온도차(20℃ 전후)를 이용해서 열기관을 운전해 에너지를 얻는 것이다.

## 2.1.6. 해류(海流)

지표에서 태양에너지를 받는 양이 저위도(低緯度)일수록 많아, 이로 인하여 고위도와 저위도와의 해수의 온도차가 원동력(源動力)이 되어 탁월풍(卓越風)과의 상승(相乘)작용으로 일어나고 있는 것이 해류(海流)이다. 우리나라 주변에 있는 쿠로시오[흑조(黑潮)]해류는 세계적으로 보아 중요한 해류중의 하나로 유속이 3~4 m/s를 넘는 곳도 있고, 유량은 50 Mt/s 정도이므로 해류발전 에너지의 이용에는 혜택 받았다고도 할 수 있을 것이다.

## 2.1.7. 농도차(濃度差)

자연계에 있는 것으로서는 수분의 증발에 의해 농축된 해수(海水)·염호수(塩湖水)의 염분농도와 우수(雨水, 빗물)를 근거로 하는 하천수(河川水)의 염분농도(鹽分濃度)의 차(差)를 이용하는 것이 있다. 발전기술로서는 침투압을 이용하는 침투압법(浸透壓法), 농담전위차와 이온교환막을 이용하는 농담전위법(濃淡電位法), 증기압력차를 이용하는 증기압법(蒸氣壓法) 등이 제안되어 있다. 한국의 모든 하천에 대해서 해수와의 농도차를 이용할 수가 있다면, 그 부존량(賦存量: 거기에 잠재적으로 존재하고 있는 양)이 크므로, 현재 사용하고 있는 총에너지의 상당양의 부분을 제공할 수 있을 것이다. 꿈이 커지지만, 이 이용기술만 지금부터 실용화된다고 한다면 이 많은 에너지는 우리의 손으로 들어올 것이다.

## 2.1.8. 조석(潮汐)·조류(潮流)

지구·달·태양간의 만유인력(萬有引力)과 원심력(遠心力)이 그 근원이다. 조력(潮力)은 해양에 존재하는 에너지이다. 조석의 간만(干滿)에서 얻어지는 에너지로 주로 지구와 달 사이에 작용하는 만유인력(萬有引力)과 그 운동에 의한 원심력(遠心力)이 근원으로 거기에 지구와 태양간의 인력과 원심력의 영향이 더해진다.

潮力은 조석 차(潮汐差)에 의한 위치에너지를 이용하는 방법과 그것으로부터 파생하는 조류(潮流)의 운동에너지를 이용하는 방법이 있다. 조석은 다른 많은 자연에너지와 비교하면 다음과 같은 중요한 특징을 갖는다.

1) 예보가 가능하다. 간조(干潮)·만조(滿潮)의 시각이나 해면의 높이가 정확하게 예측할 수 있다.
2) 계절변동이 적고, 안정된 에너지원이다. 조차(潮差: 간조·만조의 海面高의 차)는 대조(大潮; 만월과 신월 부근)·소조(小潮; 상현·하현 부근)와 월령(月齡)에 따라 바뀌지만 월평균을 취하면 연간 거의 변하지 않는다.
3) 환경에 대한 영향이 적다. 일사·바람·해양온도차 등, 다른 에너지원은 대규모로 이용하면 자연의 밸런스가 무너져 기상·기후에 영향을 미칠 가능성이 있지만, 조력의 경우는 그럴 염려가 적다.

조석발전소(潮汐發電所)의 입지조건으로서는 潮差가 큰 것을 말할 것도 없지만, 필요한 제방(堤防)의 길이(댐의 건설비에 상당)와 저수지 면적 또는 연간발전량과의 비(比)가 좋은 조건을 측정하는 유효한 지표가 된다.

### 2.1.9. 지열(地熱)

지구내부에 그 에너지원이 있다. 지하에서 고온(高溫)을 꺼내는 기술이다. 본래 지하에 묻혀있는 미약한 전도(傳導) 등에 의해 지표에서 방출되고 있는 에너지를 인위적으로 발굴해 내는 일은 도중에서 전력 등으로 변환되었다고 해도 최종적으로는 열의 발생을 늘리는 것으로 연결되어 기상의 개변(改變)의 가능성도 있다. 그렇기 때문에 그린의 再生可能에너지源이라고는 말할 수 없는 면도 있다.

### 2.1.10. 바이오매스(bio-mass)

바이오매스(bio-mass)는 태양에너지의 기여도가 결정적이다. 태양에너지를 저축했다고 말할 수 있는 생물체를 에너지자원으로 이용하는 것이다. 태양에너지를 직접 고정하는 것은 식물(植物)이고, 이것을 식물연쇄(食物連鎖)로써 동물(動物)이

식물(植物)을 식물(食物)로써 취함으로써 이 에너지는 동물로 변환될 수 있다.

## 2.2. 수자원과 기상(대기)

### 2.2.1. 수자원(水資源)

물은 보편적으로 인간의 주위에 널리 존재하고 있어서, 인간은 각자의 생명유지를 위해서 물을 섭취하고, 물을 이용해서 식량을 생산하고, 물은 문명 활동을 위해서 역사적으로 활용되어 왔다. 그리고 점점 문명이 고도로 발달하면서 물의 사용량은 증대하고, 최근에는 자연환경의 일부로써도 중요시하게 되었다. 한편 자원(資源)이란 자연에 의해 주어지는 것, 기술의 발전에 의해 생산에 도움이 되는 것이다. 그런데 우리들 인간의 주위에 골고루 존재하고 있는 것의 대표적인 것으로서 공기(空氣)가 있다. 空氣도 또한 인간의 생명유지나 많은 생산 활동에는 필요 불가결한 것이다. 그러나 현재 空氣를 자원으로써 인정하고 있는 예는 드물다. 물과는 달리, 空氣는 손쉽게 수고도 들지 않고 이용할 수가 있으므로 존재를 인식하지 않아도 된다.

즉, 자원이란 단순히 생산 활동에 필요한 것이라는 뜻만이 아니고, 그 물질의 유한성(有限性), 이용에 이르기까지의 경제성이라고 하는 개념이 포함되어 있다고 생각되어진다. 자원으로써 유한(有限)한 물은 당연히 중요한 자원의 하나로 되어 있고, 물의 안정적으로 공급하는 것은 나라의 중요한 정책의 일부가 되어 있다. 최근 세계적 규모로 기후의 온난화(溫暖化)가 문제가 되고 있는데, 이 영향을 가장 크게 받는 것도 역시 **수자원**(水資源, water resources)일 것이다. 특히 생활수준의 향상, 경제활동의 고도화, 친수사상(親水思想)의 보급 등에 의해 물의 수요량은 증대하고 있는 추세지만, 최근의 강수량의 감소경향이나, 댐 등의 수자원 개발의 곤란함이 겹쳐, 有限한 자원으로서의 물 문제가 점점 우리를 핍박(逼迫)하고 있다.

### 2.2.2. 지구상의 물의 양과 순환

국연수회의(國連水會議)에 의하면, 지구상의 표면적 부근의 물(水分)의 총량은 14억 $km^3$로, 이들 물의 부존량(賦存量) 및 순환속도 등의 내역을 표 2.1에 정리했다. 지구규모의 차원에서 물의 부존량을 볼 경우 그 총량은 거의 일정하고, 그것을 인간이 이용하면 물의 형태나 수질(水質)은 변하지만, 그것이 물인 사실은 변하지 않는다. 물은 지표면이나 해면에서 수증기로 증발해서 이것이 강수→유출→증발의 순환을 반복하며 결국은 지구규모로서는 강수량과 증발량이 거의 일정하게 균형을 유지하고 있다. 표를 보면 물의 거의가 염수(塩水, 97.3%)이고, 극의 얼음과 육수(陸水)를 포함한 담수(淡水)는 전체의 근소한 2.7%에 지나지 않는다. 거기에서 극(極)의 얼음을 제외하면 담수는 전체의 0.6%로, 그것도 그 중 대부분이 지하수로써 있어 결국 인간이 바로 이용할 수 있는 표류수(表流水)는 극히 적은 1/10,000%인 1,200 $km^3$에 지나지 않는다.

가령 전 세계의 인구를 60억($6 \times 10^9$)명이라고 한다면. 1인당의 수량은 200 $m^3$로 아주 조금이다. 그러나 표류수의 순환속도는 0.032년이라고 한다. 결국 1년에 약 30회 정도가 교체되니, 실로 우리는 200 $m^3$의 표층수를 년에 30회 정도 이용할 수 있는 기회가 있는 샘이 된다. 한편 육수(陸水)의 대부분을 점하고 있는 지하수는 표층수에 비해 7,000배로 방대하지만, 순환속도는 자리수가 다르게 늦고, 따라서 자원으로서의 회복력은 하천수에 비해서 자리수가 다르게 작은 것을 나타내고 있다. 따라서 수자원의 활용에 있어서는 양적 평가만이 아니고 자원의 순환속도(循環速度=회복속도)도 넣어주는 것이 중요하다.

표 2.1. 지구 표면 부근의 수량과 순환일수

| 항 목 | | 전 량($km^3$) | 백분율(%) | 순환속도(년) | 순환량($km^3$/년) |
|---|---|---|---|---|---|
| 해 양 | | $1,362 \times 10^6$ | 97.3 | 3,200 | $425 \times 10^3$ |
| 극 의 얼 음 | | $29.3 \times 10^6$ | 2.1 | 12,200 | $2.4 \times 10^3$ |
| 육 수 | 표 류 수 | $0.0012 \times 10^6$ | 0.0001 | 0.032 | $38 \times 10^3$ |
| | 호 소 | $0.3 \times 10^6$ | 0.02 | 3.4 | $38 \times 10^3$ |
| | 지 하 수 | $8.5 \times 10^6$ | 0.61 | 650 | $13 \times 10^3$ |
| 대기 중의 수증기 | | $0.017 \times 10^6$ | 0.001 | 0.034 | $496 \times 10^3$ |
| 총 량 | | $1,400.1182 \times 10^6$ | 100 | ------- | ----- |

(국연수회의, 1977년, 1991년 추가)

해양은 지구 전체의 降水의 78%를 차지하고 있으며 증발량은 86%로 증발량

쪽이 많다. 그러나 지구전체로서의 해역(海域)과 육역(陸域)의 면적비(71 % 대 29 %)를 고려해도 해역 쪽이 육역보다도 여분의 강수나 증발이 있다. 한편 육수에 대해서 보면 해양과는 반대로 강수량 쪽이 증발량보다 많아진다. 이것은 유역에서의 강수량은 유역에서 공급하는 것이 아니고, 해양에서 증발한 수분이 육역에서 강수가 되고 있는 것을 나타내고 있다.

## 2.2.3. 수자원의 유효이용과 수문기상

물은 우리들 인간이 자신의 생명을 유지하기 위해서는 없어서는 안 될 물질인 동시에 식량생산활동 등을 위해서 옛날부터 소중한 자원의 일부로서 활용되어 왔다. 그리고 경제활동의 발전에 수반되는 공업생산의 확대에 의해 용수(用水)로서의 물의 사용량도 증대의 방향을 거쳐 왔다. 나라의 경제활동의 단계에서 보면, 국민총생산(國民總生産, GNP)과 생활·공업·농업용수의 총량과는 정(正, +)의 상관(相關), 즉 비례관계에 있다. 선진공업국은 물의 생산성(生産性)이 높은 반면, 개발도상국의 물의 생산성은 낮아, 세계평균의 1/2을 밑도는 나라가 많다고 한다. 취수(取水)의 다과(多寡)를 지배하는 최대의 요인은 그 나라의 산업구조와 생활수준이라는 결론에 도달한다.

수자원의 이용 목적은 크게 농업용·공업용 그리고 도시용으로 나누어져 있다. 강수량에서 증발산에 의해 잃어버리는 양을 빼고, 면적을 곱한 값을 **수자원부존량**(水資源賦存量)이라고 한다. 식으로 표현하면,

$$\text{수자원부존량} = \text{강수면적} \times (\text{강수량} - \text{증발산}). \tag{2.4}$$

전 세계를 평균한 수자원부존량의 이용률은 겨우 8 % 정도이다. 선진국의 이용률은 20 % 정도가 되지만, 후진국의 경우는 낮다. 우리나라도 낮은 쪽에 속한다. 이 이용률을 높여야 하는 과제를 가지고 있다.

수자원의 효율적인 이용을 검토하는 경우, 우선 거론되는 것이 댐 건설에 의한 하천량(河川量) 조절인데, 최근에는 겨울철 산악지대에 쌓이는 눈(雪)을 적극적으로 저유(貯留)해서, 융설(融雪: 눈이 녹음)을 늦추어서 이용하는 설(雪)댐에도 관심이 향하고 있다. 댐에 저유되어 있는 물의 관리나 설댐의 효과적인 운용 등의 테마는 결국에는 강우(降雨)-유출(流出), 강설(强雪)-융설(融雪) 문제가 되고, 이것을

취급하는 분야가 **수문기상학**(水文氣象學, hydrometeorology)이다.

어떤 유역이 있어서 수자원의 賦存量(부존량)이나 유효이용 검토의 제 1 보는 그 유역내의 장기적·단기적인 강수량의 공간적 분포를 정확하게 파악하는 것이지만, 이것은 쉽지가 않다. 일반적으로 강수량은 지형의 영향을 받기 쉬워, 유역내의 강우분포를 정확하게 구하기 위해서는 가능한 한 조밀한 우량관측점을 설치하면 좋지만, 현실은 그렇지를 못하다. 현재 일반적으로 이용할 수 있는 자료로는 자동기상관측시스템(自動氣象觀測시스템, Automatic Weather System, AWS)에 의한 자료가 있는데 이 장치는 전국에 약 400 여개 깔려 있다. 이 관측소의 간격으로 강우의 상당한 부분을 포착할 수 있으나, 인가(人家)가 없는 산악지대는 비교적 관측소가 없기 때문에 이것을 보완하는 특별한 우량계(雨量計)를 설치하는 것이 바람직하다. 또 기상레이더(weather radar)를 이용해서 우량을 파악하기도 한다.

겨울철의 산악지대에 貯留(저유)되는 적설(積雪)은 다른 부존 형태의 수자원에 비해서 해(年)에 따른 편차가 작고, 시간적으로 장기간 천천히 유출되고, 그러나 막대한 양에 달하기 때문에 수자원으로써의 이용가치가 높다. 특히 융설기 직전의 유역 내에 貯留되어 있는 적설상당수량(積雪相當水量, water equivalent of snow)의 파악은 논의 관개기(灌漑期: 물을 댐)에서 여름철의 물 수요기에 걸쳐서 물이용 대책에 중요한 정보를 준다. 적설상당수량은 눈을 녹인 물의 깊이를 의미하는데, 이것은 적설심(積雪深)과 적설밀도(積雪密度)에서 계산된다. 적설심은 자동관측이 되는데, 적설밀도는 스노우샘플러를 이용해서 사람이 직접 측정할 수밖에 없다. 그래서 융설기 직전에 관측자가 유역 내에 실제로 들어가 대표적인 산지사면에서 적설심과 적설밀도를 우선 조사한다. 이것을 스노우써베이(snow survey)라고 한다. 그래서 고도(高度)와 적설수량과의 관계를 구해, 이 관계를 이용해서 유역내에 있어서의 최대적설수량의 총량을 추정한다. 이와 같은 수준으로 최대적설수량의 총량이 구해지면, 이번에는 기온정보(예측치도 포함) 등으로 융설기 전반의 융설량(融雪量)을 미리 예측할 수가 있다.

### 2.2.4. 원격측정에 의한 수자원 조사

**원격측정**(遠隔測定, remote sensing, 리모트센싱, 遠隔計測, 隔測)은 대상물에 접촉하지 않고 그것의 특성의 계측(計測)하는 것을 의미한다. 일반적으로는 인공위성 등에 의한 관측에서 자료를 구하는 것에 사용되고 있다. 원격측정의 응용대상은 각종자원의 탐사, 곡물수확량 예상, 토지피복·이용의 조사, 해양·호소·하천 등의 오염감시, 화산활동의 모니터링(monitoring, 감시 장치기로 감시하기), 기온·수증기량·풍속의 연직분포의 추정 등 대기과학 부문에 널리 사용, $CO_2$, $O_3$, $CH_4$ 등의 온실효과 미량기체의 모니터링 등에서 지형, 해면고(海面高), 파고(波高)와 같은 거리측정에 관한 것 등 다양하고, 응용대상에 따른 자료의 취득에 사용되는 센서(sensor, 感知部, 感部)나 자료의 해석수법도 각양각색이다.

수자원 조사를 행하는데 있어서 우선 제1로 몰라서는 안 되는 것이 당해 지역에 있어서의 **면적강수량**(面積降水量, average precipitation over area)일 것이다. 면적강수량이란 지점강수량(地点降水量)에 대한 말로, 어떤 면적을 점하는 지역에 내린 강수의 총량인데, 다양한 방법으로 이 면적강수량을 추정해 왔으나 진치(眞値, 진 값)를 구하는 것은 거의 불가능하다. 한편, 기상레이더는 전파(電波)의 강수 입자에 의한 반사의 강도를 측정함으로써 직접적이 안인 강수량의 공간적 분포를 알 수가 있다. 여기서 그들의 장점을 살려서 지상 우량계(雨量計)와 기상레이더 자료를 합성해서 임의의 지점에서의 정밀도는 높이를 측정하여(calibration) 유역의 강수량을 면적(面的)으로 정밀도 좋게 감시하는 수법을 삽입하는 곳이 늘어 왔다.

한편 적설(積雪)의 분포에 대해서는 기상인공위성(氣象人工衛星)의 자료가 활용되고 있다. 단, 이들의 위성에서는 수자원 관리자가 정보로써 최종적으로 필요한 임의의 지점에서의 積雪相當水量(적설상당수량)은 직접적으로는 측정할 수 없지만, 적당한 일 간격(日 間隔)의 인공위성에서의 설선(雪線)정보를 이용해서 유역 내에 있어서의 최대적설상당수량(最大積雪相當水量)의 분포를 간접적으로 추정하는 시도가 이미 행해져서 양호한 정밀도가 얻어지고 있다.

## 2.3. 농업생산과 기상(대기)

현재 식용작물(食用作物)이 900여종, 원료작물(原料作物)이 약 1,000여종, 사료(飼料)·녹비(綠肥: 생풀이나 생나무의 잎으로 만들어 완전히 썩지 아니하는 거름; 풋거름)작물(綠肥作物: 녹비로 쓰기 위하여 가꾸는 작물)이 400여종이 세계 각지에서 재배되고 있다. 이들 중에서는 7,000~12,000년 전에 작물이 된 보리류, 6,000년 전에 작물이 된 벼, 그리고 약 4,000년 전에 작물이 된 옥수수 등이 있다. 인류는 이들의 작물을 품종 개량함으로써 보다 다수(多收)로 미미(美味)한 근대품종을 육성하고, 많은 농업기술을 사용해서 식량(食糧)을 생산하고 있다.

## 2.3.1. 농작물과 기상

 기상조건이 다른 각 지역에서의 작물 화된 작물 군은 각각 발아(發芽)·성장(成長)·개화(開花)·결실(結實)의 각 단계에 적합한 일정의 환경조건, 특히 기후조건을 갖추고 있다. 즉, 육종(育種: 생물이 가진 유전적 성질을 이용하여 새로운 품종을 만들어 내거나 기존 품종을 개량하는 일)기술에 의해 조금씩 개량(改良)되고 있지만, 각 작물 및 품종은 온도(溫度)·일조시간(日照時間)·일사량(日射量)·수분(水分)공급도(우량) 등에 대해서 일정의 요구를 가지고 있다.

 예를 들면, 각 작물의 온도요구도(溫度要求度)를 나타내는데 재배기간의 평균기온(平均氣溫)이나 유효적산기온(有效積算氣溫)이 잘 이용되고 있다. 유효적산기온은 작물재배 기간내의 일평균기온(日平均氣溫)이 10℃ 이상의 기간에 대해서, 일평균기온을 적산한 것이다. 이것을 이용하면, 주요 작물의 온도 요구도에 의하면, 1,000~2,000 지역이 보리류(보리과)의 재배지역인데, 이것은 북쪽에서부터 연맥(燕麥, 귀리), 대맥(大麥, 보리), 소맥(小麥, 밀)의 순서로 재배대가 줄지어 있다. 2,500 이상의 지역에서는 벼 재배대로 북쪽에서부터 조생(早生)품종·중생(中生)품종·만생(晚生)品種이 재배되고 있다. 이와 같이 온도 자원의 분포에 따라서 고위도에서 저위도 방향으로 밀·감자·옥수수·대두(大豆, 콩)·벼, 그리고 열대·아열대 작물 군과 재배대가 대륙 위에 규칙적으로 나열되어 있다.

## 2.3.2. 경지의 기상환경

 작물(作物)이 생육하는 공간은 지하 1m에서 지상 수m까지 미치고 있다. 입사(入射)하는 태양에너지의 분배과정을 통해서 온도·습도 등의 복잡한 변화가 생기고, 그 속에서 작물은 수량(收量)을 형성하고 있다. 그러기 때문에 작물이 생육해서 수량을 형성하는 공간-경지(耕地)는 농업생산에 있어서 제일 중요한 장(場)이다. 경지의 각층 및 환경형성 요인은 작물 자신을 중심으로 에너지·물질의 흐름을 통해서 상호작용의 망(網)을 형성하고 있다. 이 체계의 망 구조의 경지환경은 외부에서의 작용에 따라서 복잡한 반응을 나타낸다. 경지환경을 올바르게 예측해 합리적으로 이용·더 나아가 관리(管理)하는 것은 각각의 과정 외에 서로의 상호작용의 해명이 필요하다. 여기서는 에너지와 물질의 흐름·교환을 주 대상으로 해서 경지의 기상환경을 해명한다.

경지에는 태양방사(단파방사)와 천공(天空)·구름에서의 장파방사가 입사하고 있다. 이 에너지는 광합성, 물의 증발, 식물체·토양의 가열 등에 이용된다. 또 경지 자신도 그 절대온도 4 승에 비례하는 강도로 장파방사를 천공으로 방출하고 있다.

이와 같이 태양의 열을 받아들이고 방출하는 과정을 통해서 열수지(熱收支)를 한다. 또 강수에 의해 들어온 물을 사용하고 배출해서 식물의 생육과 함께 수수지(水收支, 물수지)를 조절하고 있다. 식물의 잎에는 $1 \times 10^4 \sim 2 \times 10^4 / cm^2$ 개의 밀도로 작은 구멍 기공(氣孔)이 열려 있다. 이것을 통해서 수증기·이산화탄소 등이 잎의 안팎으로 교환되고 있다. 이 교환능력을 규제하는 것이 기공저항(氣孔抵抗)이고 기공의 밀도와 기공의 개도(開度)에 의해 크게 변화한다.

### 2.3.3. 하우스 농업과 기상

두께 0.1 mm 의 비닐(필름) 또는 2 mm의 유리로 공간을 덮어, 겨울철에도 야채, 과수(果樹)의 생육에 좋은 조건의 기상환경을 내부에 만들어 주고 있다. 이것을 이용하는 하우스농업은 야채·과실·꽃의 생산에 중요한 역할을 담당하고 있다. 또 많은 농업의 주 수입원이 되고 있다. 이와 같은 **피복재배**(被覆栽培)는 비닐하우스, 플라스틱하우스, 유리하우스, 터널하우스등의 종류가 있다. 이들의 시설 내에는 야채가 주년(周年, 週年) 재배되고, 또 과수의 조기(早期)재배나 이기작(二期作)이 행해지고 있다. 그리고 계절에 관계없이 각종 야채나 과실이 시장에 공급되어, 소비자들을 즐겁게 하고 있다. 앞으로 이 하우스 농업은 더욱 발달하여 환경을 완전히 제어(制御)하는 하우스 농업 즉, 식물공장(植物工場)이 태어나서 활기를 띄울 것이다.

비닐 또는 유리로 덮은 공간의 온도상승은 태양방사와 장파방사에 대한 이들 피복물(被覆物)의 투과율의 차(差)와 온실효과(溫室效果, greenhouse effect)로, 이들 비닐이나 유리에 의한 난기(暖氣)의 잡아둠의 효과이다. 낮 동안은 태양광의 50~60 %가 이 피복물의 통하여 내부로 들어와 하우스 내에 흡수되어 온도상승의 열원(熱源)이 된다. 야간에는 하우스 벽면에서 장파방사에 의해 에너지를 잃어버리므로 하우스 기온이 급격히 저하해 최저유지온도(예를 들면; 토마토: 8~10 C, 오이: 12~15 C, 메론: 18~20 C) 이하가 된다. 낮은 밖의 기온 하에서 하우스 내기온(內氣

溫)을 유지온도로 유지하는데 필요한 열량을 난방부하(暖房負荷, heating load)라고 한다. 이것은 연료소비량의 추정 등 하우스 난방설계의 기초 자료가 된다.

### 2.3.4. 농업기상재해

 농업의 기본은 **적지적작**(適地適作)으로, 각 지역의 자연환경, 특히 기상조건에 적합한 작물이나 품종이 재배되고 있다. 그러나 이들은 재해(災害)로 인해 항상 안정적으로 다수(多收)가 얻어지는 것이 아니다. 재해에는 자연적인 원인과 인위적인 원인이 있는데, 자연적 원인의 대부분은 기상·기후조건의 변화·변동 즉, 이상기상(異常氣象)에 의해 생기고 있다. 異常氣象이 발생하면, 적지적작에 따랐다고 해도 기상조건의 악화로 작물의 성장·발육 등에 지장을 주어 수확이 없거나 줄게 된다. 이것이 농작물의 농업기상재해(農業氣象災害)이다.


ㄱ. 냉 해

 여름작물의 재배기간인 여름철의 날씨가 평년보다 현저하게 차고 서늘해서[냉량(冷凉); 低溫·少照·多雨를 동반] 여름작물에 생육불량(生育不良)과 감수(減收)가 발생하는 것이 **냉해**(冷害, cool summer damage)이다. 冷害는 벼와 콩류에서 현저하고, 감자, 사탕무 등에서는 가볍다.

 벼의 냉해를 예를 들어 설명하기로 한다. 벼는 일평균기온이 15 C를 넘으면 모내기가 가능하다. 그 후 적산기온(積算氣溫, C·day)이 조생종(早生種)은 1,300, 그리고 중·만생종(中·晩生種)은 1,500~1,700이 되면 출수기(出穗期: 이삭이 패는 시기)를 맞이한다. 출수(出穗)·개화(開花: 꽃이 핌) 후, 적산기온이 조생종 800, 중·만생종 850~1,000에 도달하면 여물게 되어 수확하게 된다. 그런데 저온(低溫)이 계속되면 필요한 만큼의 적산기온을 확보하지 못해서, 생육이 가을로 미루어지고 더 저온이 계속되면 잎의 광합성 기능이 감쇠(減衰)하고, 결실이 불량하게 된다. 또 특히 출수(出穗)전 10일을 중심으로 전후 10日間은 수잉기(穗孕期: 벼가 패기 전 이삭에 알이 드는 시기)라고 해서 低溫에 아주 민감한 시기이다. 이 시기에 氣溫·水溫이 낮아지면 벼에는 치명적인 손상을 입게 된다.


ㄴ. 동 해 · 상 해

 대부분의 식물은 낮 길이의 증감(增減)이나 선행하는 온도변화에 따라서 그 저온내성(低溫耐性)이 뚜렷하게 계절변화를 한다. 대부분의 낙엽식물은 낮 길이가 짧아지고 기온이 내려가면 세포액내의 용질농도를 상승시키고 또 동아(冬芽: 겨울 싹)를 비닐 조각이나 왁스(wax, 밀랍)로 막아 저온내성을 놓인다. 이것을 경화(硬化, 하드닝 = hardening)라고 부르고 있다. 한편 봄이 되어 낮 길이가 길어지고 기온이 올라가면 성장을 개시하기 위해서 식물은 低溫耐性을 느슨하게 한다. 이것이 연화(軟化, 디하드닝 = dehardening)이다. 경화한 식물은 -10 C 이하의 저온에도 견디지만, 그렇지 않은 식물, 특히 어린 싹·어린 잎·꽃 그릇은 -2 ~ -3 C의 저온에도 동사(凍死)한다. 그러기 때문에 늦가을 또는 늦봄에 異常低溫(이상저온)이 찾아오면, 저온내성을 갖추지 않았거나 푸른 식물은 凍死(동사)한다. 이것이 **동해**(凍害: 얼음의 피해, freezing damage)·**상해**(霜害: 서리의 피해, frost damage)로, 늦가을의 상해는 초상해(初霜害)이고, 늦봄의 상해는 만상해(晩霜害)이다. 일반적으로 대부분의 식물이 활동을 개시한 시기의 晩霜害(만상해)의 피해가 크고, 뽕나무·과일류·차(茶) 등은 만상피해가 특히 현저하다.

이상저온에서 작물을 보호하는 각종의 **방상법**(防霜法)들이 이용되고 있다. 이들로는 **가열법**(加熱法: 인위적으로 석유등으로 가열하여 열을 공급), **유효방사저감법**(有效放射低減法: 적외방사로 불투명한 박막이나 연무층을 만들어 작물을 덮는 방법), **송풍법**(送風法: 상층의 난기를 송풍기로 강제로 작물 면에 보내는 방법), **저열법**(貯熱法: 낮 동안에 물을 뿌려 토양을 습하게 해서 많은 태양에너지를 땅속에 저유해서, 밤에 방출시키는 방법)의 4가지의 방법이 현재 사용되고 있다.

ㄷ. 한 해

**한해**(旱害, drought damage)는 한발(旱魃, 가뭄)에 의한 피해를 의미한다. 작물이 순조롭게 성장해서 수학하는 데에는 기상조건에서 결정되는 증산요구와 작물에 물 공급의 밸런스가 중요하다. 경지에 물의 주요 공급원은 강우(降雨)이다. 이것은 변동이 심해서 오랫동안 비가 오지 않는 무강수(無降水)기간이 잘 발생한다. 이와 같은 때에 기상조건으로 결정되는 증산(蒸散)요구량은 평소보다 커진다. 그 사이 작물은 토양공극에 저장되어 있던 수분량에 의존하지 않으면 안 된다. 이 경우 토양 수분량의 감소에 따라서 뿌리의 흡수량(吸水量)이 감소해서 작물은 시들고 생리활동이 저하한다. 이와 같은 가뭄이 오래 지속되면 기공(氣孔)은 닫히고 광합성활동도 저하해 간다. 그리고 작물의 육성은 불량하게 되고 수확량도 현저하게 감소한다. 최악의 경우에는 작물이 고사(枯死: 말라죽음)해서 수확이 없게 된다. 이것이 한천(旱天: 가문 날씨)에 의한 한해(旱害)의 발생이다. 기록에 의하면 旱害의 재배기간의 날씨를 보면 표 2.2와 같이 강수량의 감소와 기온의 증가를 볼 수 있다.

표 2.2. 한해(旱害)의 강수량과 기온의 평년과의 비교

| 한해의 정도 | 평년 강수량과의 비(比) | 평년 기온과의 비(比) |
|---|---|---|
| 심한 한해 | 0.5 이하 | 3 ~ 4 |
| 강한 〃 | 0.6 ~ 0.7 | 2 |
| 약한 〃 | 0.7 ~ 0.8 | 1 ~ 1.5 |

한편 작물(作物)에 피해를 주는 물 부족을 가져오는 旱天 기후의 출현률을 보면, 여름과 겨울에 건조기간(乾燥期間, dry spell, 무강수 계속기간)에 잘 나타난다. 양자 모두 아시아 동부에 발달하는 몬순(계절풍, monsoon)과 관계가 있다. 여름의 건조기간은 북태평양 고기압이 서쪽으로 뻗쳐서 한반도 일대를 덮었을 때에, 겨울철의 건조기간은 시베리아 고기압에서의 강한 북서 계절풍(季節風)이 우리나라를 덮칠 때에 나타난다. 표 2.3에서 이들의 기압배치의 월간 평균 출현률을 보이고 있다.

표 2.3. 여름과 겨울의 건조기간 기압배치의 평균 출현률

| 월(月) | 1 | 2 | 3 | 4 | 5 | 6 | 7 | 8 | 9 | 10 | 11 | 12 |
|---|---|---|---|---|---|---|---|---|---|---|---|---|
| 여름 건조기간 | 0 | 0 | 1 | 2 | 4 | 6 | 30 | 36 | 13 | 1 | 0 | 0 |
| 겨울 〃 | 44 | 37 | 15 | 2 | 0 | 0 | 0 | 0 | 0 | 6 | 18 | 34 |

작물재배에 한창인 여름철 건조기간의 한천피해 즉 旱害(한해)는 심각하다. 이 계절은 일사량도 많고, 기온도 높으므로 가능증발량(可能蒸發量)이 커서 수분 손실이 막대하다. 한편 겨울철 건조기간은 보리류·야채류 등을 제외하고는 가능증발량도 적으므로 旱害는 여름에 비교해서는 그다지 문제가 되지 않는다.

ㄹ. 풍 해

경작지 위를 부는 바람은 작물과 기층(氣層: 공기 층) 사이에서 이산화탄소나

수증기의 교환을 촉진하고, 작물의 생육·수량(收量)형성에 큰 역할을 한다. 그러나 태풍(열대성저기압)시나 강한 온대성저기압의 통과 시에 불어대는 강풍(强風)은 식물의 줄기 잎의 손상이나 강제탈수 등을 촉진하고, 또 하우스군을 파괴하는 등으로 큰 피해를 가져온다.

강한 바람에서 농작물이나 하우스 등을 보호하기 위해서 옛날부터 방풍림(防風林)·방풍원(防風垣)을 만들어 왔다. 최근에는 화학섬유제의 망(網, net)이 널리 사용되고 있다. 이들의 방풍시설은 바람의 흐름을 바꾸고, 바람의 에너지를 흡수한다. 바람 속의 난와(亂渦, 소용돌이)의 크기를 작게 하는 작용을 한다. 이 작용에 의해서 방풍시설의 배후에는 바람의 약한 지역이 형성된다. 약풍역(弱風域)은 방풍시설의 높이의 약 10배까지 퍼진다. 약풍역에서는 난류확산이 약해져서 증발·증산에 의한 열손실도 저하해서 작물체온이나 지온(地溫)이 상승한다. 그렇게 한냉지(寒冷地)에서는 냉해방지에도 도움이 된다. 한풍해(寒風害)를 막기 위해서는 화학섬유망(化學纖維網)으로 나무를 덮는 방법이 잘 이용되고 있다.

## 2.3.5. 병충해와 재해

여름작물의 재배기간의 고온(高溫)·다습(多濕)의 천후(天候)에서는 많은 작물에 병해(病害)와 충해(虫害)가 많이 발생한다. 그 방제(防除)에 많은 농약의 사용되고 있으나 피해는 상당한 액수에 이르고 있다. 병충해(病蟲害)는 그 피해가 커서 기상재해의 피해보다 더 큰 경우도 있다.

### ㄱ. 병 해

작물에 병해(病害)를 발생시키는 미생물에는 세균·마이코플라스마 등이 있다. 병해가 퍼지는 데에는 포자(胞子) 등의 대량생성·확산·부착·발아(發芽)·침입의 각 과정이 포장(圃場: 논밭과 채소밭을 통틀어 이르는 말)작물 위에서 원활하게 행해지는 것이 필요하다. 이것에 깊이 관계하고 있는 기상요소는 기온·공중습도·이슬량·일사량·강우량의 5종류이다. 예를 들면, 벼의 주요병해인 도열병(稻熱病)의 병원균에서는 포자발아(胞子發芽) 28℃, 부착기 형성 16~26℃, 벼 몸체에 침입성장 27~29℃라고 알려져 있다. 포자의 벼 몸체에의 부착·발아에는 잎 위의 이슬이 큰 역할을 하고 있다. 저온(低溫)·소조(少照)·다우(多雨)의 냉해 년에는 잎도열병·이삭도열병이 다발(多發)해서 큰 피해를 입는다.

ㄴ. 충 해

 대부분의 벌레는 생식(生息)지역의 기상조건의 연 변화에 적응하는 고유의 **생활환**(生活環, life cycle)을 가지고 있다. 불량환경 하에서는 휴면(休眠)에 들어가는 것이 많아, 많은 해충(害蟲)에서는 성장·변태에 적응한 온도범위는 의외로 좁다. 하한은 5~10℃, 상한은 30~35℃로, 적온(適溫)은 20~25℃의 경우가 많다. 유충기에는 높은 습도환경을 좋아하고, 저습도(低濕度)에서는 사망률이 상승한다. 작물 군락에서는 낮 동안은 하층(下層; 고습도)으로 이동하고, 습도가 높아지는 야간에는 표층으로 이동한다.

 계절풍(季節風)·태풍(颱風)을 타고 나비·새가 찾아오는 것은 옛날부터 알려져 있다. 농업해충-멸구·명아(명충나방, 이화명아)류가 대륙에서 운반되어 오는 것이 분명하게 되어 있다. 이들은 **장거리이동성해충**(長距離移動性害蟲)이라고 부르고 있다. 장마기에 하루 밤에 멸구류가 무수히 발생하는 것은 이상한 일의 하나였다.

 종관기상장(綜觀氣象場)의 해석에서 중국의 화남·화중에서 한반도에 뻗은 장마전선 부근에서 발생하는 저층(底層) 제트기류가 해충류의 대량 비래(飛來: 날아옴)를 일으키고 있는 것이 알려졌다. 저기압역의 활발한 대류활동에서 넓은 논에서 소용돌이 쳐 올라 간 멸구류는 전선대(前線帶)의 공기의 수렴에 의해 밀도를 증가시키면서 동쪽으로 운반되어, 강수와 함께 내려온다고 생각되어진다. 현재 장마전선대의 저층 제트의 발달의 예상에서 해충 비래(飛來)를 예측하는 방법이 확립되어 잘 이용되고 있다.


ㄷ. 방재와 기상

 병충해(病蟲害)의 기본은 발생을 예찰(豫察)하고, 적기에 약제를 살포하는 것이다. 도열병에서는 옛날부터 포자수의 모니터링(monitoring)이 예찰의 기본이었다. 최근에는 기상자료와 결로계(結路計) 자료를 이용해서 전산기모델이 시도되고 있다. 농약의 살포는 난류확산이 약한 안정성층 조건하에서는 일반적으로 행해지고 있다. 화학농약의 사용을 억제하기 위해서 다양한 생물농약이 사용되기 시작하고 있다. 해충류의 성접촉을 요란(擾亂)하는 방법 등의 다양한 연구가 앞으로도 필요하다고 생각한다.

## 2.4. 임업과 기상(대기)

임업(林業, 산림업)이라 함은 각종 임산물(林産物)에서 경제적 이윤을 위하여 삼림(森林)을 경영하는 사업이다. 다양한 식물이 무리를 이루고 생존하는 삼림은 지구상의 생물의 주된 무대로, 생물계를 지탱하는 다양한 종류의 풍부한 보배이다. 긴 세월에 걸쳐서 수목(樹木)의 광합성 활동에 의해 생산된 목재(木材)는 건축자재·연료·종이원료로써 옛날부터 인류에 이용되어 왔다. 또 광합성활동을 통해서 바이오매스 및 삼림토양 중에 저장되어 있는 탄소는 지구상에서의 탄소 밸런스에 있어서 중요한 역할을 하고 있다. 그 외에 삼림은 비옥한 표토를 우식(雨蝕)·풍식(風蝕)에서 지키고, 수자원(水資源)을 함양하고 있다. 따라서 광대한 육지를 덮고 있는 삼림은 지구환경의 보전, 생태계의 유지 그리고 인류의 생존에 있어서 없어서는 안 되는 존재이다.

### 2.4.1. 삼림면적의 감소

삼림이 발달하는 지구상의 면적은 84.5억 ha(1 ha ≒ 3,000평)로 세계의 육지면적의 약 57%를 차지하고 있다. 인류의 삼림 이용은 석기시대부터 시작되었고, 인구의 증가에 따라서 점차적으로 강화되어 왔다. 건축·연료·조선(造船) 그리고 농지확대를 위해서 세계 중의 삼림은 벌채(伐採)되고 점차로 축소되어 사라져가고 있다. 이 경향은 20세기에 들어서서 현저하게 강화되었다. 삼림면적의 감소는 20세기 후반이 되어서는 더욱 급격히 진전되어 현재는 40억 ha로 추정되고 있다. 특히 광대한 바이오매스를 갖고 있는 열대림의 감소가 급속히 진행되고 있다. 1981~1990년의 10년간에 1.69억 ha의 열대림이 벌채되었다. 이 경향으로 금후도 계속된다면 다가오는 금세기 말에는 생물계의 보고(寶庫)인 열대림(熱帶林)의 소실의 위험성이 있다. 또 중위도대의 삼림도 개발과 산성우(酸性雨) 피해에 노출되어 있다.

이와 같은 삼림 면적의 감소는 우리 인류에게는 커다란 위협이 아닐 수 없다. 사람 한사람이 산소를 마시려면, 탄소동화작용에 의한 호흡으로 탄산가스를 흡입하고 산소를 내 품는 나무가 대략 400그루가 필요하다고 한다. 즉 지구상에 존재하는 사람의 수에 비례해서 나무가 약 400배의 나무수가 존재하지 않으면 안 된다는 뜻이 된다. 인류의 존재에는 절대적인 임야의 존귀한 가치를 알고 보호해야 함은 우리의 절대적인 의무이다.

## 2.4.2. 목재의 육성과 기상

수목이 성장은 잎의 광합성 활동에서 만들어지는 건물(乾物)의 일부가 체내에 축적되어 비대(肥大)해지는 것이다. 식물의 광합성능, 따라서 수목의 성장은 다음의 요인에 관계하고 있다.

1) 식물요인: 잎의 순광합성 속도, 엽량(葉量), 잎의 배열 등
2) 환경요인: 일사량(日射量), 기온(氣溫), 강수량(降水量), 무기양분 등

연간에 생산되는 건물량(乾物量)은 잎의 활동기간의 길이와 엽량을 결정하는 환경요인과 밀접한 관계를 가지고 있다.

## 2.4.3. 삼림의 기상환경

삼림의 특징은 두꺼운 층 내에 **일사**(日射)의 흡수·산란하는 엽군(葉群)이 분포하고 있는 것이다. 또 평탄하고 균질한 작물 밭과는 달리 높이가 다른 수목이 군(群)을 이루고 있다. 그러기 때문에 일사는 엽군 내에서 잘 흡수·다중반사되고, 깊숙이 들어감에 따라서 급격히 감쇠한다. 이와 같이 삼림의 성질은 독특한 방사환경을 형성시켜, 그것은 삼림의 기상환경·광합성 활동 그리고 숲의 경신에도 큰 영향을 미친다. 삼림이 형성되기에는 거기에 적합한 **온도**(溫度)와 **습도**(濕度), **열수지**(熱收支)의 구조를 가지고 있어, 이들의 분포와 산림이 관련을 가지고 있다.

삼림의 **바람[風]** 환경을 보면, 평균풍속의 구배(句配, 기울기, 경사)는 군락 상층역에서 가장 크고, 군락 내로 들어가면서 급감한다. 지표부근의 수간(樹幹)층에서는 다시 풍속이 강해지는 경향이 명료하게 보인다. 군락 내에 엽군이 조밀하게 분포하고 있는 작물 군락(群落) 내의 풍속은 안쪽으로 들어감에 따라서 거의 지수함수(指數函數)적으로 감쇠한다. 숲 속에서의 바람의 교란 또는 **풍식**(風息: 바람의 숨)은 살림 속에서의 운동량, 열량, 수중기량, 이산화탄소량의 수송, 확산에 중요한 역할을 하고 있다. 특히 이 풍식은 평균농도구배와 역 방향으로 열량 등을 운반하는 것이 최근의 관측으로 알려졌다. 또 숲 속에서의 이산화탄소는 심야에 그 양이 최고가 되고 낮에 최저가 되며, 숲의 아래 땅 부근에서 최대, 나무 끝 위에서 최소가 되는 등의 일변화(日變化)를 한다. 이와 같이, 이산화탄소환경과 탄소 밸런스도 삼림의 형성에서 특징 지워 주는 요인의 하나이다.

### 2.4.4. 삼림의 기상재해

임목(林木)은 묘목(苗木)이식에서 벌채까지 적어도 30~40년, 보통은 50~100년이 세월이 필요하다. 그래서 위험기상을 가져오는 이상기상(異常氣象)을 만날 확률은 1년생의 많은 작물에 비교해서 높다. 큰 기상재해(氣象災害)를 만나면 수십년의 수고와 기대소득이 허사가 되는 일도 있다. 그러므로 육림(育林)에 있어서는 위험기상의 발생의 지역적 특징이나 임목의 기상재해 저항성 등을 고려하지 않으면 안 된다.

기상재해 중에 풍해(風害: 바람의 피해)는 태풍이나 온대저기압에 의한 강풍이 20 m/s를 넘어 장시간 불면 발생하기 시작하고, 30 m/s를 넘으면 내풍성이 강한 삼림에서도 피해가 나온다, 강풍이 강우·강설을 동반하면 피해는 더욱 급증한다. 동해(凍害: 얼음의 피해)는 조림(造林)이 고랭지(高冷地)로 확산되면서 나타난 기상재해이다, 토양이 동결해서 물을 빨아들일 수 없게 되는 조건에서 많이 발생한다. 방지에는 이식한 묘목을 채취한 잡초로 덮어, 방사냉각과 차가운 건풍(乾風: 마른 바람)으로부터 보호하는 것이 중요하다. 또 설해(雪害: 눈의 피해), 한해(旱害: 가뭄의 피해), 수해(水害: 물의 피해)가 있다. 기상재해를 가져오는 위험기상은 기온이 너무 낮으면 동해나 설해가, 너무 높으면 서열해(署熱害)나 한해가 발생한다. 우량(雨量)이 너무 많으면 수해를, 지나치게 적으면 한해를 입는다.

임야화재(林野火災)는 인위적인 원인도 있지만, 연소에는 기상조건(공기의 습도, 온도, 풍속 등)이 강하게 관계하고 있기 때문에 간접적인 氣象災害이다. 임야화재는 겨울에서 봄에 걸쳐서 소건조계(小乾燥季)에 많이 발생한다. 소건조계에는 산야(山野)의 기상조건은 사막에 가깝다. 이 시기에 수일간 건조청천(乾燥晴天)이 계속되어 일최저습도(日最低濕度)가 40%로 내려가면 임야화재의 발생확률이 급증한다. 20% 이하로 내려가면 발생확률은 100%에 가깝게 된다. 이 때 야화(野火)의 원인은 부주의나 낙뢰(落雷), 강풍에 의한 나무들끼리의 마찰열로 발화(發火)한다.

## 2.5. 수산과 기상(대기)

수산(水産)은 바다나 강 따위의 물에서 나는 것 또는 그런 산물을 의미하며, 이 산물이 육산물(陸産物)의 상대적인 개념으로 수산물(水産物)이 된다.

## 2.5.1. 기상의 지배를 받는 바다

지구표면적의 약 70%를 차지하는 해양은 인류의 생존에 없어서는 안 될 동물성 단백질의 중요한 공급원으로 되어 있다. 특히 섬이나 해변 가에 사는 사람들은 옛날부터 육류(肉類) 및 식물(食物)의 많은 부분을 바다에 의지해 왔다.

어선(漁船)이나 배가 안전하게 항해하기 위해서는 바람(風)과 함께 풍향(風向)이 얼마나 중요한가를 바다사람들은 알고 있다. 연안이나 **난바다**(外洋, 外海: 육지에서 멀리 떨어진 넓은 바다, 일기예보에서 한반도를 중심으로 육지에서 동해는 20 km, 서해와 남해는 40 km 밖의 바다는 **먼 바다**, 이내의 바다는 **앞 바다**)에 있어서 어획작업과 어선항해는 강풍(强風), 고랑(高浪: 높은 파도), 농무(濃霧: 짙은 안개), 선체착빙(船体着氷) 등 삼엄한 악기상(惡氣象)에 시달리고 수없이 많은 비참한 해난사고를 당해왔다. 세계 제2차 대전 이후 기상사업은 눈부시게 발전되어 왔으나, 해난사고는 그 이후도 줄을 이었다. 19세기가 되어서, 구미(歐美)의 선진국들에서 기상경보, 일기예보가 조직적으로 시작된 최대의 이유는 해난사고를 방지하기 위함이었다. 라디오의 기상통보(氣象通報)는 어선사고를 방지하는데 중요한 역할을 담당하고 있다. 지금도 연안 부근에서 조업(操業)을 하는 소형어선들이 많이 있어, 풍랑(風浪)이 높다거나 농무(濃霧)일 때는 조업이 곤란하다. 출어 전은 물론, 조업 중에도 상시(常時) 기상정보를 수집하여 적확한 선상(船上)의 일기 판단이 요구된다.

해양표층의 수온(水溫)・염분(塩分)・용존산소량 등은 기상과 밀접한 상호작용을 하고 있는 기본적인 해황(海況) 요소이고, 동시에 해양 생태계의 저변을 지지하고 있는 식물플랑크톤은 기상의 영향을 강하게 받고 있다. 즉 육상의 식물과 같이, 식물(植物)플랑크톤은 일사 에너지를 이용해서 광합성을 하고 있다. 해면에 도달하는 일사량(日射量)은 운량(雲量)의 의해 변화하고 있다. 연안・내만역(內灣域)에서는 대우(大雨: 큰 비)에 의한 탁류의 유입으로 염분의 이상 저하와 해저에 토사 퇴적이 이루어져, 조개류 등에 큰 영향을 미친다. 표층 물고기의 산란・부화・생육・먹이가 되는 동물플랑크톤은 작은 규모에서 지구규모까지의 대기-해양 상호작용을 강하게 받고 있다. 어업(漁業)이나 연안증양식업(沿岸增養殖業)은 해상기상의 직접적인 영향을 받는 숙명에 놓여 있다. 따라서 기상정보(氣象情報)를 활용해서 해난사고를 방지하고, 안전하게 조업을 하는 것이 산업존립의 대전제(大前提)이다.

## 2.5.2. 조업과 기상조건

해상에 있어서 어로작업(漁撈作業)의 난이(難易: 어려움과 쉬움)는 기상조건에 크게 좌우된다. 또 배의 크기, 내파(耐波: 파도에 견딤)성능, 조업형태, 선원들의 숙련도 등에 의해 조업(操業) 가능한 기상조건이 달라진다. 더욱이 어항(漁港)에서 어장(漁場)까지의 왕복항해의 도상(途上) 및 어장 주변해역에 있어서의 전복(轉覆)·좌초(坐礁)·충돌(衝突) 등의 해난사고를 일으키는 원인으로써 강풍(强風), 고파(高波), 농무(濃霧), 선체착빙(船体着氷), 해빙(海氷) 등의 살벌한 해양기상조건이 있다.

### ㄱ. 강풍과 고파

어선(漁船: 고기 잡는 배)이 해상에서 조업(操業)하고 항해하는 중에 가장 장해가 되는 것은 **강풍**(强風)이 계속 불어 발달하는 **고파**(高波: 높은 파도)이다. 어선으로서는 만(灣) 내나 연안에서 조업하는 소형의 고기잡이배에서 원양까지 나가는 중·대형의 배까지 있다. 풍파(風波)에 의한 조업의 제약의 정도는 배의 크기, 어업의 종류, 조업형태에 따라 다르다. 풍랑(風浪)의 발달은 풍속·취송거리(吹送距離: 바람에 불려 이동하는 거리)·취속시간(吹續時間: 바람이 지속되는 시간)에 의해 결정된다. 풍랑의 파고특성으로 사용되는 용어 중 **유의파고**(有義波高, significant wave height)란 계속해서 밀려오는 100개의 파도 중 높은 쪽에서 1/3을 취해서 이들을 평균한 파고(波高)이고, 이것은 숙련된 사람이 경험적으로 목시관측(目視觀測: 맨눈으로 보아 관측하는 일)으로 얻어진 파고와 거의 일치한다.

세계에서 가장 심한 풍랑으로 알려진 곳은 겨울철의 북대서양과 북태평양의 북부, 남반구의 폭풍권 해역, 남서계절풍이 탁월한 시기의 아라비아해 등이다. 어느 것도 안전한 기압배치 하에서 거의 동일 풍향의 강풍이 계속 불고, 그러나 풍랑이 충분히 발달하는 데에 필요한 吹送距離(취송거리)가 있는 외양역(外洋域)이다. 한반도 부근의 전국의 해안선에는 많은 漁港(어항)이 산재되어 있다. 颱風(태풍)이나 발달된 온대저기압(溫帶低氣壓)에 동반되는 高波(고파)는 어항시설이나 양식시설(養殖施設)에 큰 피해를 주어지고 있다.

### ㄴ. 농무

농무(濃霧)는 시정(視程, visibility)을 현저하게 하는 해무(海霧: 바다에 생기는 안개)가 주이다. 해양 상을 항해하는 선박이 있어서 충돌·좌초 등의 위험성이 있고, 특히 해면 부근을 유영(遊泳)하는 어군(魚群)을 눈으로 찾아서 조업하는 경우에는 어선조업이 곤란하다. 냉수역(冷水域: 차가운 물 지역)에 습하고 따뜻한 공기가 불어와 발생하는 이류무(移流霧, advection fog)가 가장 대표적인 해무이고 지속시간이 긴 농무이다. 앞으로 농무주의보(濃霧注意報)가 발령되어야 할 해역에서는 레이더를 활용해서 해난 방지에 노력해야 할 필요가 있다.

ㄷ. 선체착빙

 강한 한풍(寒風: 차가운 바람)이 거칠게 불어대는 겨울의 북해양에 있어서, 해수의 보라가 빙점 이하로 냉각된 선체에 내려 얼어붙은 선체착빙(船体着氷, icing on a hull)은 얼음이 점차로 두께가 증가해서 선체 상부의 중량(重量)을 현저하게 증가시켜서 중심(重心)을 높이기 때문에 거친 바다에서 전복(轉覆)되어 참혹한 해난사고를 일으킬 위험성이 있다. 선체착빙을 일으키는 조건은 기온과 풍속으로 결정된다. 氣溫(기온)이 -3℃로 風速(풍속) 8m/s에 달하면 약한 착빙이 시작되고, 氣溫 -6℃로 내려가고 風速 10m/s를 넘으면 강한 착빙이 일어난다. 또 850hPa면(고도 약 1,500m)의 기온이 -15℃가 되면 착빙이 시작되고, -18℃를 넘으면 강한 착빙이 일어나는 것이 알려져 있다. 그러기 때문에 기상전송(氣象電送)으로 고층일기도(高層日氣圖)를 수신함으로써 착빙 발생지역을 피해서 항해하는 일이 가능하게 될 것이다.

ㄹ. 유빙

 고위도의 해역에서는 유빙(流氷: 떠돌아 흘러 다니는 얼음)의 존재가 조업과 항행(航行)에 장해가 되고, 해빙에 충돌·접촉해서 선체·스크루(screw: 선박의 나선 추진기)·타(舵: 키) 등을 파손시키는 일이 있다. 또 다시마 등의 해조류(海藻類)에 큰 피해를 주는 일도 있다. 따라서 기상청은 기상인공위성·항공기관측·레이더관측 등의 고층관측을 행해, 해빙역(海氷域)의 실황을 포착해 해빙도(海氷圖)를 기상전송(氣象電送)으로 발표하고, 또 해빙예보(海氷豫報)를 해야 한다.

## 2.5.3. 어획량·자원 변동과 기상조건

### ㄱ. 어획량 변동의 원인

어획량(漁獲量)은 내유(來遊) 자원량, 어군(魚群)의 크기와 밀도에 대응하는 어구(漁具)·어법(漁法)·어선의 성능이나 어군탐사능력 등을 종합한 어업기술의 의해 좌우 된다 그러나 아무리 농밀한 어군이 내유하고 있어도, 대폭풍우일 때는 조업이 불가능하게 된다. 즉, 강풍과 고파가 조업을 곤란하게 하고 어획량을 감소시키는 원인이 되고 있다.

발달된 열대저기압이나 태풍의 통과에 수반되어 강풍에 의한 고파·표층혼합층·취송류 등이 발달, 증발잠열방출에 의한 수온저하, 강수에 의한 염분저하 등, 각양각색의 해황(海況)변동이 생긴다. 또 연안지역에서는 하천에서의 진흙의 유입에 의해 혼탁이 증가하게 된다. 또 저기압의 통과전후에 어획량이 절정에 이르는 일이 많다. 기상요란(氣象擾亂)의 통과에 동반되어 어장의 이동·일산(逸散: 흩어져 달아남, 散逸)이 일어나는 것이 경험적으로 알려져 있다.

## 2.5.4. 수산생물과 해양기상

협의의 수산생물(水産生物)은 해양·담수(淡水)지역에 생식하고, 경제적인 목적으로 포획의 대상이 되어 있는 어류(魚類)를 가리키나, 실제는 복잡한 식물연쇄(植物連鎖)를 갖는 해양생태계 전체를 고려할 필요가 있다. 수산생물과 기상(氣象, 大氣)과는 다음과 같이 다양한 관계를 가지고 있다.

### ㄱ. 수중조도와 해양생물

조도(照度: 照明度)라 함은 단위면적이 단위시간에 받는 빛의 양을 뜻한다. 식물플랑크톤은 일사 에너지를 이용해 광합성을 해서, 해양(海洋)의 기초생산이 되고 있다. 한여름의 해양 부근에서는 강한 햇빛에 의한 저해가 일어나, 20~30m의 깊이에서 식물플랑크톤의 현존량이 최대가 되는 경우가 많다. 물고기의 먹이로써 중요한 동물플랑크톤은 해중조도(海中照度)의 변화에 대응해서 낮(晝間)에는 깊이 스며들고, 밤(夜間)에는 위로 부상(浮上)하는 연직 일주운동을 한다. 이것에 동반해서 물고기들도 같은 일주운동(日周運動)이 확인되는 일이 많다.

### ㄴ. 이상냉수에 의한 폐사현상

겨울에서 초봄에 걸쳐서 강한 한파(寒波)의 내습이나 발달한 저기압의 통과에 수반되어 해면에서의 증발잠열방출(蒸發潛熱放出), 대류혼합(對流混合)이 왕성하게 되어, 냉수(冷水)의 이류(移流)나 하층수의 용승(湧昇)을 일으키는 일이 있다. 아열대성・온대성의 여울의 어류는 그 분포한계에 가까운 해역에서 급격한 냉수의 유입이 일어나는 경우, 운동기능이 마비되고 해면에 떠서 결국에는 폐사(斃死: 쓰러져 죽음)에 이르는 경우가 있다. 이 수온한계는 수온(水溫)의 하강도(下降度), 지속시간 등으로 다르지만, 대략 11~12C 전후로 되어 있다.

ㄷ. 풍랑에 의한 수중 산소공급

어류(魚類)는 물 속에 용재(溶在: 녹아 있음)하고 있는 산소를 호흡해서 생존하고 있는데, 풍랑(風浪)은 대기 중의 산소를 해수 중으로 녹여 집어넣는 중요한 역할을 하고 있다. 여름철 연안 지역에서 바람이 약하고 풍랑이 거의 없는 상태가 지속되면, 해면 부근만이 승온(昇溫)되어 안정도를 증가시키기 때문에 중・저 층으로의 산소의 공급이 끊겨, 유기물 분해에 산소가 소비되어 점차로 산소부족의 상태가 되고, 어패류(魚貝類: 물고기와 조개, 魚介類)에 악영향을 미쳐, 종국에는 생존할 수 없게 되는 일도 있다. 따라서 재해(災害)를 가져오지 않는 정도의 강풍(强風)이 때때로 부는 것은 환경조건을 개선하는 데에 있어서 상당히 효과적이다. 태풍에 의한 급격한 파도는 암초지대의 근석(根石)을 뒤집어, 해조군락(海藻群落)에 큰 타격을 주어진다. 그 결과, 해조(海藻)를 먹이로 하는 전복(全鰒) 등에 파괴적인 피해를 초래하기도 한다.

ㄹ. 홍수와 수산생물

담수양식(淡水養殖)지에서는 홍수(洪水, 큰비, 大雨)가 일어날 경우, 배수관리가 나쁘면 물이 넘쳐서 사육(飼育) 중의 물고기가 도망가 버리는 일이 일어난다. 연안에서는 큰비로 많은 양의 하천수의 유입으로 인한 염분 농도가 낮아져 海藻(해조)가 바닷가에서 타는 현상이 일어나는 일이 있다. 또 灣(만) 안쪽의 하구 지역에서는 조개나 물고기의 생식(生息) 장소가 진흙으로 덮여, 死滅(사멸)하는 일도 있다.

ㅁ. 해양오염과 기상

탱커(tanker, 석유 운반선, 유조선)의 좌초(坐礁)나 석유 콤비나트(kombinat, 결합생산)의 대량의 석유유출은 연안에 표착(漂着)해서 해양생태계에 큰 타격을 가

함과 동시에, 김이나 굴양식, 방어의 새끼의 축양(畜養) 등에 심각한 피해를 준다. 해면에 떠 있는 석유의 확산표류에는 흐름과 함께 그 때의 바람의 강도와 풍향이 지배적인 영향을 미친다. 여름철에 이안풍(離岸風)의 계속 부는 바람에 유기물 분해에서 생긴 무산소층(無酸素層)의 용승이 일어나, 소위 말하는 청조(靑潮)가 발생해서 조개류 등을 사멸시키는 일이 있다.

또 지구상의 각지에서 잘 처리되지 않고 버려져서 흘러, 결국에는 바다로 유입된다. 이러한 쓰레기들은 바다를 오염시킬 뿐만이 아니고, 거기에 사는 생물들 모두에게 크고 작은 여러 피해를 초래하게 된다. 즉 바다의 오염은 우리 인간들이 될 수 있다. 우리의 보고(寶庫)인 바다를 우리 인류가 지켜야 함은 이 때문이다.

### 2.5.5. 수산 증·양식과 기상

수산 증·양식(水産增養殖)은 수온·염분·조도·용존산소량 등의 환경조건을 완전히 조절해서 산란(産卵)에서 치어(稚魚: 새끼 물고기)까지의 종묘생산을 행하는 단계도 있지만, 어느 정도 생육된 후는 자연에 가까운 양식지(養殖池) 등에서 사육하는 것이 보통이다. 일반적으로 하천·호소·내만(內灣)·연안 해역 등의 자연의 장소에 있어서, 소위 조방적(粗放的: 거칠고 면밀하지 않음)인 증·양식(增養殖)이 행하여지고 있다. 따라서 증·양식을 하기 위해서는 각각의 장소의 기온·강수량·풍계(風系) 등의 기상특성에 대한 충분한 이해를 함과 동시에 기상요란(氣象擾亂), 해(年)에 따라서 계절의 지속(遲速) 등에 대해서, 석절한 대책을 강구할 필요가 있다.

ㄱ. 내수면

호소·하천·논·연못(못)·수로(水路)·양어장 등의 내수면(內水面)에 있어서는 많은 어류의 내수면 증·양식이 이루어지고 있다. 가장 기본적인 것은 물고기의 생육에 필요한 양질의 물의 수량(水量)과 수위(水位)가 유지되는 것이다. 연 강수량은 상당히 큰 폭으로 변동하고, 해에 따라서는 갈수기(渴水期)가 오래 지속되고, 또는 홍수로 수해(水害)를 일으키는 일이 있다.

수심이 얕은 호소(湖沼)에서는 밑바닥까지 대류혼합이 미쳐, 전층(全層)에 걸쳐서 수온의 계절변화가 크다. 한편 난후기(暖候期)의 수온상승은 표층부로 한정되어, 밀도성층이 발달해서 하층수와의 사이에 현저한 약층(躍層)이 존재한다. 연년

이 호소수온은 일사량·풍속·강수량, 더욱이 결빙기간의 다름 등에 의해 변동하고 있다. 인공호(人工湖, 댐호)의 경우는 홍수조절·관개(灌漑) 등의 기능을 하기 위해 水位의 변화가 심하다. 또 수온도 단기간에 크게 변하기 때문에 양식의 장소로는 그다지 적절하지 않다. 水溫의 연직 분포에는 바람이 크게 역할을 하고 있고, 얕은 호수에서는 취송류(吹送流)의 발달이 해저에 퇴적된 진흙을 말아 올려 밑바닥 진흙에 포함되어 있는 영양분류를 수중으로 방출해 부영양화(富榮養化)에 기여하고 있다.

　연못이나 논은 수심이 얕기 때문에 일사의 흡수나 증발잠열방출 등에 의한 수온 변화가 심하다. 여름의 고온(高溫) 및 겨울의 저온기(低溫期)에 미꾸라지같이 진흙속에 파고 들어가 견딜 수 있는 습성을 갖은 것은 문제가 없지만, 다른 어종들은 장소를 옮겨 주지 않으면 안 된다. 햇빛이 잘 들지 않는 연못이나 논은 식물플랑크톤의 증식이 나쁘고, 또 수온도 낮은 쪽으로 이동하기 때문에 양식의 장으로써는 적합하지 않다. 연못의 수위·저수량은 일부의 용수지(湧水池)를 제외하고 그 해의 강수량에 의해 변화하고, 양식 가능생산량은 水量에 좌우되는 숙명을 가지고 있다.

　대부분의 일급 하천(河川)의 상류에는 댐이 만들어져 있음으로 어느 정도의 큰 비[大雨]까지는 댐 홍수 조절기능을 발휘해서 거의 일정한 하천수량을 가질 수가 있지만, 태풍 내습 시나 집중호우일 때는 하천수량이 현저하게 증대하고, 대량의 토사유출도 가세해서 하천 바닥의 상태를 일변시켜, 산란에 부적합한 상태로 만들기도 하고, 말(수초·해초의 총칭)이 돋아나지 않는 일이 있다. 그러나 다른 견지에서 보면, 하천의 퇴적오염을 씻어내는 역할을 하고 있는 일도 있어, 일시적인 피해를 주어도 하천을 소생시키는 일도 있다.

　하천수의 흐림은 대우나 融雪(융설)에 의한 물이 증가에 의한 토사의 유입이나 강바닥에 침전해 있던 진흙이 들려 올려져서 일어난다. 현탁[懸濁, 부유(浮遊): 떠 있는 것]물질은 아가미에 상처를 입히거나 판막(瓣膜, 弁膜)을 막거나 해서 물고기에게 직접적인 피해를 입힌다. 또 수중에 도달하는 태양광을 강하게 감쇠 시키므로 말[조(藻)]이나 식물플랑크톤의 광합성에 영향을 준다. 대량의 융설수(融雪水)를 수원(水源: 물 자원)으로 하는 하천에서는 수온(水溫)이 내려가고 해에 따라서 적설량의 차이로 3~7월경의 水溫은 달라진다. 하천수량이 극단으로 감소하면 여름철의 수온이 너무 높아져 은어 등의 폐사가 발생한다. 또 산란·부화(孵化)시기의 수온변화는 자원재생산에 큰 영향을 미친다.

ㄴ. 하구·내만역

　김 양식 망의 설치의 시기는 가을철의 水溫(수온)에 좌우된다. 계절풍이 약하고 15 C 이상의 고온이 지속되면 병이 발생하기 쉽다. 따라서 김 양식의 시기의 판단에 장기예보(長期豫報)가 활용되고 있다. 김의 수량·품질은 영양염류의 보급의 상태에 따라 크게 영향을 받는다. 그것은 강수량의 다소에 따르는 하천유량의 증감에 좌우되고, 더욱이 김의 엽체(葉体)에 영양을 공급하기 위해서 해조류(海潮流)와 적당한 파랑(波浪)이 필요하다. 내만역(內灣域)은 波浪이 그다지 발생하지 않고, 난바다에서의 파도의 영향도 적어 많은 양식 망(網)들이 설치되어 있다.

　하구역(河口域)에 있어서의 기상재해는 대우 홍수 시에 대량의 토사·유목(流木)·쓰레기 등이 하천에서 유출되어 오는 일이 있다. 하천은 일시적으로 정화되지만, 하구역에서는 반대로, 조개류는 두꺼운 진흙으로 덮여 질식사해 버리는 일이 있다.

　內灣域(내만역)에서는 대량의 담수유입에 의해 양식어의 대량의 죽음을 부르는 일이 있다. 또 급격한 염분저하는 물고기의 침투압(浸透壓) 조절기능을 넘고, 탁류(濁流)의 증대는 섭이(攝餌: 먹이를 먹음)활동을 저하시키므로 활어조(活魚槽: 산 물고기를 넣어 두는 곳)를 이동시키는 등의 대책이 필요하게 된다. 태풍 접근에 의한 고조(高潮)와 폭풍(暴風)에 의한 고파(高波)는 양식시설에 다대한 손해를 끼친다. 한편 태풍은 급이(給餌: 먹이를 줌)나 배설(排泄)에 수반되는 자가오염으로 해저에 퇴적된 침전물을 제거하는 역할도 하고 있다.

## 2.6. 건축과 기상(대기)

　고대에서 현재까지 한 민족이나 나라의 문명·문화, 전통과 역사라고 하는 것 중에는 건축물(建築物)이 빠지지 않는다. 그런데 이 건축물의 형태나 내부구조는 전적으로 기상·기후(氣象·氣候)에 의해 토착의 전통적인 건축물로 굳어짐을 알 수 있다. 예를 들어 냉온방(冷溫房, 에어컨, air con=air conditioner, 공기조절장치) 장치가 발달되지 않았던 옛날의 열대우림(熱帶雨林)의 기후라면 어떻게 하면 더위와 습기를 막을까하는 궁리를 하게 된다. 그래서 그늘을 많게 하고 습기를 제거하는 짚으로 만든 자리를 사용하는 등의 습관이 전통을 만들고 이런 것들이 쌓여서 문명·문화를 형성했을 것이다(그림 2.1은 이들의 한 예).

춥고 건조한 지대에서는 벽을 두껍게 하고 습기를 보존하는 형태와 재질을 사용해서 혹독한 자연의 환경에서 벗어나려고 하는 방향의 전통으로 갔을 것이다(그림 2.2는 이들의 한 예). 강풍(強風)과 강우(降雨)가 많은 기후에서는 지붕을 바람에 날아가지 않도록 단단히 묶는 습관과 많은 비를 대비해서 지붕의 경사가 급해져서 비가 빨리 내려가도록 구상했을 것이다. 이와 같이 건축물들의 특성은 氣象과 氣候에 완전히 의지해서 결정됨을 알 수 있다.

 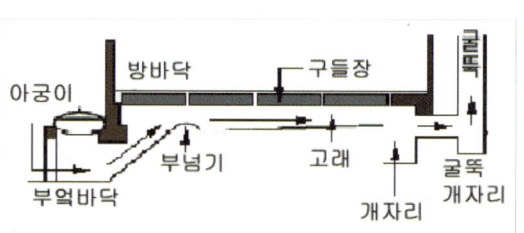

그림 2.1. 덮고 습한 지역의 건축 양식의 한 예(한옥의 마루)   그림 2.2. 춥고 건조한 지역의 건축양식의 한 예(한옥의 온돌구조)

## 2.6.1. 열과 건축

### ㄱ. 냉온감과 실내기후

실내에 있어서 인간은 실내공기의 **온도**(溫度)·**습도**(濕度)·**기류속도**(氣流速度) 및 주위에서의 **방사**(放射)라고 하는 4가지의 환경요소의 영향을 받아, 더위와 추위를 느낀다. 이와 같은 감각을 **냉온감**(冷溫感)이라고 하고, 이들에 영향을 주는 온도 등의 환경요소를 **온열4요소**(溫熱四要素)라고 한다. 냉온감을 분석하기 위해서 인체를 둘러쌓고 있는 열 적 환경을 고찰해 보면, 인체에 있어서는

$$M - C - E - R = \Delta H \tag{2.5}$$

가 되는 열 평형식이 성립함을 알 수 있다. 여기서

M : 대사량(代謝量),
　C : 대류나 열전도에 의한 방열량(放熱量),
　E : 증발에 의한 방열량,
　R : 방사에 의한 방열량,
ΔH : 체내의 축열량(蓄熱量)

이다(단위는 모두 W). ΔH의 정부(正負, + -, 陽陰)가 인간의 냉온감을 결정하고, 정(正, +, 陽)이라면 더위를, 부(負, -, 陰)라면 추위를 느낀다. 위의 온열4요소 중에서 온도는 C에 습도는 E에, 방사는 R에 직접적인 영향을 미치는 것으로 溫冷感에 관여한다. 또 기류속도는 C나 E의 크기를 좌우하는 현열(顯熱) 전도율(傳導率) 또는 잠열(潛熱) 전도율에 영향을 미치므로 냉온감에 관여한다. 더욱이 착의(着衣: 옷을 입음)가 있다면 C, E, R이 영향을 받을 것이고, 격렬한 운동을 하고 있다면 M은 당연히 커진다. 이와 같이 냉온감은 상당히 복잡한 기구를 가지고 있다.

ㄴ. **난방과 냉방**

　중립의 冷溫感, 간단히 말하면, 덥지도 춥지도 않는 감각을 유지하는 것을 목적으로 해서 실내에 열(熱)을 가하기도 하고 실내에서 熱을 제거하기도 하는 것이 난방(暖房, heating) 또는 냉방(冷房, cooling)이다. 이와 같은 난방 또는 냉방에 필요한 열량을 **난방부하**(暖房負荷) 또는 **냉방부하**(冷房負荷)라고 한다. 실내에 있어서의 단위시간당에 수수(授受: 주고받음)되는 각종의 열(熱, W)이 평형상태에 있다고 생각하면 다음의 식이 성립한다.

$$L - Q - H + J + G = S \tag{2.6}$$

　그림 2.3에 이들의 개략이 있다. 지금 S가 무시할 수 있을 정도로 작고 난방을 하고 있을 경우를 생각하자. 정의(定義)에서 J와 G는 반드시 正이기 때문에 L이 正이 되는 경우라고 하는 것은 Q나 H가 正이 되는 때이다. 따라서 난방부하 L을 작게 하기 위해서는 J와 G를 크게 하든가, Q나 H를 작게 하면 된다. 그러나 J나 G는 건축적인 조건에서 기상조건이나 생활조건에 의해 좌우되므로, L을 작게 하기 위한 건축설계로서는 후자의 방법이 적절하다.

L : 난방부하 또는 냉방부하[L이 正(+)이면 暖房, 負(-)이면 冷房],
Q : 실내외에 온도차(溫度差) 등이 있기 때문에 외벽이나 개구부(開口部)·천정·마루 등이 건축부위를 통해서 실내에서 나가는 熱[관류열(貫流熱)],
H : 극간풍(隙間風: 틈 사이의 바람) 등에 의한 외기의 침입이나 인위적인 환기에 의해 실내에서 달아나는 열(換氣에 수반되는 열),
J : 창 등에서 실내로 들어오는 일사량(日射量, 투과 일사),
G : 실내에 존재하는 사람이나 가전기기 등에서 발열하는 생활에 의한 발열(發熱, 내부발열),
S : 실내의 가구나 내장부재 등에 저장된 열[熱, 축열(蓄熱)]

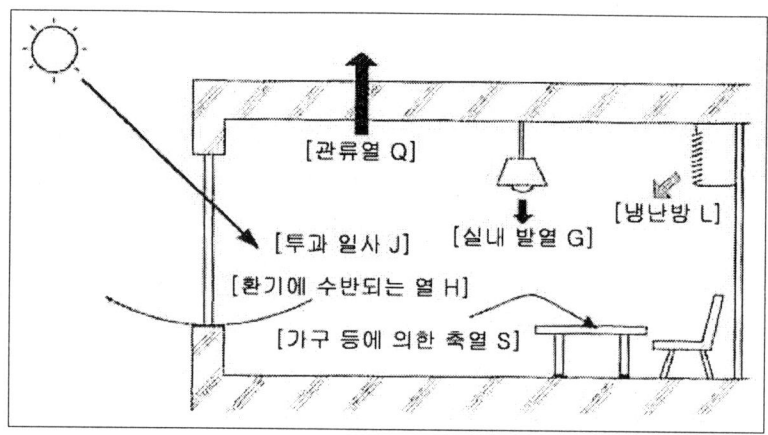

그림 2.3. 실내에 있어서 각종 열의 수수(授受)

ㄷ. 건물의 열용량과 실내기상

부위(部位)의 단열성(斷熱性)이나 기밀성(氣密性)·일사 투과성 등의 이외에도 **실내기상**(室內氣象)에 영향을 미치는 건축적 요소로서 건물의 **열용량**(熱容量, heat capacity: 물체의 온도를 단위온도만큼 상승시키는데 필요한 열량)이 있다. 이것은 실내에 있어서의 축열량(蓄熱量)의 식 (2.6)에서는 S로 표시되어 있는데, 실온(室溫) Θ를 실내의 내장재나 가구의 온도도 포함시킨 평균온도로써 근사(近似)한다면,

$$S = C\frac{d\Theta}{dt} \qquad (2.7)$$

으로 나타낼 수가 있다. 여기서 C: 실내의 熱容量(열용량, kJ/K), t: 시간(초)이다. 실내의 내장이 비열(比熱)이 큰 재료로 구성되어 있거나 하면 C는 커진다. 예를 들면, 벽(壁)이 두께 10 cm의 콘크리트이라면 벽이 갖는 열용량은 벽 $1m^2$ 당 190 $kJ/km^2$ 정도이다. 한편 벽이 1.2 cm 두께의 석고(石膏)보드(목조 주택 등의 일반적인 내장재)라면 그것은 $12.6\,kJ/km^2$ 정도이므로, 만일 벽 면적이 같다고 한다면 전자는 후자의 15배의 열용량을 갖는 것이 된다.

그림 2.4. 직득형태양가(直得型太陽家, 태양집)의 모습

지금 식 (2.6)에 있어서 좌변이 0(즉 S = 0으로 정상상태)이었던 것이 正(陽, +)의 값(S>0)으로 변화했다고 하자. 식 (2.7)에서 알 수 있듯이, 만일 열용량 C가 크다면, 室溫(실온)의 시간변화량(時間變化量) $d\theta/dt$ 는 C가 작은 것에 비교하면 작아진다. 즉 열용량이 큰 건물은 그것이 작은 것에 비교해서 室溫(실온)이 변화하는 속도가 늦은 것이다. 위의 고찰에서 알 수 있듯이, 열용량이 큰 건물에서는 겨울철의 난방 등으로 높여진 室溫이 난방을 멈추어도 좀처럼 저하하지 않는다는 특징이 있다. 이 성질을 활용한 대표적인 건물이 직득형태양가(直得型太陽家, direct gain type passive solar house, PSH, 솔라하우스)이다. 이와 같은 태양가(太陽家, 태양집)는 낮의 태양열을 가능한 한 얻기 위해 남쪽에 큰 유리창, 그 태양열을 저장하기 위한 콘크리트 등으로 만들어진 두꺼운 마루, 저장된 열의 산일(散逸)을 막는 충분한 단열(斷熱)의 3개에 의해 특징 지워 진다(그림 2.4 참조). 그러나 반면 열용량의 크면 난방의 시작이 더디다든지(실내가 냉각되어 있으면 난방을 개시해

도 실온이 좀처럼 올라가지 않음), 여름철에 낮의 더위가 밤까지 이어지는 등의 바람직하지 않은 성질도 포함되어 있음도 잊어서는 안 된다.

ㄹ. 생에너지 건축과 기상

지구환경문제를 배경으로 해서 다시 생(省: 덜다, 줄이다)에너지가 주목되고 있다. 건축이 분야에 있어서도 화석연료의 소비를 억제하기 위해서 省에너지에 대한 기준이 강화되기도 하고, 생에너지 건축에 관한 연구·개발이 보다 적극적으로 진행되고 있다. 일반적으로 말해서 省에너지에는

1) 에너지 수요(需要, 負荷)를 낮추는 방법,
2) 에너지 소비 기기(機器, 측기)의 효율을 높이는 방법,
3) 화학연료 이외의 에너지원을 사용하는 방법

의 3가지의 방법을 생각할 수 있다. 건축에 있어서는 공조(空調: 공기를 조절함, 暖房·冷房·換氣를 포함함)·급탕(給湯)·조명(照明)·취사(炊事)·업무(業務) 등 각양각색의 용도로 여러 가지의 형태의 에너지를 소비하고 있으므로 위의 3방법을 적절하게 적응시키면 상당히 省에너지를 달성할 수가 있다. 이들 3가지의 방법 중에서 제2의 방법인 측기(測器, 機器)의 효율적인 향상에 대해서는 기상(氣象)과의 직접적인 관계가 희박함으로 여기서는 할애(割愛: 사랑을 나누어 줌)해, 제1 및 제3의 방법에 대해서 설명한다.

제1의 방법은 "ㄴ. 난방과 냉방"에서 언급한 것처럼, 냉난방(冷暖房)에 관한 것이라면 아주 氣象과의 관계가 깊다. 또 冷暖房의 에너지 소비가 점하는 비율은 건축에서의 전소비(全消費)의 30~50%이고, 생에너지에 있어서의 중요성도 높다. 냉난방부하(冷暖房負荷)의 주된 요인은 외계(外界)의 기상조건이지만, 건축설계 상의 궁리를 한다면 연간의 冷暖房負荷를 상당히 적게 할 수가 있다. 반대로 설계상의 궁리가 전혀 없으면 냉난방부하는 현저하게 증대되고, 에너지의 소비나 실내온열 환경의 악화를 초래한다. 여기서 에너지 소비가 많은 선진국에서는 많은 국민에게 설계상의 궁리나 대처를 어떠한 형태로든 요구한다. 또 냉난방부하를 줄이는 데에는 외피(外皮)의 단열성(斷熱性)·기밀성(氣密性, 열교환기 등에 의한 환기부하의 低減을 포함)·일사 차폐성(遮蔽性)을 적당한 수준으로 높이는

것이 대단히 유효하고, 이들이 省에너지 기준을 만족하기 위한 구체적인 방책이 되고 있다.

제 3의 방법인 석탄연료 이외의 에너지源을 구하는 방법은 태양에너지 이용 등이 대표적인 방법이고, 생에너지라고 말하는 경우, 일반인이 쉽게 생각이 떠오르는 것이다. 건축분야에 있어서도 이러한 시도는 20년 이전부터 이미 이루어져 있고, 솔라하우스(直得型太陽家, PSH)라고 하는 용어도 생겨나게 되었다. 태양에너지의 이용 형태로써는 물이나 공기를 열매체(熱媒体)로 난방·냉방에 직접 이용하기도 하고, 태양전지를 지붕 등에 달아 전기에너지로 교환해서 에어컨(冷溫房, air con= air conditioner, 공기조절장치)이나 냉장고(冷藏庫) 등의 전력원(電力源)으로 이용하는 것이 일반적이다. 보조 보일러를 달면 흡수 냉동기의 열원으로써 냉방도 가능하지만, 경제성이 크게 가로막고 있어서 보급이 되고 있지는 않다. 또 창에서 들어오는 태양광을 조명광원(照明光源)으로써 이용하는 조명에너지의 절약을 꾀하고 있는 건물 등도 보인다. 이와 같이 태양에너지의 이용은 건축분야에 있어서도 유력한 생에너지의 수법의 하나로 생각되어진다.

이외에도 비석탄연료의 열원으로서 최근에는 도시폐열(都市廢熱; 쓰레기소각장, 변전소·지하철·빌딩의 냉방폐열 등)·지하수·하천수·하수처리수 등이 주목을 끌고 있다. 그러나 이들은 태양열과는 달리, 어디에나 존재하고 있는 것은 아니고, 열원의 온도도 부족한 면이 많아서 이용에 있어서는 개개의 경우에 대해서 충분히 검토할 필요가 있다.

또 앞에서 언급한 각종의 省에너지 설계나 空調(공조)설비설계 등이 가능한 한 합리적으로 행해지기 위해서는 목적에 꼭 맞는 상세한 기상자료가 요구된다. 건축분야에 있어서는 이와 같은 설계를 위한 기상자료가 몇 개의 수준(水準, 레벨, level)으로 준비되어 있다. 예를 들면; 매시(每時)의 상세한 열부하 계산을 1년 간 행한다면 **공조학회**(空調學會) 방식의 표준기상자료(標準氣象資料)가 좋고, 외기 온도(外氣 溫度)·외기 절대습도·법선면(法線面) 직달일사량(直達日射量)·수평면 천공(天空)일사량·운량(雲量)·풍향(風向)·풍속(風速)의 7 기상요소에 대해서 1시간 간격으로 1년 간의 평균 자료(資料)가 전국도시에 대해서 이용될 수가 있다. 또 TAC[기술자문위원회(技術諮問委員會), Technical Advisory Committee] 온도와 같은 출현확률을 고려해서 작성된 통계적인 자료도 이용되고 있다.

### 2.6.2. 바람과 건축

건축과 바람[風]과의 관계에 있어서 중요하다고 생각되는 사항으로서는 빌딩풍·자연환기(自然換氣)·통풍(通風)의 3가지에 대해서 언급한다. 이외에도 강풍(强風)에 의한 건축이 파괴되는 등의 강풍재해(强風災害)가 있지만 이것에 대해서는 재해(災害)의 항목에서 따로 취급함으로 여기서는 생략한다. 빌딩풍은 일조문제나 전파 장해 등과 같이 건축이 그 주위의 환경에 주는 영향의 하나이다. 한편 自然換氣는 바람이 건축에 주는 영향의 하나이다. 通風도 자연환기와 같이 바람의 영향의 하나지만, 건축 쪽의 의도가 느껴지므로 바람 이용의 하나로 하는 것이 적절할 것이다.

ㄱ. 빌딩풍

지상과 해양상 등에 건설되는 건축물은 바람에 입장에서 보면 모두 장해물이고, 바람의 흐름은 건축물의 크기에 불문하고 무엇인가 영향을 받는다. 지표부근의 바람은 지표와의 마찰(摩擦)이나 지면에 존재하는 지물의 형상 등의 영향을 받아, 지면에 가까울수록 풍속은 작아지고 있다. 지금 풍속(風速)을 U(m/s), 지면에서의 높이를 z(m) 라고 하면, 여러 가지의 관측결과에서

$$U = k \cdot z^{1/n} \qquad (2.8)$$

이라는 것이 알려져 있다. 여기서 멱지수(冪指數) n 은 지물의 요철(凹凸)이 심할수록 작은 값을 갖고, 해상과 같이 평탄한 곳에서는 6 정도인데 반해서, 대도시와 같이 큰 빌딩이 줄지어 서 있는 곳에서는 3 이하의 값이다.

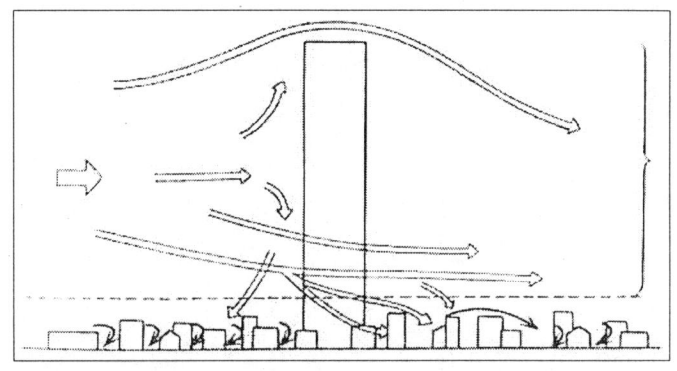

그림 2.5. 빌딩풍의 발생 기구

위 괄호로 묶은 높이의 영역에서의 흐름은 단독건물의 경우와 같다고 생각해도 좋다.

이것이 지표 가까운 곳에서는 바람이 그 정도로 강하지 않아도 상공으로 가면 상당히 강풍(强風)이 불고 있는 까닭이다. 따라서 그림 2.5에 나타내듯이 주위의 건물보다 극단으로 높은 건물이 서 있는 곳에서는 상공의 강한 바람은 그 건물에 의해 흐름이 막혀, 그 일부는 지표 부근으로 내려온다. 이것이 고층건축의 주위에서 强風이 발생하는 기구이고, 이와 같은 강풍을 **빌딩풍**이라고 칭하고 있다. 빌딩풍은 단순히 강한 것만이 아니고 대단히 교란된 바람이기 때문에 인간의 보행이나 기물(器物)에 주는 영향이 크다. 그러나 그림 2.6에 나타나 있는 풍동(風洞)실험이나 컴퓨터 시뮬레이션에 의해 강풍이 발생할 듯한 장소에는 식수(植樹) 등을 해서 강풍에 대한 어느 정도의 대책을 세워놓는 것도 가능하다.

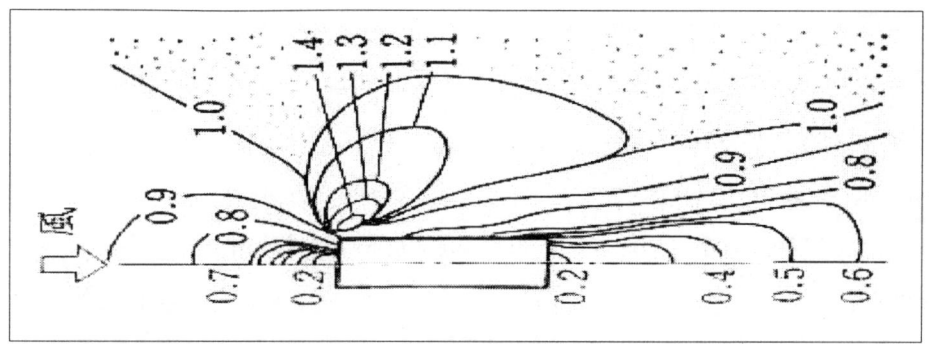

그림 2.6. 풍동실험에 있어서의 고층건축 주위의 풍속분포
고층건축이 없는 경우의 풍속을 기준 1로 해서 그의 배수로 나타냈다. 고층건축에 의해 바람이 강해진 곳에 주목하기 바란다.

## ㄴ. 자연환기와 기밀성

환기(換氣)를 하기 위해서는 실내의 공기를 외부로 배출하는(동시에 배출된 양과 같은 공기가 외부에서 실내로 유입된다)힘이 필요한데, 그것을 환기구동력(換氣驅動力)이라고 한다. 환기구동력이라고 해도 송풍기 등의 인위적인 힘을 이용해서 행하는 환기를 기계환기(機械換氣, 또는 강제환기)라고 한다. 한편 건물의 외벽·지붕 등에 자연적으로 발생하는 풍압력(風壓力)이나 건물과 외기의 온도차에 의해 발생하는 부력(浮力)에 의해 환기가 자연적으로 이루어지는데 이것을 **자연환기**(自然換氣)라고 부르고 있다. 건물에는 창의 샷시의 주위를 비롯하여 콘센트박스나 배관 등의 주위 등, 통상은 눈에 보이지 않는 미소한 극간(隙間: 틈새)이 여기저기에 존재한다. 특히 목조 등의 건물에서는 천정재나 벽재의 이음매 등에도 이와 같은 극간이 상당히 존재하고 있어, 극간을 막기 위한 특별한 시공을 하지 않는 한 이와 같은 극간에서의 공기의 새나감[누기(漏氣): 공기가 빠짐]을 막을 수는 없다. 비록 창과 같이 큰 개구(開口: 열린 입구)가 모두 닫쳐있다고 해도 이와 같이 작은 隙間(극간)이 있다면 자연환기는 항상 이루어지고 있다.

換氣의 주요한 목적은 인간이 호흡이나 활동 등에 의해 더러워진 실내의 공기를 배출하고 한편 깨끗한 外氣(외기)를 집어넣어, 인간의 건강을 지키는 것이라고 생각되어진다. 그러나 冷暖房(냉난방) 시에 있어서 환기 열손실 H나 전력에너지로 행하여지는 기계환기를 생각하면 불필요한 환기는 오히려 에너지의 소비를 초래할 뿐이다. 그러므로 換氣는 항상 필요최소한의 양만큼으로 억제해 두는 것이 바람직하다. 이와 같은 환기량을 **필요환기량**(必要換氣量)이라고 하고, 인간 1인당 20 $m^3/hr$ 정도가 표준으로 되어 있다. 지금 5인 가족으로 살고 있는 바닥의 면적이 80 $m^2$의 보통의 주택을 생각하자. 필요 환기량은 20 $m^3/hr \times 5$인=100 $m^3/hr$이고, 천장 높이를 2.5m로 하면 기적(氣積)은 80 $m^2 \times 2.5$ m = 200 $m^3$가 되므로 필요한 환기회수는 0.5 회/hr가 된다. 보통의 시공법으로 세워진 목조의 주택이라면 자연환기에 의한 환기회수는 약 1 회/hr 정도이므로, 그 1 회/hr에서 필요한 환기회수 0.5 회/hr를 뺀 나머지 0.5 회/hr에 상당하는 환기량은 냉난방 시일 때의 열손실을 증가시키는 만큼의 불필요한 환기가 된다. 여기서 위에서 언급한 건물 중에 존재하는 미소한 극간을 막아 건물 전체의 **기밀성**(氣密性: 공기가 통하지 못하는 상태)을 높이는 것이 省에너지로 중요하게 된다. 특히 한냉지(寒冷地)에서는 이와 같은 자연환기에 의한 냉난방부하가 벽이나 창에서의 관류(貫流)부하에 필적되므로 생에너지 기준에 있어서도 한대지방의 주택에 대해서만큼은 환기회수 0.5 회/hr에 상당하는 기밀성이 필요하다고 할 수 있다.

ㄷ. 통풍

냉방(冷房)이 없는 시대에 있어서는 **통풍**(通風)만이 여름철의 서늘하게 하는 유일한 방법이었다. 따라서 여름 무더운 날씨에서는 통풍에 대한 배려가 각별해서 전통적으로 건축은 개폐(開閉)가 가능한 큰 개구부(開口部 또는 창)가 있었다. 그러나 근년이 되어서 냉방이 보급되어 통풍을 목적으로 한 개구부의 필요성이 점점 사라지고 있고, 오히려 겨울철의 열손실을 억제하는 것을 감안(勘案)해서 남쪽 이

외의 개구부(창)를 작게 하는 경향이 있다. 또 도심부에 있어서는 과밀화(過密化)나 열섬[열도(熱島), heat island]에 의한 서열화(暑熱化 : 더워지고 뜨거워짐) 때문에 여름철의 서늘한 자연풍(自然風)이 감소하고 있고, 이와 같은 경향에 한층 박차(拍車: 승마 시 말을 빨리 달리게 하기 위해 구두뒤축에 다는 쇠)를 가하고 있는지도 모르겠다. 통풍을 효과적으로 하기 위해서는 건물 속에 바람의 입구(入口)와 출구(出口)를 설치하는 것이 필요하고, 이것들에 의해 형성되는 바람이 지나가는 길을 **통기윤도**(通氣輪道)라고 한다. 그러나 통기윤도에서 빗나가면 개구부를 아무리 개방해도 바람에 의한 서늘함은 그 정도로 얻어지지 않는다. 통풍 때문에 개구부를 꼭 벽에 붙일 필요는 없고, 오히려 여름철에 서늘함을 얻기 위함이라면 창을 하늘 쪽(天窓)이나 지붕에 내는 것이 효과를 발휘하는 경우도 있다. 또 벽에 설치한 개구의 위치는 그 지역에 있어서의 여름철의 풍향을 충분히 고려해서 결정할 필요가 있을 것이다. 특히 해륙풍(海陸風)이나 산곡풍(山谷風) 등의 국지풍(局地風)이 우세한 지역에서는 풍향이나 발생빈도에 유의해서 창의 위치를 결정할 필요가 있다.

### 2.6.3. 물과 건축

ㄱ. 비와 방수·우종(雨終)

건축에 아주 근원적인 목적의 하나로서 우로(雨路: 비와 이슬)를 막는다고 하는 것을 들 수 있는데, 다우(多雨)지역에 건설된 건물에서는 특히 중요시되고 있는 기능이고, 비가 새는 건축은 결함건축으로 보는 것이 보통이다. 건물에는 여기저기에 미소한 극간이 존재하고 있으므로 우수(雨水)가 이와 같은 극간을 통해서 건물내부로 침입하는 것을 생각할 수 있다. 그러나 雨水가 침입하는 데에는, 환기의 경우에 환기구동력이 필요했던 것 같이 무엇인가의 역학적 요인이 더욱 첨가되지 않으면 안 된다. 이와 같은 雨水의 침입의 원인이 되는 힘[力]으로써는 중력(重力)·표면장력(表面張力)·모관력(毛管力)·기압(氣壓)·수압(水壓) 등 여러 가지의 것이 고려되고, 그 기구(機構, mechanism, 메커니즘)는 그 정도로 단순한 것은 아니다. 비샘의 원인이 되는 힘과 기구는 그렇다고 하더라도 雨水의 침입을 막는 방법에는 크게 나누어서 2가지의 방법이 있다. 하나는 **방수공법**(防水工法)이라고 불리는 것으로 아스팔트나 합성고분자 루핑(roofing: 지붕을 씌울 때 쓰는 건축재료)과 같이 물의 침투성(浸透性)이 전혀 없는 소재로 雨水가 침입할 것 같은 부분을 면적으로 완전히 덮는 방법이다. 또 하나는 극간이 생기는 부위에 경사 또는 물기를 빼는 등의 여러 가지의 궁리를 해서 雨水의 침입을 막는 방법으로 **우종(雨終)**이라고 한다.

ㄴ. 우수이용

도시지역에 있어서 수자원대책의 하나로써 건물주변에 내린 비[雨]를 모아두어 생활용수로 이용하는 것을 **우수이용**(雨水利用, 빗물이용)이라고 하는데, 근년 이와 같은 雨水利用을 행하는 설비를 갖춘 건물이 증가하고 있다. 이와 같이 우수이용은 수자원의 절약이라고 하는 목적 외에도 하수부하(下水負荷)의 경감이나 도시형 중소하천의 홍수(洪水)대책이라고 하는 목적도 가미되어 있는 경우가 많다. 한 예로 건물의 옥상이나 지붕에 내린 비는 침사지(沈砂池)로 모아서 침전조(沈澱槽)를 거친 후 지하의 우수저유조(雨水貯留槽)에 저장하도록 되어 있다. 저장된 雨水는 주로 변기의 세정수(洗淨水)나 공조용냉각탑(空調用冷却塔)의 보급수(補給水)로써 사용된다. 이와 같이 우수이용설비는 비의 집수면적(集水面積)이나 저유조(貯留槽)가 충분한 용량으로 설계되어 있다면, 겨울철의 갈수기(渴水期)를 제외하고 변기의 세정수 등을 雨水만으로 조달할 수가 있으므로 상당히 **절수효과(節水效果)**를 발휘할 수가 있다.

ㄷ. 눈과 지붕

적설지(積雪地)에서는 지붕에 쌓이는 눈[雪]이 건축과 기상의 관계를 나타내는 전형예의 하나로 되어 있다. 다설(多雪)지역에서는 지붕의 적설하중(積雪荷重)은 건축물에 있어서 무시할 수 없는 하중(荷重)이고, 소위 눈 내림 작업이 필요하게 된다. 눈 내림의 작업은 위험한 작업이므로 가능한 한 눈 내림을 하지 않아도 좋을 지붕형상이 궁리되고 있다. 이와 같은 지붕형상으로서 **낙설(落雪)지붕**과 **무락설(無落雪)지붕**이라고 하는 상반되는 2가지가 알려져 있다. 낙설지붕은 지붕의 구배(句配, 경사, 기울기, 물매)를 급하게 하고, 지붕 이는 재료도 적설이 미끄러지기 쉬운 재료로 해서 적설이 낙하하기 쉽도록 한 지붕이다. 그러나 낙하 시에 건물 주위의 사람이나 물건에 위해(危害)를 가할 우려, 낙하한 눈의 처리 등 주의해야 할 사항도 많다.

한편 무낙설지붕은 반대로 지붕 구배를 평탄하게 해서 낙설(落雪)하지 않도록 한 지붕이다. 이와 같은 지붕은 젖은 무거운 눈이 2m 이상이나 쌓이는 호설(豪雪)지대 등에는 적절하지 않지만, 눈이 건조해서 가벼운 추운 지방 등에서는 문제가 적어 보급되고 있다. 지붕에는 지상보다 바람이 강하기 때문에 밀도가 가벼운 눈이라면 바람에 날리는 눈의 비율이 지상보다 많고, 쌓여도 실내의 난방 등에 의해 다소는 녹기도 하므로 지붕의 적설은 지상보다는 상당히 얇아진다. 따라서 눈이 건조해 있는 등의 조건이 만족되는 지역에서는 지붕의 적설은 그 정도로 깊지 않게 되고, 지붕의 강도는 그와 같은 적설하중에 견디는 정도의 것이라면 충분한 것이다.

지붕의 눈에 관련해서 또 하나는 고드름[빙주(氷柱), 수빙(垂氷)]과 극루(隙漏: 틈새로 물이 샘)의 문제가 있다. 지붕의 눈이 실내의 열에 의해 조금씩 녹는다. 녹은 눈은 지붕면을 내려와 처마 끝에서 낙하하려고 하지만, 처마 끝에 고드름과 빙제(氷堤: 얼음 둑)를 만든다. 지붕 눈의 융해가 더욱 지속되면 융해수(融解水: 녹은 눈)는 빙제에 차단되어 갈 곳을 잃어, 지붕 재료의 극간 등에서 건물내부에 침입해 천장이나 벽을 더럽힌다. 이것을 **극루**(隙漏: 틈에서 샘)라고 하고, 이 극루의 방지책으로서는 천장을 단열해서 실내의 열이 지붕면까지 도달하지 않도록 하는 일이나 처마 끝 부근의 지붕 방수(防水)를 완전한 것으로 하는 일 등이 고려된다.

ㄹ. 결로해와 동해

건축에 관련되는 많은 것에는 여러 가지 형태로 수분(水分)이 포함되어 있으므로 이들이 무엇인가의 원인으로 상(phase)변화(相變化)를 일으키면 각양각색의 장해를 가져오는 일이 있다. 相變化(상변화)를 일으키는 원인 중에서 가장 빈도가 높고 또 영향도 큰 것이 외기온(外氣溫: 바깥 기온)의 변화(특히 저하)이고, 이와 같은 장해도 기상과의 관련성이 강하다고 말할 수 있다. 이 대표적인 예가 **결로해**(結路害)와 **동해**(凍害)이다. 공기 중의 수분이 응축해서 액수(液水: 액체의 물, liquid water)가 되는 것을 **결로**(結露)라고 하는데, 건축에 있어서 결로는 여러 가지의 메커니즘(機構, mechanism)으로 일어나므로 대책을 세우는 데는 우선 그 메커니즘을 특정(特定)하는 것으로부터 시작하지 않으면 안 된다. 結露(결로) 중에서 가장 대표적인 것이 실내의 수증기가 부위(部位: 창이나 외벽이 많음) 표면에서 응축·이슬이 맺히는 **표면결로**(表面結露)이다. 이것은 부위의 표면온도가 실내의 공기의 노점온도(路点溫度)보다 낮기 때문에 일어나는 현상이므로 外氣溫의 저하에 기인하는 경우가 많다.

그러나 이와는 반대의 경우로, 즉 외기의 온도·습도가 상승하기 때문에 생기는 케이스도 있다. 이것은 늦봄 등에 난기단(暖氣團: 따뜻한 공기덩이)이 내습했을 때에 생기는 것으로, 난기단의 온난다습(溫暖多濕)한 外氣가 아직 겨울의 여파가 남아서 차가운 部位(특히 콘크리트와 같은 열용량이 큰 재료로 만들어진 부위)에 접촉 함으로 결로해 버리는 것이다. 이외에 방습층(防濕層)이 설치되어 있지 않는 벽체에서는 습기를 통과시키기 쉬우므로 벽체 내부의 온도가 낮으며 벽을 통과해서 오는 습기가 結露하는 경우가 있다. 이것은 **내부결로**(內部結路)라고 하는데, 벽 등의 내부에서 발생하므로 눈에 띄기 어렵고 피해가 커지고 나서야 표면화하는 귀찮은 것이다. 표면 결로든 내부 결로든 결로가 생기면, 건축부재의 더러워짐, 열화(劣化: 약해짐), 부후(腐朽: 썩음, 노후)에 의한 강도저하, 곰팡이의 발생 등, 여러 가지의 장해(障害)가 건물에 출현한다. 이와 같은 2개의 형태의 결로를 일거에 방지하기 위해서는 실내 쪽에 습기가 통과하지 않는 防濕層(방습층; 폴리에틸렌의 시트, sheet of poly-ethylene)을 설치한 뒤에 벽체에 단열재를 삽입해 실내 쪽의 표면온도를 높이는 것이 합리적이라고 생각한다.

한편, **凍害**(동해) 중에서 대표적이라고 생각하는 것이 **동상해**(凍上害)일 것이다. 外氣溫의 저하나 방사냉각에 의해 토양 중의 수분이 얼면, 지반 전체의 체적이 증가해 지반은 상승한다. 이것을 **동상**(凍上)이라고 하는데, 凍上이 건축의 주위에서 일어나면 기초가 기울어지는 등의 피해가 생기고, 이것을 凍上害라고 부르고 있다. 동상해를 방지하기 위해서는 기초 주위를 보수량(保水量)이 많은 점토층(粘土層)에서 사(砂, 모래)·사리(砂利, 자갈) 등의 保水量이 적은 것으로 바꾸기도 하고, 기초를 동결심도(凍結深度: 지중온도가 0C의 깊이)보다 충분히 깊이 하는 것 등이 유효하다. 또 건축자재에는 콘크리트系의 재료 등과 같이 수분을 다량으로 포함하고 있는 것이 많다. 경우에 따라서는 부재가 雨水에 의해 젖어버려, 수분을 함유하는 경우도 있다. 이와 같이 재료 중의 수분이 外氣溫의 저하 등으로 동결하면, 부재의 박리(剝離)나 이탈(離脫) 등의 생각지도 않은 피해가 발생하는 경우가 있다. 더욱이 급배수(給排水)설비나 급탕(給湯)설비 등 설비류 중에는 물을 취급하는 것이 많다. 대한파(大寒波) 등이 내습하면 설비에 존재하는 이들의 물이 동결해서 기기(機器)나 배관(配管)의 파열·파손 등의 장해를 발생시키는 일이 있다. 그러나 이와 같은 설비류의 동해는 기기나 배관의 保溫(보온) 등에 의해 미연에 방지할 수도 있다.

### 2.6.4. 도시·건축과 지구환경문제

현대의 대도시에서는 세계 속에서 대량의 물질과 에너지를 모아서 소비하고 정보나 제품을 만들어 내지만, 동시에 대량의 **폐기물**(廢棄物)과 **폐열**(廢熱)도 배출한다. 거기에는 근대공업문명의 상징적인 모습도 볼 수가 있고, 지구환경문제의 원인이 응축되어 있다. 온난화 기체나 폐열 등은 도시에서 대량으로 배출되고, 삼림자원은 도시에 있어서 대량으로 소비되고 있다. 도시와 지구환경과의 관계를 생각할 때 이와 같은 지구환경에 대한 영향의 원흉으로써 도시의 위치선정이 우선 고려될 수 있다. 이것이 도시·건축과 지구환경문제에 있어서의 제 1의 시점이 된다. 이와 같은 견해나 문제설정에 대해서는 건축을 포함한 도시 전체나 거기서 이루어지는 인간 활동 전체가 미치는 영향력을 낮은 것으로 바꾸어 가는 것이 중요하며, 문제는 건축에만 국한되어 있는 것이 아니고 인간 활동 전체에 미친다는 것이다. 현재 지구환경문제로서 취급하고 있는 것은 이와 같은 시점에서 제시되어 있는 것이 많다. 건축의 분야에 있어서도, 재료의 생산에서 건물의 운용 더 나아가서는 건물의 폐기까지 미치는 건축물의 일생에 있어서 방출되는 온난화 기체를 최소화하려고 하는 연구가 행하여지고 있다.

한편 이와 같은 지구전역에까지 미치는 큰 스케일에서가 아니고, 수백 km 사방 정도의 지역이나 도시지역 내부의 기상·기후·환경에 대해서도 도시나 건축의 집합체는 큰 영향력을 가지므로, 그와 같이 상당히 좁은 지역의 환경문제에 한정해서 도시나 건축의 본연의 상태를 고찰하려고 하는 견해도 있을 수 있다. 이것이 도시·건축과 지구환경문제에 있어서 제 2의 시점이 되는데, 이 대표 예는 도시기후의 문제로서 알려져 있고, 옛날부터 기상·기후학자들의 관심사의 하나였다. 도시기후에 관련해서 건축 쪽이 생각해서 대처하지 않으면 안 되는 문제는 녹지(綠地)의 감소(減少)나 廢熱(폐열)의 증가가 원인으로 생각되는 여름철의 온도상승(溫度上昇)일 것이다. 특히 대도시에서는 야간의 氣溫이 떨어지지 않고 **열대야**(熱帶夜)가 증가하고 있는데, 이와 같은 일이 더욱 냉방의 사용을 부추겨, 냉방폐열(冷房廢熱)이 증가하기 때문에 야간의 기온이 한층 상승한다고 하는 악순환으로 연결되면 큰 문제가 된다. 이와 같은 廢熱 이외에도 건축이 도시기후나 도시환경에 미치고 있는 영향은 건축 자체에의 축열(蓄熱), 일사의 흡수나 반사, 공조용 냉각탑 등에서의 수증기의 방출 등, 여러 가지가 생각되어지는데, 이들이 개개에 어느 정도의 영향을 미칠까에 대해서는 완전히 해명되어 있는 것은 아니고, 금후의 연구의 과제로 남아 있다.

## 2.7. 파랑과 기상(대기)

### 2.7.1. 파도의 종류와 예보

大氣와 海洋의 상호작용이라고 하면, 보통은 해양이 대기에 미치는 효과를 생각하는 일이 많았다. 물론 기상이나 기후의 변동도 해양에 영향을 미치나, 열적으로 생각하면 물[水]의 熱容量(열용량)이 공기에 비해서 1,000 배나 크므로, 다소의 기온변동이 있어도 단기간적으로는 해양이 뚜렷한 변화를 주는 일은 거의 없다. 한편 바람[風]에 의해 발달하는 풍랑(風浪: 바람에 의해 일어나는 물결)은 대기가 해양에 미치는 영향중에서도 가장 민감하고, 또 인간 활동과 밀접한 관계가 있는 현상이다. 원래 해면에는 바람·조석력(潮汐力)·지진(地震) 등의 원인으로 끝임 없이 파(波)가 존재한다. 이것을 스펙트럼의 형식으로 표현하면 그림 2.7 과 같다.

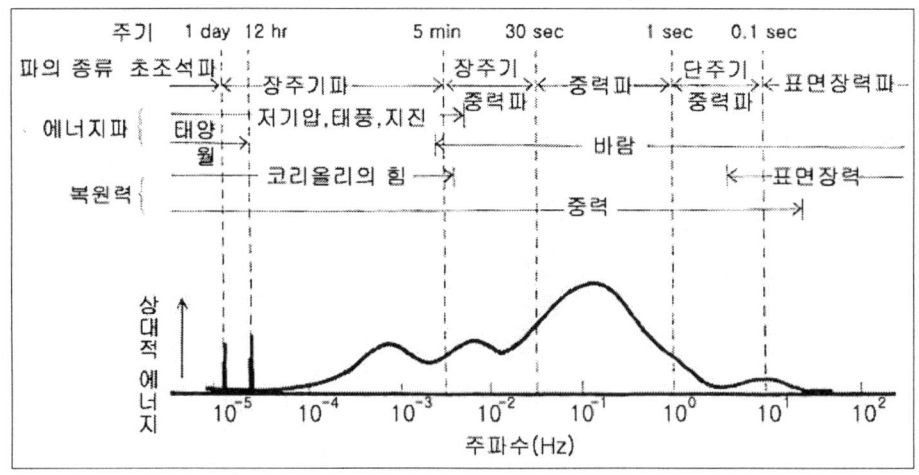

그림 2.7. 해양의 표면에 존재하는 파동에너지의 스펙트럼 모식도

이 그림에서 에너지밀도(密度)를 보면 몇 개의 산이 보인다. 주기가 짧을수록

표면장력파(表面張力波, ~0.1 초), 중력파(重力波, 1~30 초), 장주기중력파(長週期重力波, 2~5 분), 장주기파(長週期波, 20~30 분)가 있고, 거기에 12 시간주기(21 時間週期)와 24 시간주기(24 時間週期)의 조석파(潮汐波)가 현저하다. 이들은 파(波)를 구동(驅動)시키는 에너지원, 및 파동현상을 유지하는 복원력(復原力)의 종류에 의해 각각 특징적인 성질을 가지고 있다. 여기서는 특히 인간의 일상생활과 깊이 관계가 있는 바람에 의한 구동되는 주기 1~30 초(秒) 정도의 풍파에 관련한 것을 언급한다.

풍파(風波)가 바람에 의해 일어나고, 폭풍 하에서 거대한 **파랑**(波浪: 잔물결과 큰 물결)으로 성장하는 일은 잘 알려져 있다. 파의 크기와 풍속이나 취주거리(吹走距離)와의 관계를 정량적으로 정하려고 하는 시도는 20 세기의 초기 경에 이미 행하여져, 비로소 파고(波高)가 풍속의 2승에 비례한다던가, 취주거리의 평방근에 비례 한다던가 일단 관계가 보고되고 있다. 그러나 파의 성장이 체계적으로 기술된 것은 상당히 늦어져 Sverdrup & Munk(1947년)의 보고가 최초의 것이었다. 그들은 복잡한 파의 형태를 나타내는 데에 통계적인 평균량으로서 정의되는 **유의파**(有義波)의 개념을 도입했다. 그리고 이 가상적인 波은 미소진폭의 심해파(深海波)와 같은 수파(水波)로서 행동하는데, 파고와 주기는 시간적·공간적으로 변화하는 것으로 해서 예보식(豫報式)을 발전시켰다. 이 예보식은 그 후 Bertschneider에 의해 정력적으로 개량이 이루어졌던 것으로부터 이것에 근거한 예보법(豫報法)을 그들의 머리글자를 따서 **SMB法**이라 부르고 있다.

有義波(유의파)의 개념은 복잡한 해면상태를 나타내는 척도로서 지금도 가장 잘 사용되고 있다. 50년대에 들어와서 복잡한 바다의 파가 파향(波向)이나 주기가 다른 무수한 정현파(正弦波)가 겹친 것이라고 하는 생각에 근거를 둔 스펙트럼적으로 취급하는 **해석법**(解析法)이 도입되었다. 이것에 의해 풍파의 거동에 관한 이해가 비약적으로 진보해서, 새로운 수치파랑(數値波浪)모델이 개발되었다. 이 모델에 근거한 파랑예보법을 **스펙트럼법**이라고 부르고 있다. 이 파랑모델은 제 1 세대모델에서 제 2 세대모델을 거쳐서 제 3 세대모델로 개량되어 왔다. 실시간(實時間, real time)의 파랑예보업무에서는 아직 제 2 세대모델이 주류(主流)를 이루고 있지만, 제 3 세대모델도 서서히 이용이 계속 퍼져가고 있다.

파랑정보가 선박의 안전운항이나 경제운항의 계획결정에 중요하다는 것은 말할 것까지 없지만, 최근 20 년간에 대해서 보면, 연안개발이 급속히 진전되고, 이것에 동반되는 해양구조물의 설계 값의 결정이나 시공관리 등에 파랑정보가 요구되게 되었다. 한편 위의 근대적인 수치파랑모델과 파랑 관측치를 병행해서 이용하여 태풍(颱風)·저기압(低氣壓)·계절풍(季節風) 등에 의해 발달하는 고파(高波)의 시간적·공간적 특성을 수치적으로 재현하는 것이 가능하고, 이들의 기상현상에 수반되는 파랑의 발달을 체계적으로 이해하게 되었다.

## 2.7.2. 파랑의 특성

ㄱ. 풍파와 파도

수면 상에 바람이 불면 우선 파장 수 cm 의 세파(細波. 잔물결, 小波)가 생긴다. 바람이 계속 불면 파는 바람에서 에너지를 받아 파고와 파장을 증대시키고, 점차로 큰 파(너울, big wave)로 발달해 간다. 이와 같이 바람에서 에너지를 받아 계속 발달하는 파를 **풍파**(風波)라고 한다. 외모는 극히 불규칙하지만, 개개의 파의 마루[봉(峰), ridge]는 날카롭고, 마루의 길이는 파장 2~3 배 정도이다. 풍파가 풍속이나 吹走距離(취주거리)·취속시간(吹續時間)에 의해 그 크기가 결정되는 것으로, 생긴 波는 바람과는 관계없이 움직인다. 강풍역에서 발생한 파가 무풍역(無風域)에 나오기도 하고, 바람이 약해지기도 하면서, 바람에서 波로의 에너지공급이 정지되고, 파는 고유의 성질에 따라서 전파된다. 이것을 **파도**(波濤)라고 한다. 풍파에 비교해서 주기적이고 마루는 둥근 모양을 띠고 있다. 여름이 끝날 무렵 태평양 연안에 밀어닥치는 파도는 남방양상의 태풍역에서 발생한 파가 파도가 되어 전파해 오는 것이다. **風波(풍파)와 波濤(파도)를 총칭해서 波浪(파랑)이라고 한다.**

ㄴ. 파의 기본적 성질

실제의 波浪(파랑)은 극히 복잡한 양상을 띠고 있고, 그 거동을 간단히 표현하는 것은 무리이다. 여기서 우선 가장 기본적인 波(파)로써의 규칙적인 정현파(正弦波, sine파)에 대해서 그 성질을 정리해 두자. 그림 2.8 에 나타낸 것 같이, 파의 파장(波長) $L$, 주기(週期) $T$, 파고(波高) $H$[진폭(振幅) $a = H/2$] 로 정의되고, 파속(波速)은 $C = L/T$ 가 된다.

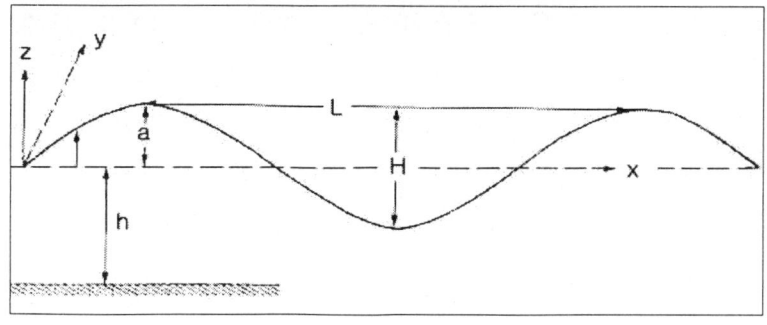

그림 2.8. 파의 정의
L: 파장, H: 파고, a: 진폭, h: 수심(水深)

ㄷ. 풍파의 성질

실제의 風波(풍파)는 극히 복잡한 양상을 띠고 있다. 해면이 돌연 솟아올라와 순식간에 파의 마루가 형성되어 진행이 시작되었다고 생각하면 다음 순간 수분 이내에 다시 쇠약해져서 보이지 않게 된다. 波가 다른 파를 추월하기도 하고, 서로 교호하는 것이 나타나기도 해서 해면은 끊임없이 변화하고 있다. 앞의 파의 기본적인 성질에서는 波(파)를 간단하고 규칙적인 정현파(正弦波, sine파)로 표현했지만, 실제의 파의 기록을 보면 파형(波形)은 정현파형과는 달리 파고나 주기가 각파마다 다르고 복잡하게 나타남을 알 수 있다.

ㄹ. 연안 천해 역에서의 파의 변형

깊은 바다에서는 파는 표면파(表面波)로써의 고유의 성질을 갖지만, 수심(水深)이 파장의 1/2 보다 얕아지면 해저의 영향을 받아서 파고(波高) 및 파향(波向)이 변화한다. 파고와 파향을 변화시키는 요인으로써는 파의 굴절(屈折)·천수(淺水)변형·쇄파(碎波: 파가 부서짐) 및 해저마찰(海底摩擦)이 있다. 굴절은 수심이 얕을수록 파의 진행속도가 늦어지기 때문에 파의 마루의 수심이 깊은 곳에 있는 부분이 빨리 진행하고, 얇은 곳에 있는 부분이 천천히 진행함으로써 파의 진행방향이 바뀌는 현상이다. 파의 굴절은 갑(岬, 곶: 호수나 바다로 뾰족하게 나온 땅)의 선단과 같은 돌출부에서는 파의 에너지가 수렴(收斂, 收束)해서 파고가 높아진다. 반대로 만오부(灣奧部: 만의 깊은 곳) 등은 파의 발산 역(發散域)이 되어 파고는 낮아진다. 천수변형은 수심이 얕아짐에 따라 파고가 변화하는 현상이다. 파가 먼 바다에서 천해역(淺海域:바다가 얇은 지역)으로 진입하면 우선 파고가 다소 낮아지고, 수심이 파장의 1/6인 곳에서 최소가 되고, 그리고서 해안을 향해서 다시 높아져 간다. 깊은 바다의 파가 점점 변형되면서 천해역으로 진입할 때, 수심이 얕아져서 파고와 거의 같아지는 부근에서 현저한 碎波(쇄파)가 일어난다. 해저마찰은 물입자[水粒子]의 궤도운동을 방해함으로서 파에너지를 소모시킨다. 따라서 해저마찰이 효과를 갖는 것은 수심이 파장의 1/2보다 얕은 해역뿐이다.

### 2.7.3. 풍파의 발달

ㄱ. 유의파의 발달

 충분히 넓은 바다 위에서 바람이 불기 시작하면 처음에는 작은 물결이 발생하고, 시간이 경과함에 따라서 계속적으로 바람에서 에너지를 받아서 점차로 큰 파로 발달해 간다. 파고가 높아짐에 따라서 3/2 승법에 따라 주기도 길어진다. 풍속이 클수록 파의 성장이 빠르고 큰 波가 된다. 해안에서 바다를 향해서 바람이 계속 부는 경우를 생각하면, 해안 가까이에서는 吹走距離(취주거리)가 짧으므로 파의 발달이 어느 정도에서 멈추어 있지만, 먼바다를 향해서 취주거리가 증가함에 따라서 파가 커진다. 즉 풍파의 발달은 풍속·吹續時間(취속시간) 및 吹送距離(취송거리)에 의해 정해진다. 넓은 해양 상에서 바람이 장시간 계속 불면 파가 한정없이 성장하는 것처럼 생각되지만, 파고가 늘면 주기도 길어지고, 波速(파속)도 증가한다. 波速이 점차로 풍속에 가까워지면 바람에서 에너지를 받는 비율이 적어지고, 물의 점성(粘性) 등에 의해 에너지 손실과 평형을 이루는 값에서 파의 성장은 멈춘다. 이 상태의 파를 **충분히 발달한 波**라고 한다.

 예를 들어, **유의파고**(有義波高)의 취주거리와 취속시간과의 관계를 살펴보면, 풍속이 15 m/s로 계속 불고 있을 때, 취속시간이 10시간이고 취주거리가 300 km와 50 km의 경우가 있다고 하자. 그러면 전자의 취주거리가 300 km의 경우는 파고가 2.8 m가 되고, 10시간을 경과해서도 바람이 계속불면 파는 성장을 계속한다. 그러나 후자에서는 취속시간이 5시간에서 성장이 멈추는 취주거리가 한정된 파로, 파고 2 m에서 발달이 멈추고, 그 이상은 커지지 않는다.

ㄴ. 풍파스펙트럼의 발달

 풍파스펙트럼(風波 spectrum: 복잡한 현상을 단순한 성분으로 분해하여 순서별로 배열한 것)은 바람에 의한 풍파를 주파수(周波數)별로 나열하여 에너지의 분포를 보는 것이다. 이 風波스펙트럼의 발달을 지배하는 대기과정으로서는

1) 바람[風]에서 波로의 에너지의 공급,
2) 파와 파의 상호작용에 의한 風波스펙트럼의 각 성분 파간(成分 波間)의 에너지의 수수(授受, 주고받음, 교환),
3) 碎波(쇄파)·粘性(점성) 등에 의한 에너지의 소모

등이 생각되어지고 있다. 1)은 스펙트럼의 피크[peak, 頂点(정점)]을 중심으로 해서 스펙트럼의 모든 성분에 에너지를 공급한다. 2)는 스펙트럼 頂点(정점) 부근의 에너지를 저주파(低周波)쪽과 고주파(高周波)쪽으로 받아넘겨, 스펙트럼 頂点을 低周波측으로 이동시킨다. 3)은 주로 高周波쪽에서 작용하고, 이것에 의한 에너지 소모와 1)과 2)에 의한 에너지 공급과가 평형을 이루어, 高周波쪽에서는 에너지 수준에 거의 일정하게 유지되도록 해준다.

ㄷ. 파도의 전파

風波(풍파)의 구조를 스펙트럼적으로 생각하면, **파도**(波濤, swell)**의 전파**(傳播)는 다음과 같이 설명할 수 있다. 즉 강풍역(强風域)에서 발달하는 풍파는 스펙트럼적으로 폭넓은 범위의 **주파수성분**(周波數成分)과 **방향성분**(方向成分)으로 이루어져 있다. 각 성분파(成分波)는 각각의 전파방향에, 각각의 주파수에 의해 정해진 **군속도**(群速度: 진동수가 다른 파동이 서로 겹쳐서, 진폭이 바뀐 한 무리의 파동이 전파되어 가는 속도)로 진행함으로 시간이 경과함에 따라서 波에너지는 공간적으로 횡방향(橫方向: 가로 방향) 및 종방향(縱方向: 세로 방향)으로 넓게 분산해서 波高를 낮춘다. 이것을 각각 **주파수분산**(周波數分散) 및 **방향분산**(方向分散)이라고 부르고 있다.

波浪의 전파에 수반되는 波에너지의 감쇠(減衰)의 주된 원인은 방향분산과 주파수분산이라고 생각하고 있지만, 물입자의 궤도운동의 내부마찰(內部摩擦) 및 공기저항(空氣抵抗)에 의해서도 에너지가 소실된다. 이것은 파장(주기)이 짧은 파 쪽이 효과가 크므로 단파장(단주기)의 성분파가 빨리 감쇠한다. 이 결과 파도의 파장(주기)은 평균적으로 길어진다. 장주기(長週期)의 파에 대해서는 내부마찰이나 공기저

항에 의한 에너지 소모는 대단히 작으므로 波濤(파도)는 대단히 장거리를 전파할 수가 있다. 그 예로 태평양에서 장거리에 걸쳐서 전파하는 파도의 관측을 행해, 오스트레일리아(Australia, 豪州)와 뉴질랜드(New Zealand)의 남쪽 해상에서 발생한 풍파가 파도가 되어 북상해서, 알류시안 열도(列島)(Aleutian Islands)까지 도달한 것을 확인하고 있다. 즉 남극에 가까운 남태평양에서 멀리 북극에 가까운 북태평양까지 波濤로 전파되어 밀려온다는 뜻이다.

### 2.7.4. 파랑예보

파랑추산(波浪推算)에서 현재 업무적으로 이용되고 있는 방법은 주로 스펙트럼법이 주류를 이루고 있지만, 취급이 간단한 이유로 유의파법(有義波法)도 일부에서 잘 이용되고 있다.

ㄱ. 유의파법

유의파고(有義波高)·취주거리(吹走距離)·취속시간(吹續時間)의 관계를 이용해서 波浪(파랑)을 예측하는 방법을 **有義波法**(유의파법)이라고 한다. 이 방법은 1940년대의 초기에 개발된 이래, 관측치가 증가함에 따라 점차로 改良(개량)되어 왔다. Wilson은 비교적 새로운 신뢰도가 높은 자료만을 이용해서 해석(解析)하고 고쳐서 유의파고와 유의파주기의 발달 식을 만들어, 취속시간(吹續時間)에 의한 유의파(有義波)의 발달을 계산할 수가 있게 만들었다.

ㄴ. 스펙트럼법

파랑의 상태를 스펙트럼으로 표현하고, 각성분파의 에너지의 증감(增減)을 시간을 추적 계산해서 波浪의 예측을 행하는 방법을 **스펙트럼법**이라고 한다. 이 스펙트럼법의 기본 식은 에너지 평형방정식에 근거하고 있다. 스펙트럼법은 유의파법에 비교해서 복잡한 파랑의 성질을 보다 적절히 표현할 수 있고, 파랑의 발달(發達)·전파(傳播)·감쇠(減衰)를 합리적으로 기술할 수 있는 등의 장점을 가지고 있지만, 계산양은 상당히 많아지는 것이 흠이다.

## 2.8. 교통과 기상(대기)

도로교통(道路交通)·해운(海運)·항공(航空)이라고 하는 편리한 교통수단에 있어서 가장 기본적인 요건은 그들이 안전하고 그러나 능률적으로 쾌적하게 운행(運行)되는 것일 것이다.

이것에 관계하는 모든 조건 중에서, 자연현상인 기상(氣象, 대기과학)만은 인위적으로 개변(改變)하는 것이 불가능하고, 항상 크고 작은 大氣의 영향을 받고 있다. 때로는 위험한 기상상태에 조우(遭遇: 우연히 만남)하기도 하고, 사고나 장해의 원인이 되는 일도 있다. 이러한 기상의 영향을 회피 또는 경감시키기도 하고 순조로운 운행을 확보하는 데에는 기상정보(氣象情報)을 유효하게 활용하는 것이 필요 불가결하다. 현실에서는 기상청(氣象廳)이나 **컨설턴트**(consultant: 전문적인 의논·조언하는 상대역, 顧問, 相談役)의 기상정보가 교통체계를 관리·관제하는 기관으로 제공되고, 이것을 기초로 해서 각종의 대책이 행해지고 있다.

### 2.8.1. 도로와 기상정보

교통규제나 사고 등 교통장해의 원인에는 氣象이 크게 관계를 하고 있고, 고속도로에서는 대설(大雪)이나 노면의 동결(凍結), 일반도로에서는 대우(大雨) 등이 중요한 현상으로 되어 있다. 이들의 大氣現象에 대해서, 고속도로에서는 한후기(寒候期)를 통해서 설빙(雪氷)대책이 행해지고, 난후기(暖候期)와 일반도로에서는 大雨에 대한 속도규제 등의 각종의 대책이 이루어지고 있다. 이들의 대책의 기초가 되는 것은 氣象情報이고, 기상청이 발표하는 일반의 일기예보(日氣豫報)·주의보(注意報) 등과 컨설턴트에 의한 도로를 대상으로 한 상세한 기상예보, 예를 들면 강설(降雪)의 시작과 끝의 시간, 도로 凍結(동결)의 예상 등 작업에 직결되는 정보가 널리 이용되고 있다.

유럽에서는 많은 나라들이 **도로기상정보시스템**(道路氣象情報시스템, Road Weather Information System, RWIS)을 도입하고 있다. 이 시스템의 주된 기능은 다음과 같다.

1) 도로의 미기후(微氣候)에 관한 정보,
2) 도로상의 노면(路面)과 기상의 관측,
3) 도로 기상예보: 기온, 노면온도, 풍속, 구름, 습도, 안개, 강수현상, 서리, 결빙, 강설, 노면동결 등,
4) 이들 정보의 전산망,

등으로 되어 있다. 기상에 관한 도로교통의 안전과 원활한 흐름의 확보를 위해서는 말할 것도 없이 氣象情報(기상정보)가 기능적으로 활용되는 것이 필수적이다. 장래는 이 방향의 氣象情報가 더욱 충실해질 것도, 온라인시스템 등 정보의 전송·표시의 기능도 크게 향상되는 것이 기대된다.

표 2.4. 2003년도 기상상태별 교통사고 현황 (단위 : 명)

| 연 도 | | 계 | 맑음 | 흐림 | 비 | 안개 | 눈 |
|---|---|---|---|---|---|---|---|
| 2003 | 발생건수 | 240,832 | 181,503 | 23,127 | 32,439 | 919 | 2,844 |
| | 사 망 자 | 7,212 | 5,026 | 869 | 1,122 | 96 | 99 |
| | 부 상 자 | 376,503 | 279,690 | 36,823 | 53,602 | 1,599 | 4,789 |

(도로교통 안전관리공단 제공)

### 2.8.2. 해운과 기상정보

화물선·탱커[tanker; 석유 운송선, 유조선(油槽船)]·여객선 등 해운선박의 해난 중, 기상에 관련하는 경우는 강풍(强風)·고파(高波)·농무(濃霧: 짙은 안개)가 주 요인을 되어 있다. 그 중 가장 많은 것은 장마기의 농무이고, 바다에 끼는 안개를 해무(海霧)라고 한다. 해운선박에 대한 氣象·해상(海象)정보는 기상청에서의 예보·주의보·경보·FAX방송 등이 있고, 또 氣象컨설턴트에 의한 기상·해상의 예보·정보가 석유·LNG 등의 적재선(積載船)이나 훼리[ferry, ferryboat, 대형 도선(渡船): 사람과 함께 자동차도 운송할 수 있는 큰 나룻배=카페리] 등에 널리 이용되고 있다.

해난(海難)의 원인이 되는 기상현상으로는 시계불량(視界不良)이다. 이것은 거의가 바다에 끼는 해무 중 짙은 안개인 濃霧(농무)에 의해서 일어난다. 바다는 육지와 달라서 안개가 될 수 있는 수증기의 공급을 바다에서 마음대로 공급받을 수 있는 조건에 있어 특히 안개가 많이 낀다. 또 발달된 저기압이나 태풍으로 인한 强風(강풍)과 高波(고파: 높은 파도)는 해난사고의 위험성을 항상 가지고 있다. 따라서 이들에 의한 海難事故(해난사고)가 발생하지 않도록 항상 기상정보에 귀를 기울이고 대비해야 할 것이다.

표 2.5. 2003, 2004년도 상반기 기상상태에 따른 해양사고 현황

| 연도 \ 구분 | 계 | | 폭풍주의보(태풍) | | 기상불량(황천) | | 저 시 정 | | 기상양호 | |
|---|---|---|---|---|---|---|---|---|---|---|
| | 척 | 명 | 척 | 명 | 척 | 명 | 척 | 명 | 척 | 명 |
| 2004 | 354 | 2,681 | 72 | 665 | 72 | 665 | 21 | 176 | 227 | 1,585 |
| 2003 | 265 | 2,349 | 57 | 389 | 47 | 749 | 13 | 93 | 148 | 1,122 |
| 대 비 | ▲89 | ▲332 | ▲15 | ▲276 | ▲25 | ▼84 | ▲8 | ▲83 | ▲79 | ▲463 |

(해양경찰청 제공)

## 2.8.3. 항공과 기상정보

항공기(航空機)의 이륙(離陸)·착륙(着陸)·비행(飛行) 중 어느 경우도 氣象의 영향을 크게 받게 된다. 항공기상정보는 특별히 규정된 형식과 방법으로 항공기상대에서 항공국·관제관, 항공회사로 제공된다. 항공기에 필요한 정보는 목적비행장과 대체비행장의 기상, 항로(航路)상의 바람, 악천(惡天)의 정보 등이 있고, 예보는 비행장 예보·항공로(航空路)예보·공역(空域)예보가 통보되고 있는 등, 항공은 국제화로 세계 각지의 공항의 정보가 필요하게 되고, 또 국내에서도 앞으로 점점 항공기의 시대가 열려 국내 예보도 항공기를 위한 예보가 발달할 것으로 생각된다.

항공기가 비행하는 경우에 필요로 하는 기상정보는

1) 사전의 비행계획과 출발 할 때,
2) 순항(巡航)할 때,
3) 착륙의 준비와 착륙할 때

이다. 사전의 비행계획이란 비행루트·적재량(積載量)·필요연료·비행고도·도착시각 등을 계획하는 것으로, 이 경우는 필요로 하는 기상정보는 목적공항이나, 목적공항이 악천(惡天)의 경우의 대체(代替)비행장의 비행장 예보와 순항 시에는 필요한 예상고층일기도나 악천예상도 등의 정보이다. 출발 시에는 항공기는 적하(積荷)도 연료도 최대한으로 실어 중량이 무거워 최대이륙중량(最大離陸重量)에 가깝게 되기 때문에 활주로(滑走路)를 가득 사용해서 이륙한다. 이 때문에 이륙성능에 영향을 주는 바람, 기온, 기압 등이 정확한 기상관측정보가 필요하게 된다. 아울러서 이착륙시의 양력(揚力)은 바람과 기온에 관계한다. 양력은 대기속도(對氣速度)

의 2승에 비례함으로 속도가 2배가 되면 양력은 4배가된다. 그러기 때문에 이착륙(離着陸)일 때는 對氣速度(대기속도)를 높이기 위해서 향하는 바람을 이용한다. 氣溫은 3C 상승하면 공기밀도는 약 1% 감소함으로 揚力도 1% 감소한다. 기압은 비행고도측정의 보정(補正)에 사용된다. 비행중의 항공기에 필요한 기상정보는 실시간(實時間)의 고층의 풍향·풍속, 악천정보, 그리고 착륙하는 목적공항의 관측정보와 비행장예보이다. 착륙준비와 착륙시의 정보로서는 목적공항에 내려앉을 수 있을까, 기장이 판단하지 않으면 안 되지만, 이 경우의 목적공항이나 대체비행장의 예보와 관측치가 필요하게 된다.

표 2.6. 2003, 2004년 상반기 항공기 결항 현황과 기상이 차지하는 비율

| 연 도 | 전체 결항 수 | 기상 관련 | 비율(%) |
|---|---|---|---|
| 2003 | 7,148 | 4,064 | 56.85 |
| 2004 | 3,692 | 2,006 | 54.33 |

(한국공항공사 제공)

## 2.9. 대기오염과 기상(대기)

### 2.9.1. 오염물질의 생성

대기오염(大氣汚染)의 문제는 시대와 함께 주목되는 물질이나 대상이 되는 규모도 변한다. 현재에는 보다 좋은 생활환경을 향해서 지구의 미래를 우려한 환경문제로서 연구가 진행되고 있다. 이 대기오염문제를 대상으로 하는 공간적 스케일로 보면, **지구적 규모**(地球的規模)와 **국지적 규모**(局地的規模)로 분류할 수 있어 이를 취급하는 기상현상도 다르다. 여기서는 局地的規模의 대기오염문제에 대해서 언급한다. 대기오염의 원인이 되는 물질은 자연계에 원래부터 존재하는 것과 인공적으로 만들어 낸 것의 2개로 나눌 수 있다. 전자는 대지 등에서의 먼지, 초원이나 삼림의 화사(火事) 등에 의해 발생한 이산화탄소 등의 연소생성물, 화산의 폭발이나 간헐천에서 불려 올라간 이산화황이나 황화수소, 그 외의 원인으로서 해수의 비말(飛沫)의 증발, 동식물의 부패(腐敗), 자연계의 방사성물질 등, 그 종류는 많다.

그러나 현재 대기오염으로서 문제가 되고 있는 것은 후자로, 공장이나 빌딩의 연돌에서의 배연(排煙), 자동차의 배기가스 등의 인공적인 오염물질이다. 또 대기오염물질에는 생산 공정 등에서 직접 배출되는 **1차 오염물질**(汚染物質)과 대기

중에서 일어나는 화학반응에 의해 생성되는 **2차 오염물질**이다. 우선 대기오염물질은 공장, 사무실, 가정이나 자동차 등 각종의 발생원에서 여러 가지의 상태로 대기 중에 방출된다. 대기 중에 방출된 오염물질은 일반적으로는 이류(移流)·확산(擴散)되고, 그 과정에서 물질에 따라서는 변화되어 일부는 지표면에 침착하기도 하고 강수에 씻겨져서 대기 중에서 제거되기도 한다. 이와 같이 오염물질은 대기 중에 방출되고 나서 바람과 바람의 교란에 의해 희석되어 대상지역의 환경농도로써 측정된다. 이와 같은 어떤 지역의 오염상황은 발생원 외에 풍향·풍속, 일사, 강수 등의 기상상태에 의해 결정된다고 봐도 좋다. 또 광화학 스모그나 황산, 박무(薄霧) 등의 2차 오염물질은 발생원에서 직접 발생하는 것과, 1차 오염물질이 화학반응해서 생성되는 것이 있어, 대기 중에서의 대류(對流)시간이나 화학반응시간이 문제가 되고 있다.

이들의 대기오염 현상이 일어나는 과정을 재현하는 방법에는 大氣科學모델과 통계적(統計的)모델이 있고, 대기과학모델의 하나로 수치시뮬레이션모델이 있다. 이 모델은 발생원모델과 氣象모델 및 확산(擴散)모델로 이루어져 있다. 발생원(發生源)을 모델화할 때는 우선 대상으로 하는 오염물질을 특정(特定)할 필요가 있다. 대기오염이 문제가 되어 나왔을 때쯤은 강하매진(降下煤塵)이나 황산화물이 주목되었으나, 그 후는 정세가 변해서 현재에는 부유입자상물질(浮遊粒子狀物質)·이산화질소($NO_2$) 및 광화학(光化學)옥시던트(oxydant, $O_x$: 특정의 한 물질을 가리키는 것이 아니고, 요오드칼륨 용액에서 요소를 유리시키는 성질을 갖는 산화성물질의 총칭)가 대상이 되고 있다. 그 외에 光化學옥시던트의 원인물질인 탄화수소(炭化水素)도 생각해야 하고, 특정의 지역에서는 황화수소(黃化水素)·불화수소(弗化水素)·염화수소(鹽化水素)·암모니아 등을 고려하지 않으면 안 된다.

각종의 오염물질은 각각 여러 가지의 발생원에서 배출된다. 예를 들면, 황산화물은 거의 화학연료(석탄이나 석유 등)의 연소시설에서 생성된다. 질소산화물은 주로 화석연료의 고온도(高溫度)에서의 연소에서 생성되지만, 자동차나 선박 등의 이동발생원(移動發生源) 및 공장이나 가정 등의 고정발생원(固定發生源)에서도 배출된다. 또 탄화수소는 공장이나 자동차 외에 연료저장소, 도장(塗裝)현장 등에서도 발생한다. 또 대기오염의 농도는 공장의 가동상황이나 자동차의 혼잡상태 등에 의해 좌우되지만, 풍향·풍속, 기온의 연직구배(鉛直勾配) 등 시시각각으로 변화하는 기상조건에 의해서도 크게 변화한다. 이들은 시시각각 변화하는 모든 기상조건을 확산모델에 반영하는 것은 곤란하기 때문에 풍향이나 풍속, 대기안정도(大氣安定度)에 의해 모델화하는 일이 많다.

### 2.9.2. 대기오염과 광화학스모그

**광화학스모그**[光化學 smog: smog는 연기(smoke)와 안개(fog)의 공존상태로 이들의 합성어로 시작, 그러나 최근에는 안개의 존재와는 관계없이 오염질의 고농도에도 사용, 그 예가 광화학스모그임, 연료의 주체가 석탄(黑스모그 = 런던型스모그)에서 석유계(白스모그 = 로스앤젤레스型 스모그)로 전환]에 의한 대기오염은 1970년대에 인체에 다수 피해를 주어 문제가 되었다. 또 식물에도 느티나무의 잎이 떨어지기도 하고, 나팔꽃의 잎이 변색되는 등의 보고가 있었다. 이들의 피해는 도심에서 조금씩 교외로 발생하는 경향이 있었다.

이후 광화학스모그의 발생은 대도시나 그 주변에 특유의 현상으로 생각되어 왔다. 그러나 현재에는 대기오염에 관한 상시 관측망(觀測網)이 정비됨에 따라서 도시 및 교외를 불문하고 널리 발생하는 현상으로 인식되기에 이르렀다. 광화학스모그 지표가 되고 있는 옥시던트의 대부분은 오존($O_3$)이다. 한편 광화학스모그의 지표로서 일반적으로 이용되고 있는 옥시던트($O_x$)는 대기 중의 질소산화물(窒素酸化物, $NO_x$)·탄화수소(炭化水素, HC)·황산화물(黃酸化物, $SO_x$) 등의 1차 오염물질이 태양의 자외선(紫外線)을 흡수해서 광화학반응을 일으켜서 생성된 오존·초산(硝酸, $HNO_3$) 등의 산화성 물질의 총칭이다.

또 옥시던트의 80~90% 이상의 대부분은 오존(ozone, $O_3$)이다. 이 오존의 기원(起源)에는 상기의 광화학 반응에 의해 인공적으로 생성되는 **인공기원(人工起源)의 오존**과 성층권(成層圈)에서 수송된 **천연기원(天然起源)의 오존**이 있다. 大氣下層의 옥시던트는 주로 해서 이 2개의 오존이 혼재(混在)되어 있는 것으로 생각할 수가 있다. 우선 인공기원에 의한 것은 주로 대기오염물질인 $NO_2$가 자외선을 잘 흡수하고, 이 자외선 에너지에 의해 $NO_2$가 NO와 O로 광분해 된다. 이 O와 대기 중의 $O_2$가 반응해서 $O_3$가 생성된다. 한편 천연기원인 성층권 오존의 침강은 북반구 30~60°에서 현저하고, 성층권 하층의 오존농도는 봄에 최대가 되는 것이 알려져 있다. 이것에 수반되어 오존의 대류권(對流圈)으로의 침강도 봄철에 연평균 1.5~2배가 된다고 알려져 있다.

## 2.9.3. 환경농도와 기상조건

어떤 지역의 환경농도(環境濃度)는 발생원의 입체적인 분포와 기상조건(氣象條件)에 의해 결정된다고 해도 좋다. 이 기상조건 중에서도 연기의 확산·이류(移流)의 방향을 결정하는 風向(풍향)과 이류효과를 정하는 風速(풍속) 및 확산폭(擴散幅)을 정하는 대기안정도(大氣安定度)가 중요한 요소가 된다.

### ㄱ. 풍향·풍속과 환경농도

風向(풍향)과 환경농도의 분포를 지배하는 중요한 요인인 것을 논할 필요가 없다. 트레이서[tracer, 추적자(追跡子)] 등으로 얻어진 지상농도분포의 최대치는 지표의 연돌축 상에 있는데, 이것은 바람의 유선(流線, stream line)과 일치한다고 말할 수 있다. 일반적으로 공업지대 부근에서 환경농도를 측정해 보면 공업지대의 풍하(風下: 바람의 불어나가는 방향) 방향으로 농도가 높아져 있은 일이 많다.

일반적으로 환경농도는 확산장(擴散場)의 평균풍속에 반비례한다. 이것은 단일연원(單一煙源)의 경우, 이론적으로도 이끌어 낼 수 있는 일이다. 그러나 일반적으로는 風速(풍속)은 연직 방향으로 변화하고, 지표 부근에서 약하고 상공일수록 강하다. 따라서 도시오염 등과 같이 어떤 지점의 주변에 다수의 종류에 각종의 煙源(연원: 연기의 배출원)이 있는 경우, 각각의 유효높이가 다르기 때문에 대표풍속을 일의(一意: 한가지의 뜻)로 결정하는 것은 어렵다. 역으로 어떤 오염물질의 농도(濃度)가 지상풍속에 거의 반비례하고 있다면, 이 오염물질의 연원고도(煙源高度)는 비교적 지표에 가깝다고 생각해도 좋은 경우가 많다. $SO_2$, $NO_x$의 풍속별 평균농도를 보면 분명히 지상의 이동원(移動源)에 기인하는 $NO_x$나 부유분진[浮遊粉塵, suspended dust: 대기 중에 떠돌아다니는 고체의 粒子狀 물질의 총칭, 부유진애(浮遊塵埃)]은 풍속 의존성이 크고, 연원고도가 주로 해서 수10m 이상을 생각되는 $SO_2$는 풍속 의존성이 적은 것을 알 수 있다.

### ㄴ. 대기안정도와 환경농도

大氣가 안정(安定)한 경우, 배연(排煙: 연기를 배출함)의 확산 폭은 불안정한 경우에 비교해서 작아진다. 따라서 煙源(연원)이 높은 경우, 그 지상으로의 기여농도는 극히 작아진다. 한편 지상원(地上源)에서의 배연은 확산 폭이 작은 만큼 높은 지상농도를 가져온다. 그러기 때문에 대기안정도(大氣安定度)에 대해서도 그 변화가 지상농도에 미치는 영향은 地上源(지상원)의 경우에 크고 고연원(高煙源)의 경우는 작다. 또 지상 부근이 강한 안정 또는 강한 불안정(不安定)이라도 지상 100 m 이상에서는 중립(中立)보다 안정한 쪽으로 되어 있는 일이 많고, 이 점에서도 지상 부근의 안정도는 高煙源(고연원)의 배연 확산에 큰 영향을 주지 않는다고 말할 수 있다. 실제 $SO_2$와 $NO_x$에 대해서 지상농도에 미치는 大氣安定度의 영향은 주로 해서 地上源에 기인하는 $NO_x$의 경우에 큰 것을 알 수 있다.

ㄷ. 기상조건과 농도의 일변화

일반적으로 환경농도 측정 결과 등의 자료를 정리하면, 오염물질의 종류에 따라서 일변화(日變化: 하루 중의 변화)의 패턴이 다르다. 이것은 앞에서 말한 것 같이 주로 오염물질 배출 고도의 상위(相違: 다름)에 따라 관여하는 기상조건이 다르기 때문이라고 생각한다.

이산화황에 대해서 보면, 지점에 따라 최대농도의 배출시각이 다소 다르지만, 일중(日中: 낮 동안)의 최대가 생기는 일산형(一山型)이 많다. 이것은 각 지역의 주된 배출원(排出源)으로서 중소공장의 기여가 크고, 이 때문에 煙源의 유효고(有效高)가 다소 높아졌기 때문에 최대농도의 혼합층(混合層)이 발달한 日中에 생기는 것으로 생각되어진다.

다음에 일산화질소(一酸化窒素)에 대해서 보면, 낮의 배출 후 수 시간 지난 8~10시의 아침때와 일몰(日沒: 해가 짐) 후 수 시간 지나 약풍(弱風)이 된 20~22시경의 2회 피크(peak, 頂点)가 생기는 쌍봉(雙峰, 二山)형이다. NO와 $NO_x$는 주로 해서 移動源에 의한 것으로, 저연원(低煙源) 때문에 지상농도는 접지층(接地層, 接地氣層, surface boundary layer: 지면에서 수십 m의 높이까지의 기층)의 풍속이나 안정도의 日變化(일변화)의 영향을 크게 받고 있는 것을 알 수 있다.

이산화질소(二酸化窒素)는 일산화질소의 日變化보다 상당히 평활화 되어 있다. 최소치(最小値)는 일출(日出: 해가 뜸) 직후에 나타나고, 日中 10~18시까지 고원상(高原狀)으로 추이(推移: 시간의 경과에 따라 변화해감)된다. 때로는 오후 이른 시기(13~15시)에 일시 감소하는 일이 있어, 일견(一見: 한 번 봄 또는 언뜻 봄) 双峰型(쌍봉형)으로 보이는 일이 있다. 이 경우 頂点(정점, 피크)은 10시경과 18시경의 2회가 있다.

어느 쪽으로 해도 $NO_2$는 대기 중에서 NO에서 화학변화에서 생기기 때문에 농도변화의 해석(解釋)은 꼭 간단하지는 않다. 浮遊粉塵(부유분진)은 일산화질소와 거의 같은 双峰型 日變化를 하는 지점이 많고, 옥시던트 일 변화에 대응해서 一山型(일산형)의 日變化를 한다.

## 2.9.4. 해륙풍과 대기오염

### ㄱ. 해륙풍의 발생원인

일반적으로 해륙풍은 일기가 좋고, 기압경도(氣壓傾度)가 작아서 **일반류**(一般流, general current)가 약할 때에 출현한다. 이와 같은 날의 日中은 육상에서는 지면이 뜨거워져서 지면에 접하고 있는 공기(空氣)도 더워져 팽창해서 큰 기온의 日變化가 있는데 반해서, 해수는 비열(比熱)이 커서 지면보다 더워지기 어려우므로 해상의 空氣는 그다지 변화하지 않아 기온의 日變化가 대단히 적다. 따라서 해상(海上)과 육상(陸上)과를 비교해 보면 陸上은 海上보다 낮에 高溫, 밤에 低溫이 된다. 이 기온 차 때문에 지상기압은 반대로 日中은 지면 부근에 육상보다 해상 쪽이 높아 낮에는 바다에서 육지로 **해풍**(海風, sea breeze)이 불고, 밤은 이와는 반대의 기압차(氣壓差)가 생겨 육지에서 바다를 향해서 바람의 일어나 **육풍**(陸風, land breeze)이 분다. 이 한 조(組)의 바람을 **해륙풍**(海陸風, land and sea breeze)이라고 한다. 또 참고로 어떤 점의 기압은 그 점의 상방(上方: 위 쪽)에 있는 空氣의 무게이고, 연직 방향의 2점간의 기압 차는 그 2지점간의 공기의 무게가 된다. 따라서 밀도가 큰 低溫의 공기는 연직 방향의 기압 차가 高溫의 공기보다 큰 것이 된다.

海陸風(해륙풍)의 현상은 보통 해안에서 10~20 km 정도의 범위에서 일어나는 소규모의 **局地的**(국지적)인 현상으로 생각되지만, 風向이 주간(晝間: 낮 동안)과 야간(夜間: 밤 동안)에 반대가 되는 현상이 상당히 내륙(內陸)까지 미치는 전국적인 규모로 일어나는 경우도 있다. 즉 기온의 일변화가 장소에 따라 다르기 때문에 주간은 내륙이 저기압부(低氣壓部, 低壓部)가 되고, 야간은 반대로 고기압부(高氣壓部, 高壓部)가 되기 때문에 생기는 바람의 日變化로 보인다. 이 현상은 내륙의 산맥에 산곡풍(山谷風)의 효과와도 겹쳐 일어나는 것으로 생각되어진다.

### ㄴ. 해륙풍 발생 일의 추출방법

해륙풍일(海陸風日)의 추출(抽出)방법에 대해서는 크게 2가지로 나누어진다. 그

하나는 특정지점의 풍향·풍속을 이용해서 어떤 기준을 선정해서 추출(抽出)하는 것이다. 대기오염감시 시스템(大氣汚染監視 system)의 풍향·풍속과 지방기상청의 일기 등의 자료를 근거로 海陸風의 추출과 그 특징을 해석(解析, analysis)하고 있다. 한편 넓은 지역을 대상으로 매시의 기류도(氣流圖)를 작성하고 이 氣流圖를 어떤 기준으로 분류해서 해륙풍일(海陸風日)의 추출을 한다. 이것은 매시의 기류도를 일반탁월형(一般卓越型)과 국지풍탁월형(局地風卓越型) 등으로 분류하고, 이들의 기류도의 日變化에서 국지풍탁월형, 즉 해륙풍일을 추출하는 것으로, 이 분류에는 일기도(日氣圖)나 일기·기압경도가 고려되고 있다. 또한 해륙풍일에 대해서는 저녁때에서 밤에 걸쳐서 해풍에서 육풍으로 돌아와는 날[日]과, 밤에도 육풍으로 돌아오지 않고 해풍이 부는 날로 분류하고, 전자를 소규모해륙풍일(小規模海陸風日), 후자를 광역해륙풍일(廣域海陸風日)로 해서 취급하고 있고, 많은 경우가 광역해륙풍일에 해당하고 있다.

ㄷ. 해륙풍의 교체시간과 환경농도

해류의 온도차에는 계절적(季節的)인 특징이 있고, 또 一般流(일반류)를 지배하고 있는 기압경도도 계절적인 변화를 하고 있기 때문에 해풍이나 육풍의 발생상황도 계절에 의해 다르다. 장소에 따라서도 다르지만, 평균적으로 보아서 해풍은 10시경 불기시작해서 22시경 그치고, 최성기(最盛期)는 14시경으로 되어 있다. 또 海陸風의 교체시각(交替時刻)은 일반풍(一般風)의 풍향에 따라서도 다르고, 一般風이 남풍일 때는 북풍일 때보다 해풍이 불기 시작하는 시각이 빨아지고 있다. 해풍이 불기 시작하는 시각은 바람이 약하고, 풍향이 해안에서 내륙으로 향해서 불고, 대기도 안정에서 불안정한 상태로 옮기기 때문에, 일반적으로 **해륙풍의 교체시간에는 환경농도(環境濃度)는 높아진다**. 해풍이 불기 시작하는 10시경에 있어서는 육풍장(陸風場)인 6시에 비교해서 $SO_2$와 $NO_x$도 상승하고 있다. 그러나 해풍이 탁월한 15시에는 양 물질 모두 농도가 감소하고 있다.

ㄹ. 해륙풍의 연직 구조

海陸風(해륙풍)은 대기하층에서 일어나는 현상이고, 상공에는 하층과는 역 방향의 **보상류(補償流)**가 흐르고 있다고 생각된다. 補償流는 日中에는 육지에서 바다를 향하고, 야간에는 바다에서 육지를 향해서 불고 있다(그림 2.9 참고). 이것은 해륙풍이 발생한 날의 바람을 동서성분(東西成分)과 남북성분(南北成分)으로 분해하고, 이것에 의한 하층(下層)의 해륙풍의 상공의 補償流(보상류)를 분석해 본다. 어느 분석에 의하면, 해풍의 높이는 동서성분에 있어서는 대략 500 m 인데 대해서, 남북성분의 경우는 1,000 m 정도이다. 해륙풍의 두께는 약 500 m 정도이고, 상공의 **반류**(反流)를 합해서 해륙풍순환 전체의 높이는 1,000~1,500 m 이다.

해풍이 육지에 침입할 때 그 선단에는 **해풍전선**(海風前線)이 형성된다. 육상 특히 해풍전선 부근에서는 공기의 수렴(收斂, 收束) 때문에 상승류(上昇流)가, 해상에서는 발산(發散) 때문에 하강류(下降流)가 생긴다. 해풍의 위에서는 補償流(반류라고도 함)가 육지에서 바다로 불고 있다. 이와 같이 해서 해풍순환(海風循環)이 구성되고 있다. 해풍순환은 공기를 그 속에 가두어서 몇 번이고 循環(순환)시킬 것이라고 하는 인상을 주어, 대기오염 상 중요한 현상으로 보여지고 있다. 이와 같은 해풍순환은 高層風(고층풍)의 관측에서도 확인되고 있다.

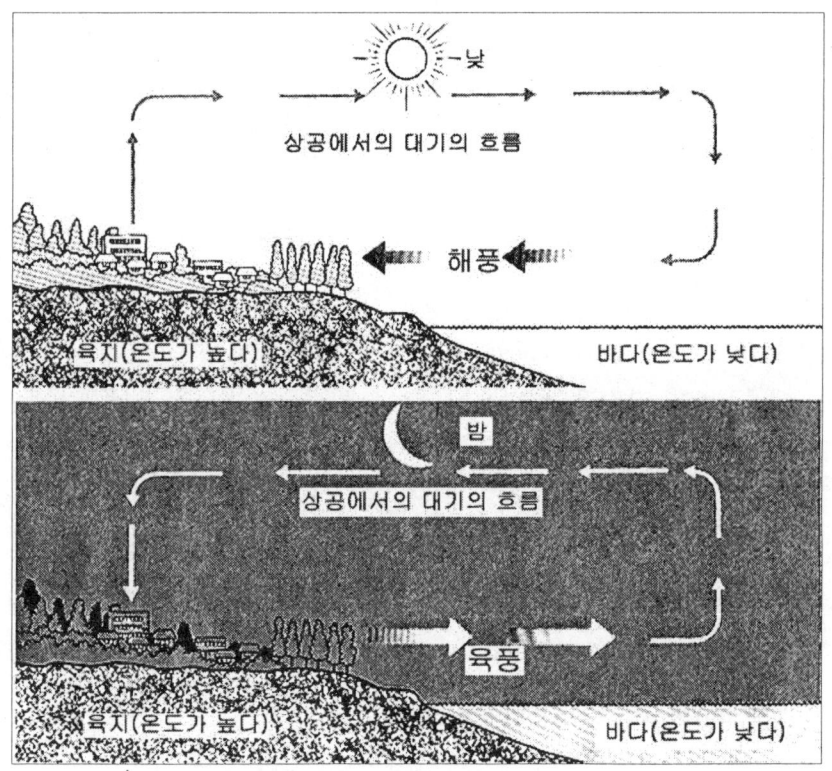

그림 2.9. 해륙풍의 연직 구조

## 2.9.5. 대기오염예보의 실제

대기오염예보(大氣汚染豫報)의 대상에는 光化學스모그(광화학 smog)와 황산화물(黃酸化物)의 예보가 있다. 光化學스모그의 예보는 매년 난후기(暖候期), 황산화물은 한후기(寒候期)를 대상으로 하고 있다. 자동차의 배기가스가 주목되고 있는 질소산화물(窒素酸化物)도 예보의 대상이 되고 시행의 단계에 들어가고 있다. 대기오염의 농도가 주의보의 발령기준 이상이 되는 기상상태가 예상되었을 때 스모그 기상정보를 발표해서 일반에 대해서 주의(注意)를 부르고 있다.

광화학스모그의 기상예보 기간은 고농도(高濃度)가 될 가능성이 있는 4~10월까지 거의 7개월간이다. 광화학스모그의 농도가 주의보 발령기준의 0.12 ppm 이상이 되기 위한 기상조건은 부드러운 고기압으로 덮여서 햇빛이 비치고 기온이 높고, 하층대기가 안정되어 바람이 약해서 해풍이 진입하는 상태이다.

黃酸化物(황산화물)의 농도는 겨울철에 높아감으로 기상예보는 11~3월까지 약 5개월간에 행해진다. 황산화물의 경우는 汚染源(오염원)이 주로 공장 등의 排煙(배연)에 있기 때문에 기상요소로서는 하층에 생기는 기온의 역전층(逆轉層)이나 상공의 바람 등이 중요한 점이 된다. 그러나 현실적으로는 1970년대 이후 화석연료의 탈황화(脫黃化)에 의해 황산화물이 실제로 고농도가 되는 일이 없어, 황산화물의 예보가 발령된 일도 없었다.

窒素酸化物(질소산화물, $NO_x$) 중 직접 인체에 영향을 주는 것은 二酸化窒素(이산화질소, $NO_2$)로 되어 있다. 이것에 대한 예보는 시험적으로 행해지고 있다. 이산화질소는 하층대기가 안정이 되고 늦가을에서 초겨울에 걸쳐서 11~2월에 농도가 높아짐으로 예측도 이 기간을 대상으로 하고 있다. 고농도가 되는 기상조건으로서는 하층 대기가 안정되는 것과 바람이 약한 것이 기본적인 조건이고, 시험 중의 예측법의 골자는 다음과 같다. 우선 저층(底層)의 대기안정도, 일평균풍속, 현재의 농도의 실측치 등을 인자로 해서 高濃度를 판별하고, 거의 같은 인자를 이용해서 일평균농도를 계산한다. 또 이들의 결과를 종합적으로 판단함으로써 고농도가 될까 안 될까를 예측한다. 여기서 말하는 고농도란 환경기준이 정하는 일평균치 0.06 ppm을 넘는 농도이고, 고농도일(高濃度日)이란 대상지역내의 측정국의 50% 이상이 高濃度가 되는 날[日]의 것이다.

## 2.10. 경제활동과 기상(대기)

### 2.10.1. 총설

기상정보(氣象情報)의 필요성은 경제가 발전하면 할수록 높아만 가고 있다. 그것은 기상정보가 돈이 되기 때문이다. 이렇게 대기정보가 경제적 가치가 있기 위해서는 다음의 조건이 필요하다.

(1) 일기예보의 정확도가 높을 것,
(2) 특정지역·시각의 예보를 양적으로 표현할 수 있을 것,
(3) 정보전달 수단이 발전하고, 비용이 저렴할 것,
(4) 기상정보의 이용법과 이용하는 경제효과가 명확할 것,

등이 있다. 이 중 (1)과 (2)는 기상기술의 발전 그 자체로 기상정보의 경제활동을 지탱하는 기초이다. 또 새로운 정확도가 높은 기상정보의 개발은 새로운 이용분야의 개발에 연결됨으로 중요하다. 예를 들면 정밀도가 높은 격자점예측치(格子点豫測値, grid point value, GPV)의 이용이 이제까지는 기상정보에 매력이 없었던 업계(業界)에서도 관심을 갖게 하는 결과를 만들어 냈다. 실 예로 이제까지는 "곳에 따라 비"라는 예보에는 아무런 도움이 안 되었던 예보가 GPV에 의해 강우(降雨)의 구체적인 지역과 시각에 따른 예보로 건설업계는 이것을 이용하여 능률이 좋은 공사계획을 세워서 불필요한 인건비를 줄이는 등의 효과를 보고 있다.

계절상품에 있어서 가장 이용가치가 높은 것은 장기예보(長期豫報)와 주간예보(週間豫報)이지만, 현재의 정밀도로는 이용했을 때의 이익(利益)과 손실(損失)이 어느 쪽이 클지 문제가 되고 있다. 따라서 당면한 것은 무엇보다도 예보정밀도의 향상이 중요하다. (3)은 급속하게 발달하고 있다. (4)는 가장 미개척의 분야로 경제나 에너지의 전문가는 경제활동의 외생인자(外生因子)로써 氣象을 중요하게 보고 있다.

기상과 경제활동과의 관계는 일기-경제혼합(日氣-經濟混合, weather-economic mix)이라고 불리고 있다. 경제와 기상의 전문가가 협력할 필요성을 강조한 것이다. 기상자료는 공표(公表)되지만, 개개의 기업 활동에 관계되는 자료는 공표되지 않는 것이 보통이다. 그러기 때문에 한 회사가 기상정보에 의해 이익을 높이기 위해서는 기상전문가(氣象專門家)가 사원이 되어 협동으로 일하지 않으면 안 된다고

지적하고 있다. 즉 쌍방에서 자료의 제공을 받아서 연구가 진행되고 있는 예가 많아지고 있다는 것이다. 이와 같은 예가 기상정보를 이용하고 있는 전력(電力)이나 운수(運輸)업계의 이익의 창출 등이 있다.

### 2.10.2. 소비생활과 기상

ㄱ. 소비자와 기상

　소비(消費)는 소득과 함수 관계에 있지만 소득이 어느 수준에 도달하면, 소득이 증가한다고 해서 그것이 꼭 소비로 연결된다고는 단정할 수는 없다. 예를 들면, 불경기가 되었을 때 소득이 는다고 해도 그것이 곧바로 소비로 연결되지가 않는다. 그 원인으로는 다음과 같은 것을 들 수가 있다.

　1) 소비자(消費者)는 이미 필요한 물건을 충분히 확보하고 있다.
　2) 수입은 장래의 생활방위를 위해서 저축으로 돌리고 있다.
　**3) 불순한 날씨[천후(天候)]가 소비를 둔화(鈍化)시키고 있다.**

　위의 3가지의 원인이 장사를 좌우하는 것은 경기(景氣)가 70%, 날씨가 30%였던 시대가 예전에 있었으나, 현재 경제가 충분히 성숙된 사회에서는 "날씨가 70%, 경기가 30%"로 변해버렸다.
　물건이 넘쳐흐르는 시대에 살고 있는 현대의 소비자들에게는 더욱 새로운 물건을 갖고 싶어 하도록 궁리해야할 시대가 된 것이다. 즉 소비활동을 일으키는 **기폭약**(起爆藥, initiator)과 **촉진제**(促進劑, promoter)가 무엇인가를 간파(看破)할 필요가 있다. 그런데 모든 사람에게 동등하게 작용하는 인자는 **"일기(日氣, 날씨)"**이다. 사람들이 모이는 곳에는 장사가 된다고 하는 철칙이 있다. 사람의 행동은 호일(好日, 좋은 날씨)·고온(高溫)일 때는 활발하고, 비[雨, 雪]·저온(低溫)일 때는 위축(萎縮)된다. 예를 들면, 슈퍼에서는 비가 오면 손님이 10여%가 감소하는 일이 있다. 즉 날씨는 소비활동의 기폭약의 역할을 하고, 촉진제는 행동을 일으키는 소비자에게 갖고 싶어 하도록 상품진열을 하는 것이다. 소비자의 취향을 사전에 간파해서 잠재적인 수요를 깨내는 것이 촉진제가 되는 일도 있다.
　소비활동의 자세한 분석에 의하면, 기상(氣像)의 소비에의 영향은 단순히 기온과 상품진열의 차이에 의한 즉물적(卽物的)인 원인에 의한 것이 아니고, 기상의 변화가 소비자의 소비·구매행동 그 자체를 규정한다고 하는 인간행동학(人間行動學)·심리학적(心理學的)인 요인이 된다고 하는 견해가 강하게 대두되고 있다.

ㄴ. 소비자의 행동과 기상

  소비자는 날씨·기온·바람 등의 기상상태에 따라 행동을 바꾼다. 예를 들면, 여름에 목·금요일이 무더운 청일(晴日, 맑은 날, 晴天)로 주말도 더우면 에어컨(공기조절장치, aircon = air conditioner)·선풍기를 사고 싶지만, 주말이 비[雨]로 서늘하면 사고 싶다고 하는 행동이 무디어진다. 소비자가 장보기(shopping)를 할 때도 날씨가 마음이 쓰이는 순서를 조사해 보았다. 여름에는 비, 뇌전(雷電, 천둥번개), 더위 순이고 그 다음에 강풍(强風, 썬 바람)을 들고 있다. 겨울에는 적설(積雪), 비, 추위, 강풍의 순이다. 이들로부터 여름에는 비, 겨울에는 적설이 가장 소비자 행동을 둔화시키는 요인이 되고 있음을 알 수가 있다.

ㄷ. 기상과 소비

  **한동**(寒冬: 추운 겨울)이 일찍부터 찾아오면 11월부터 겨울 상품이 활기를 띠게 된다. 부인복의 경우는 고급 긴 코트나 드레스, 밍크코드 등의 잘 팔리면서 핸드백 등의 몸 주위에 붙이는 잡화도 더불어 같이 팔리게 된다. 에어컨, 전기 카펫, 등유 팬히터, 가스스토브 등의 판매가 촉진된다. 식품은 식용유, 햄, 쏘세지, 냄비 전골류 등의 수요가 급증한다. 반면 야채는 저온(低溫)과 소우(少雨: 적은 비)로 성장이 늦어져 가격이 상승하므로 소비자는 구입을 자제한다. 감귤(柑橘)류는 산지를 덮친 한파(寒波)로 인해 동해(凍害: 얼어서 오는 피해)를 입어 품질의 저하와 함께 출하량이 줄어 가격이 올라간다. 한편 김이나 미역 종류는 추워지면 풍작이 되어 가격이 폭락한다.

  **난동**(暖冬: 따뜻한 겨울)의 소비 패턴은 통상의 겨울과는 많이 다르다. 여름에나 좋아했던 천연과즙, 우유, 맥주 등의 소비가 는다. 보너스가 나올 연말쯤에는 따뜻한 날씨 관계로 겨울 상품이 부진을 면치 못하고 경기는 냉각하기 시작한다. 이런 천후(天候, 日候, 날씨)가 20여일만 계속되어도 겨울 상품에는 치명타를 입는다고 해도 과언이 아니다. 겨울 의류의 경우, 소비자의 관심은 1월의 대 바겐세일로 향하고 되고 좋은 물건을 싸게 구입하려는 행동으로 가게 된다. 따라서 暖冬(난동)의 해는 예년보다 세일이 빨리 시작이 되고 남아 있는 재고(在庫)를 어떻게 처리

할 것인가가 숙제로 남게 된다. 暖冬에 불경기까지 겹치면 겨울상품은 전연 팔리지 않아 일후(日候)의 영향이 어느 정도인가를 실감하게 된다. 이로 인하여 대형매장이 마이너스 성장이 되어 심한 경우는 도산하기도 한다고 한다. 일반적으로 暖冬인 해는 교통사고가 많아진다고 한다. 그 이유는 따뜻함으로 사람들의 움직임이 활발해지는 까닭에 교통사고가 증가하는 것으로 분석하고 있다.

  냉하(冷夏: 차가운 여름)가 되면 하물상전(夏物商戰: 여름 상품의 전쟁)은 7월이 승부라고 하는데 7, 8월이 低溫(저온)이 되면, 장사들은 참패로 끝나고 만다. 冷夏(냉하)는 냉해(冷害)를 가져와 벼의 작황이 나빠 대흉작이 되어, 농촌의 현금수입이 감소해 지방경제에 큰 타격을 준다. 채소류의 불량으로 소비자 가계를 압박해서 소비활동의 불활성화를 초래한다. 맥주, 청량음료, 아이스크림 등은 여름의 저온(低溫)과 장우(長雨: 오랜 비)는 천적과 같이 되어 문자 그대로 부진(不振)이 된다. 특히 맥주는 장마가 끝난다고 하는 기상청의 발표가 있으면서 소비가 급증하여 한 여름에는 절정에 올라야 하는데 개점휴업(開店休業) 상태가 되고 말았다. 특히 에어컨과 선풍기(扇風機)의 판매는 완전히 바닥이 되어 경기가 없어, 이에 따른 냉방수요의 저조는 전력수요의 급감을 가져온다. 한편 가정용 가스의 소비는 수온(水溫)의 저하와 자취물(煮炊物: 삶고 때고 하는 물건)의 증가로 소비가 는다. 低溫(저온)과 長雨(장우)는 소비활동의 현저한 둔화로 외식산업의 손님을 줄이고 야채 등의 감소는 채소 값을 급등시킨다. 또 레저산업의 경우는 먼 길의 출타를 꺼리게 해서 철도회사, 항공사, 호텔의 수입을 감소시키는 반면, 영화관, 테마파크 등의 가족동반의 나들이가 많아 이들의 수익을 높인다. 여름의류는 완전히 바닥을 기지만, 전천후(全天候)형의 신발이나 우산의 판매는 촉진되는 등의 소비패턴은 통상의 여름과는 전연 다른 양상을 보인다.

  서하(暑夏: 더운 여름)의 이상기온(異常氣溫)은 冷夏(냉하)와는 반대의 양상을 보인다. 일반적으로 暑夏(서하)에는 장마거침이 평소보다 빠르고 잔서(殘暑: 남은 더위)가 늦게까지 남아 더운 여름의 기간이 길고 하물상전(夏物商戰: 여름 상품 판매 전쟁)의 수명이 길다. 개인 소비가 활발해서 경기를 자극하여 호경기(好景氣)를 형성한다. 에어컨·선풍기 등의 가전제품의 품귀현상의 일어나고 전력소비가 급증하여 기온이 1C 상승할 때마다 많은 전력이 요구됨으로 전력계획의 정확한 기온의 예측(豫測)이 필요하다. 연일 열대야(熱帶夜)와 더운 여름이 계속되면 맥주, 청량음료, 아이스크림, 여름의류 등의 업계는 호황을 맞이한다. 레저산업의 경우도 풀장이 있는 호텔, 유원지, 여행업계 등도 만원사례가 된다. 여름휴가가 끝날 즈음에는 오이, 토마토, 무, 감귤 등의 야채의 품귀현상으로 값이 상승하는 등, 물건 부족의 현상이 일어나는 등의 소비패턴이 보통의 여름과는 꽤 다른 모양이 된다.

## 2.10.3. 일기판매증진책

**일기판매증진책**(日氣販賣增進策, weather merchandising, WMD)이란, 유통업계가 아무리 철저하게 합리화로 진행한다고 해도 일후(日候, 天候) 등의 날씨에 불확실성의 요인을 고려하지 않고는 이루어지지를 않는다. 따라서 소비자가 사고 싶은 상품을 적절하게 제공하기 위해서는 기상정보를 이용해서 합리적으로 관리해야 한다. 즉 상품의 기획에서 제조, 판매의 각 촉진계획, 구입, 재고관리 등의 모든 과정이 체계적으로 이루어져, 이익을 최대로 하는데 도움이 되고자 하는 것이다.

ㄱ. 상품의 계절성과 기온감응도

소비자는 계절에 따라 사고 싶은 상품이 다르므로 상품에는 계절성(季節性)이 크다. 그 중에는 계절에 관계없이 통년 상품도 있지만, 유통업계에서는 계절상품이 중요하다. 상품의 계절성을 결정하는 요인으로는 氣溫(기온)이 크지만 계절감(季節感)도 있다. 예를 들면 7월과 9월은 거의 비슷한 기온분포를 해도 7월의 맥주판매량이 많다. 이것은 9월은 가을에 가깝다고 하는 계절 감각이 아닐까 한다.

ㄴ. 기온 1 C의 경제효과

계절상품은 날씨에 좌우되는데 그 중에서도 특히 氣溫(기온)에 아주 민감하다. 그런데 기온이 어떤 값을 넘으면 나타나게 된다. 예를 들면 여름철의 전력소비량은 일최고기온(日最高氣溫)이 26 C를 넘어서면 기온의 상승과 함께 급증한다. 맥주는 일평균기온(日平均氣溫)이 22 C를 넘은 경우에 기온상승의 경제효과가 나타난다. 즉 계절상품의 판매량과 기온과의 관계는 어떤 특정한 한계치인 역치(閾値)를 넘으면 氣溫 1 C 상승·하강함에 따라서 판매량이 증가·감소한다. 이것이 "**氣溫 1 C의 경제효과**"이다. 세계기후회의(1979년)에 의하면, 세계평균기온이 0.5 C 상승하는 경우 미국의 총임금은 310억 달러($) 감소, 주거·의료비도 50억 달러 감소하지만 전력수요는 71억 달러 증가한다고 한다. 양적으로 기온의 경제효과를 평가

한 것은 이것이 처음이었을 것이다. 일본은 해양성 기후로 무더운 여름이 극성을 부리므로 방 에어컨(room air-conditioner) 없이는 못 산다고 할 정도이다. 따라서 평균적으로 일본의 에어컨의 기온 1℃의 경제효과는 약 20만 대에 이른다고 한다.

## 2.10.4. 전력과 기상

### ㄱ. 전원의 구성과 기상의 영향

전원(電源)이 물의 힘인 수력(水力)으로 유지되었을 때는 물을 공급하는 강수량(降水量)이 당연 중요한 요인이었다. 당연 수자원공사는 우량에 의한 수익이 지배되는 것이다. 장마기나 태풍, 호우 등 여름철에 집중되는 강수량을 저장하는 댐의 건설이 이루어지고 연간의 강수량은 전력 수급에 절대적인 영향을 미치게 되었다. 강수가 없는 해는 전력을 얻지 못하게 되었다. 이를 보충해 주는 것이 석유의 기름에 의한 화력발전소가 세워지고부터는 물의 의존도는 줄어들었으나 그로 인한 대기오염 등의 환경문제가 심각하게 대두되었다. 이렇게 電源(전원)은 水力(수력)이냐 火力(화력)이냐의 차이는 있지만 송전(送電: 전기를 보냄)에 관해서는 다름이 없으나 이 역시 기상의 영향을 받는다. 여름에는 낙뢰(落雷, 천둥번개)와 집중호우의 피해가 많고 겨울철에는 설해(雪害: 눈의 피해) 등이 있다. 또한 전력의 소비는 겨울이나 여름철의 기온변화에 의해 좌우됨으로 그 해의 전력의 소비량의 예측은 氣溫(기온)의 변화를 예상이라고 말할 수 있다.

### ㄴ. 수력발전과 기상

수력발전의 원리는 높은 곳에 있는 물의 낙하로 위치에너지를 운동에너지로 바꾸어서 수차(水車)를 돌려서 이것에 연결된 발전기를 회전시켜서 전기(電氣)를 일으키는 것이다. 물의 높은 곳에 놓아두는 방법에는 크게 2가지가 있다. 하나는 양수식(揚水式) 수력발전으로 밤에 남은 전력을 이용하여 댐에 물을 양수(揚水: 물을 품에 올림)해서 수요가 많은 낮에 발전하는 방식이다. 다른 하나는 강수량을 그대로 담아 두었다가 자연이 힘으로 흐르는 자류식(自流式) · 조정식(調整式) · 저수식(貯水式)발전이다. 이것은 하천의 흐름을 그대로 이용하는 것이므로 하천의 유량은 강수량이나 증발량 등에 의해 좌우됨으로 기상의 영향을 받는다. 저수식발전은 강수량이 풍부할 때 저장하여 갈수기(渴水期)에도 전력을 생산하여 장기간에 걸쳐서 기상의 영향을 받는다. 따라서 雨量(우량)만이 아니고 집수역의 적설(積雪)량에도 좌우되고 증발량에도 관여하는 기온, 바람 등의 기상요소의 영향도 받는다. 또 댐 주변의 토양의 보수력(保水力)도 중요시 되는 부분이다. 원료가 석유든 액화천연가스든 원자력이든 화력에 의한 것은 모두 비용을 요하지만, 수력발전만은 자연이 우리에게 주는 공짜의 선물이다.

ㄷ. 전력수요와 기상

전력은 공급만이 아니고 수요(需要)도 기상의 영향을 받는다. 겨울은 추울수록, 여름은 더울수록 전력수요가 증대된다. 기온이 28 C를 넘으면 에어컨 사용의 가정과 사무실이 급증하여, 氣溫 1 C 상승할 때마다 1시간마다의 평균소비전력의 최대치도 연년 증가 추세에 있다. 겨울은 氣溫이 내려가면 난방용 전력수요가 증대되어서 日最高氣溫(일최고기온)이 1 C 내려감에 따라 수요는 증가하나 여름에 비교하면 기온의 영향을 덜 받는 편이다. 전력수요는 경기에도 관련이 되지만, 나날의 변동은 기상변동과 관련이 깊다. 관련되는 것은 氣溫만이 아니고, 일기·일조(日照)·습도(濕度)·바람 등이 있다. 일반적으로 전력수요의 추정식은 전력수요 = f (최고기온·최저기온·습도·일조)의 선형회귀식(線形回歸式)으로 표현되고, 여기에 보정항으로 주사이클(토·일요일)·공유일·연말연시·대형연휴 등이 감안된다. 전력수요의 급증에 대응하기 위해서는 준비시간이 필요하다. 수요의 급격한 변화는 기상요인, 특히 기온변화에 의한 것이 크므로 정확한 기온예측을 하고 있으나, 정전(停電)이라고 하는 사태를 피하기 위해서는 氣溫의 예측오차가 1 C 이내로 되도록 하는 것이 바람직하다.

## 2.10.5. 경제운항과 기상

ㄱ. 운항과 기상

승물(乘物: 타는 물건)은 대기 중·육상·해상을 불문하고 기상(氣象)이나 해상(海象)의 영향을 받는다. 이 영향을 잘 이용함으로써 손실을 최소화 할 수 있기도 하고 역으로 이익을 최대로 늘릴 수도 있다. 경제운항(經濟運航)은 기상정보를 유효하게 이용해서 운항(運航)의 안전을 기하고 경제적으로 유리한 運航을 꾀함으로써, 도로기상(道路氣象)·항공기상(航空氣象)·해상기상(海上氣象) 등이 기상분야가 있다. 가정 서민적인 자동차도 물론 기상의 영향을 받는다. 예를 들면, 고온(高溫)일 때 과열·공조(空調)성능부족 등, 저온(低溫)일 때는 엔진시동 곤란·난방성능부족·냉각수동결 등, 비나 눈이 올 때의 도로의 노면 상태의 불량 등 이루 말할 수 없이 많은 기상장해를 가져온다. 또한 자동차를 수출할 때에도 수출상대국의 기상을 조사해서 대응기술을 부가하는 것이 얼마나 중요한가를 보여주고 있는 대목이다.

항공의 최적항로(最適航路)에 의한 경제운항과 해운의 악천후(惡天侯, 惡日侯)의 회피에 의한 경제운항이다. 악기상에 의한 사고로 생명과 재산상의 거대한 피해를 생각하면 기상정보의 경제적 가치가 얼마나 큰 것인가를 강조하지 않을 수 없다. 기상정보는 피해를 줄일 뿐만 아니라 잘 이용하면 경제적인 이익이 된다. 예를 들면 항공기의 경우 한국에서 미국을 향할 때 편서풍(偏西風)을 이용하면 상당량의 연료와 시간을 절약할 수 있어 경제효과가 크다. 또 항공기의 양력(揚力)은 공기밀도에 비례한다. 기온이 3C 높아지면 밀도는 1% 감소함으로 양력도 1% 감소하므로 항공기의 무게도 줄여야할 필요성이 생긴다. 또 항공기의 활주로(滑走路)의 기온은 이착륙시의 항공기 탐재화물의 중량을 좌우하다. 바람이나 기온의 예상은 항공의 경제운항에 직접적으로 연결되어 있다. 따라서 항공회사에서는 기상회사의 예측된 기상상황에 따라서 어느 경로로 비행하는 것이 효과적일까를 사전에 검토하고 있다. 항공기의 경제운항은 수치예보 모델의 정밀성 향상과 함께 더욱 경제효과를 높일 것이다.

## ㄴ. 선박의 경제운항과 기상

태평양을 횡단하는 배는 선장의 책임과 권한으로 최량(最良)이라고 판단되는 루트(route, 路線)를 결정할 수가 있다. 그러나 배가 출항하면 선장은 빈약한 정보를 가지고 판단할 수밖에 없다. 당연 선장은 넓은 지식과 경험이 요구되게 된다. 항해 중 선박은 바람·풍랑·조류 등에 의해 항속(航速)이 크게 영향을 받으므로 도달에 이르기까지의 氣象(기상)과 海象(해상)을 예측하고 최적의 노선(路線, 루트)를 선정하지 않으면 안 된다. 이건을 지원하기 위해서 세계 중에서 자료를 모집해, 안정성이 높고 경제적으로도 유리한 路線을 선정하는 작업을 하게 된다. 이것을 **웨더루칭**(weather routing, **最適航路選定**)라고 한다. 적재하는 화물의 종류에 따라서 루칭선정의 포인트가 정해진다. 자동차를 만재해서 운반하는 대형전용선박의 경우는 상자와 같은 건물을 실고 항해하는 것과 같으므로 불안정해서 전복(轉覆)의 위험성이 있으므로 폭풍과 같은 바람을 피하기 위해서는 잔잔한 항로를 선정해야 한다. 또 철재나 커피콩 등은 비를 맞으면 안 되므로 하역작업예정일이 청천(晴天, 晴日)이 되도록 배려해야 한다. 만일 하역작업이 강우(降雨, 비가 내림)로 중지가 되면 인건비가 날아간다.

ㄷ. 최적항로선정의 경제효과

최적항로선정(最適航路選定, 웨더루칭)과 그 경제효과에 대해서는 선장시대를 거쳐서 그의 경험도 살려서 진행한다. 선장은 고립된 선내에서 모든 책임을 지지 않으면 안 된다. 氣象·海象에 대해서의 정보는 정확할수록 경제효과가 크다. 추천항로는 수치예보(數值豫報)에 기인해서 파고(波高)·파향(波向: 파도의 방향)·주기(週期)를 계산해서 결정되지만, 수치예보가 이용될 수 있는 것은 출항해서 4일까지이다. 그런데 태평양을 건너는 선박이 목적지에 도달할 때까지는 통상 10~15일 정도이므로 수치예보로 할 수 없는 기간에 대해서는 과거의 바람이나 풍랑의 통계자료에 기인해서 기후학적인 방법으로 航路(항로)를 선정한다. 예를 들면 한국의 항구에서 미국의 항구까지 가는 선박의 경우를 시뮬레이션(simulation, 모의)해 보면 몇 개의 경로에서 3~4일 정도의 차가 난다고 한다. 하루의 물류운반 경비가 대략 2,000만 원 정도의 비용이 든다고 하니, 3~4일 정도이면 약 6,000~8,000만 원의 운반비의 차가 남을 알 수 있다. 물류 운반비용에 적은 액수가 안임을 알 수 있다. 그렇다 면은 기상회사의 최적항로선정의 역할이 물류비용의 절감에 절실히 필요하고 또 기상회사의 존재의 가치도 인정되는 것이 된다.

## 2.11. 방재와 기상(대기)

기상학·대기과학은 **방재**(防災: 폭풍, 홍수, 지진, 화재 따위의 재해를 막는 일, disaster prevention)를 가져오는 현저한 대기현상의 기구(機構)를 해명하고, 방재의 미연방지 내지는 확대방지에 기여하는 것을 목적의 하나로 발전해 왔다. 이 성과로써의 기상업무는 방재에 대해서 2가지의 역할을 하고 있다. 하나는 기상예보에 기인해서 기상재해의 발생에 관한 경보(警報)를 하는 것이고, 또 하나는 일상의 기상과 재해에 관한 지식의 보급 활동이다.

**재해**(災害, disaster)란 우발적 또는 단발적인 사고에 의해 피해가 생기는 경우라고 정의할 수 있다. 그 원으로는 폭풍·홍수·지진·쓰나미[진파(津波), 海溢] 등의 자연현상에 의한 것과 화재·폭발·유독가스 발생 등의 인위적으로 대별할 수가 있다. 전자는 **자연재해**(自然災害), 후자를 **인위적 재해**(人爲的 災害)이다. 인위적 재해에 유사한 것으로 공해(公害)가 있다. 공해는 일상적인 사업 활동 등에 기인하는 항상적이고 광범위한 피해가 생기는 경우가 있다.

## 2.11.1. 풍해

ㄱ. 풍속과 피해

바람이 물체에 작용하는 힘을 풍압(風壓)이라고 하며 풍속(風速)의 자승에 비례한다. 따라서 바람의 강해지면 그 힘은 급속하게 증가한다. 단위면적당 바람이 작용하는 힘[力]을 풍압력(風壓力)이라고 한다. 풍압력 P($kgw/m^2$(kgw: 중량킬로그램)]는 다음 식으로 표현된다.

$$P = c \cdot F \tag{2.9}$$

여기서 F: 동압력(動壓力, $kgw/m^2$), c: 풍압계수(風壓係數)이다. 동압력은 바람이 갖는 에너지로 바람을 갑자기 막았을 때 받는 힘(압력)에 상당한다. 또한 이것은 풍속의 2승에 비례함으로 다음과 같이 표현된다.

$$F = 0.5 \frac{\rho V^2}{g} \tag{2.10}$$

여기서 V: 풍속(風速, m/s), ρ: 공기의 비중량(比重量, $kgw/m^3$), g: 중력가속도(重力加速度, $m/s^2$ ; =9.8)이다. 풍압계수는 바람의 에너지가 풍압에 의해 변환되는 비율이다. 바람을 받는 물체의 방향·형상 등에 의해 다르다. 풍압계수는 풍향에 수직인 건물이 풍상측(風上側: 바람의 불어오는 쪽)의 면에서 약 0.8이고, 풍하측(風下側: 바람이 불어 나가는 쪽)에서 약 -0.4이고, 합계하면 건물에 가해지는 동압력의 약 1.2배가 된다.

또 사람이 직립해서 서 있는 경우, 바람을 받는 면적은 약 $0.7\ m^2$(높이 1.6 m, 폭 0.4 m)로서 해서 건물에 대한 풍압계수를 적용하면, 풍속 5 m/s 의 경우 약 1.4 kg, 15 m/s 의 경우 약 11 kg, 25 m/s 의 경우 32 kg 의 힘으로 눌려지는 것에 상당한다. 태풍정보에서 전해지는 강풍역의 풍속 15 m/s 와 폭풍역의 풍속 25 m/s 에서는 풍압이 풍속의 자승에 비례함으로 힘으로 약 3 배의 차이가 있다. 실제의 바람은 시간적으로 변동하고[풍식(風息)이라고 부름] 있음으로 풍압도 변화한다. 따라서 風息(풍식)의 변화가 심한 돌풍(突風) 등의 급속하게 풍속이 변화하는 경우 첨가되는 힘의 변화도 크므로 강풍 시에는 바람의 파괴력이 한층 증대된다.

**평균풍속**(平均風速)은 끊임없이 변화하고 있는 풍속을 1~10 분간의 공기의 이동거리[**풍정**(風程)이라 함]를 측정해서 그 시간으로 나눈 것이다. 어떤 순간의 풍속을 **순간풍속**(瞬間風速)이라 하고, 순간풍속의 최대치를 **최대순간풍속**(最大瞬間風速)이고, 평균풍속의 1.5~3 배 정도가 된다. 이 비율을 **돌풍율**(突風率)이라 불러, 풍속의 변동의 크기를 나타내고 있다. 풍속의 경우는 평균풍속도 중요하지만, 피해가 최대순간풍속의 의해 일어나는 경우가 많으므로, 일반인 상대의 정보에서도 평균풍속과 순간풍속을 명확하게 구분해서 알려줄 필요가 있다.

기상관서(氣象官署)에서의 풍속(지상풍)의 높이는 10 m이다. 그런데 풍속은 높이에 따라 변화하고 있고, 보통은 증가하고 있다. 요즈음 도시의 고층건물이 많아 그곳에서의 풍속은 기상관서의 풍속을 그대로 사용해서는 안 되고 높이에 따라 다음의 실험식에 계산해서 사용해야 한다.

건축물의 높이 h(m)가 16 m 이하의 경우는 높이의 1/2 승에 비례하는 다음의 식을 사용하고

$$\text{풍압력(風壓力, } kgw/m^2) = 60\sqrt{h} \tag{2.11}$$

건축물의 높이 h(m)가 16 m 이상의 부분에는 높이의 1/4 승에 비례하는 다음의 식

$$\text{풍압력(風壓力, } kgw/m^2) = 120\sqrt[4]{h} \tag{2.12}$$

를 사용하여 고쳐주면 된다.

ㄴ. 강풍해

일반적으로 나무는 평균풍속이 17 m/s 정도에서 부러지기 시작하여 25 m/s 이상이 되면 뿌리도 뽑히기 시작한다. 열차나 자동차 등의 차량은 주로 횡풍(橫風: 옆바람)에 의해 탈선, 전복, 운전불능 등이 발생한다. 이런 사고 때의 예로는 풍속이 25 m/s 이상이었다. 항공기의 경우는 바람의 영향을 한층 더 받기 쉽다. 이착륙 시에는 활주로의 난기류(亂氣流), 풍전단(風剪斷. 바람시어) 등, 운항 중에는 대류운 등의 난기류, 청천난기류, 산악파(山岳波) 등이 사고의 원인이 된다. 바람은 해수면에 작용해서 해수면의 주기적인 상하운동(파동)과 해수의 수송을 발생시킨다. 전자가 풍랑(風浪)이고, 후자가 고조(高潮)의 원인이 된다.

## 2.11.2. 용권재해

**용권**(龍卷, 용오름의 이름은 부적합함)은 아주 심한 바람에 의해 극심한 피해를 가져오는 것과, 국소적이고 단시간의 현상인 것, 발현빈도가 적은 것, 예보가 곤란한 것들이 특징이다. 우리나라에서는 회오리바람 정도로 취급해서 가벼운 것으로 취급하는 경향이 있으나, 미국 같이 넓은 지역에서는 육상의 龍卷(용권)을 토네이도(tornado)라 하여 피해가 막심함으로 무서운 존재로 되어 있다. 龍卷은 그 발생기구의 해명도 충분하지 않고 또 국지적이고 단수명이어서 사전에 유무의 예보는 태풍이나 저기압의 예보에 비해서 적중률이 현저하게 낮다.

## 2.11.3. 염해

해상에서는 해수의 보라의 증발에 의해 염입(塩粒, 塩은 鹽의 속자, 海鹽粒子라고 부름)이 생성되고 있다. 그래서 해상에서 육지를 향해서 부는 바람에는 염분이 포함되어 있다. 해염입자는 해상에서 육지를 향하는 바람에 의해 운반된다. 강풍에 의해 내육까지 운반되어 온 염분(鹽分, 소금)이 송배전 시설에 부착되어 절연장해에서 정전(停電), 식물에 부착해서 고사(枯死: 말려 죽이는 것)시킨다. 겨울에 이 염분이 눈에 포함되어 같은 피해를 일으킨다. 또한 계절풍에 의한 강설(降雪)에 포함되어 발생되는 피해도 많다.

## 2.11.4. 파랑해

해수면에 바람이 계속 불면 해수는 바람에서 에너지를 받아서 파동이 발생·발달한다. 바람에 의해 계속 발달하는 파도를 **풍랑**(風浪) 또는 **풍파**(風波, wind-wave)이라고 부른다. 풍랑이 바람으로부터의 에너지의 공급이 끊기어 물의 점성에 의해 감쇠되면서 전해지는 파를 **너울**(swell)이라고 한다. 풍랑과 너울을 총칭해서 **파랑**(波浪)이라고 부른다. 풍랑의 발달은 풍속 외에도 취주거리(吹走距離, fetch: 거의 일정한 바람이 불고 있는 풍상측의 거리), 취주시간(吹走時間, 거의 균일한 바람이 계속 불고 있는 시간) 및 해면 부근의 대기의 안정도로 결정된다. 취주거리·취주시간의 길수록 발달이 크다.

파랑은 항행 중의 선박의 침몰·번복·손상·표류·좌초 등의 해난(海難)을 발생시킨다. 일반적으로 항행(航行)의 안전에 지장이 예상되는 파랑이 예측 또는 관측되는 경우는 출항중지 또는 항로변경의 조치를 취하는 것이 통예이다. 그러므로 운휴·지연 등의 해상교통상의 장해가 발생한다. 연안에서의 파랑재해는 항만시설의 손괴(損壞), 해안침식, 정박 중의 선박의 손괴·표류·좌초, 수산업 시설의 손괴·유출, 방파제나 호안(護岸)을 넘는 파도에 의한 가옥의 손괴·침수, 낚시꾼이나 유영(遊泳) 중의 사고 등이 있다. 파랑의 성인이 바람인 것으로부터 파랑해(波浪害)를 발생시키는 기상조건이 광역의 강풍해와 거의 같다. 다만 파랑해의 특유한 현상은 피해지역에서는 강풍을 동반하지 않는 너울에 의한 재해도 있다.

## 2.11.5. 고조해

태풍이나 저기압의 중심 부근에서의 기압저하로 인한 해수의 빨아올려짐과 강풍에 의한 해수의 불려 모음에 의한 해수면[海水面, 조위(潮位)]이 이상적으로 높아지는 현상이다. 기상에 기인하는 潮位(조위, 氣象潮라고 부름)에 조석(潮汐)에 의한 조위의 간만(干滿, 天文潮라고 부름)이 겹쳐서 고조(高潮)의 규모가 좌우된다. 高潮(고조)가 만조 시에 발생하면 潮位(조위)는 현저하게 높아진다. 강풍에 의한 풍랑·너울을 동반하는 일이 많고, 조위의 상승에 의한 피해가 더해져, 풍랑에 의한 피해가 확대된다. 하천 하류부에서는 강우(降雨)에 의한 수위의 상승이 첨가되어 潮位(水位)가 한층 높아져 고조와 홍수가 겹쳐서 큰 피해가 되는 일이 많다. 방재의 손괴, 저지대에서의 침수, 항만설비의 손괴, 선박의 파괴, 유출 등이 대표적인 피해이다. 따라서 고조의 예보·경보는 그 지역의 주요 항만 등의 보호에 지대한 영향을 미치므로 앞으로 더욱 그의 중요성이 강조되고 있다.

## 2.11.6. 수해

**수해**(水害)는 물에 의한 피해로써, 그 원인으로는 기상상황에서 정의하는 경우, 협으로는 강우(降雨; 大雨·強雨)에 기인하는 재해가 있고, 광으로는 융설(融雪: 녹는 눈)을 포함하는 경우가 있다. 일반적으로 대우해(大雨害), 호우재해(豪雨災害)라고 부르는 일이 많다. 엄밀히는 피해를 발생시키는 것은 비가 지상에 도달한 후의 육수(陸水), 즉 하천이나 땅속의 물이어서, 풍해와는 달리 비가 직접의 가해 작용을 하는 것은 아니다. 한편 水害를 재해의 형태별로 보면 홍수(洪水)와 토사재해(土砂災害)로 대별할 수가 있다. 홍수와 토사재해는 육수에 의한 재해이지만, 해수에 의한 재해인 고조를 수해에 포함시키는 일도 있다. 洪水(홍수)는 다량의 유수에 의한 피해이고, 침수해·잠수(潛水: 괸 물)해를 포함한다. 이외에 토양침식·유출 및 범람역의 토사퇴적은 홍수에 동반되어 발생하는 일이 많다. 토사재해는 지중의 수분에 토사와 함께 이동하는 산·사태(사면붕괴) 및 토석류, 지중의 수분이 토사를 이동시키는 땅 미끄러짐이 주된 것이다.

## 2.11.7. 설해·눈사태

**설해**(雪害)는 눈에 의한 피해로써 강설(降雪)·땅날림(눈이 공중으로 날리는 것)에 의해 발생하는 풍설해가 있다. 이것은 강풍(強風)을 동반하는 降雪에 의해 발생하는 경우와 강풍에 의해 적설(積雪: 쌓인 눈)이 불려 올라가서 발생하는 경우가 있다. 착설(着雪)은 지상이나 건물 등에 도달한 눈으로 전선 등 통상은 눈이 쌓이기 어려운 물체에 눈이 부착 하는 것을 뜻한다. 착설해(着雪害)로는 전선에 눈이 부착하면 눈의 중량에 의해 전선이나 전주·철탑의 도괴(倒壞: 넘어져 무너짐)가 발생한다. 때로는 광범위하게 정전이나 통신두절 등이 일어나 일상의 활동에 큰 장해를 가져온다. 또한 적설의 형태가 변화하는 때에 발생하는 융설해(融雪害: 눈이 녹아 발생하는 피해), 눈사태, 낙설(落雪: 눈이 떨어짐)이 있다. 설해대책으로는 降雪(강설)·積雪의 깊이의 정보뿐만이 아니고, 積雪의 밀도(密度), 적설 후의 설질(雪質)의 변화, 눈이 내릴 때의 바람·기온의 정보 등이 같이 필요하다.

**착빙해**(着氷害)는 달라붙은 물이 얼므로 해서 일어나는 피해로, 착설과 유사한 현상으로, 착빙(着氷)과 우빙(雨氷)이 있다. 着氷(착빙)은 과냉각수적의 운립(雲粒)이 얼어붙은 것이다. 전선·철탑·수목에 부착해서 착설과 같은 피해를 주는 외에도 비행 중의 항공기의 날개에 부착해서 양력(揚力)의 저하나 플랩(flap: 비행기의 보조 날개)의 작동불능이 일어나는 일도 있다. **雨氷**(우빙)은 비가 과냉각현상에 의해 순간적으로 동결(凍結: 얼어붙음)하는 것이다. 0C 이하에서 비가 올 경우에 발생하고, 내륙부에서는 지상 부근만이 0C 이하로 냉각되어 거기에 비가 올 경우가 있다. 착설·착빙과 같은 피해 외에도 전차 가설(架設)에 부착하고 집전(集電)이 불능이 되는 일이 있다. 전차가선은 서리의 부착에 의해서도 集電(집전)이 불능이 되는 일이 있다.

## 2.11.8. 빙해·동해

얼음에 의한 피해가 **빙해**(氷害)이고, 내부의 물이 동결(凍結)함으로써 오는 피해가 **동해**(凍害)이다. 바닷물이 어는 해빙(海氷)은 해안에 정착하고 있는 정착빙(定着氷)과 해상에 표류하고 있는 유빙(流氷)으로 구분된다. 유빙은 파랑·바람·조류에 의해 표류하고, 강풍이나 풍랑에 의해 큰 운동량을 얻으면 충돌하는 경우 큰 파괴력을 갖는다. 해상에서는 선박의 손상·침몰·항행장해 및 어업조업 장해가 발생한다. 연안에서는 항만시설의 파손, 항만기능의 장해, 어업시설의 손상이 발생한다. 유빙의 소재 및 예측의 정보에 의해 위험해역의 항행·조업을 피할 수가 있다. 선체착빙은 해빙의 보라가 선체 상부에 얼어붙어 배의 복원력의 저하로 인하여 전복·침수가 발생한다. 동상해(凍上害)는 토양 중의 수분이 동결·팽창하여 지면이 융기하는 것을 동상(凍上)이라고 하고 이로 인한 피해가 凍上害(동상해)이다. 융기양은 지상 1m 정로로써 지상의 건축물의 경사·균열, 지반이나 철도·도로 상의 균열·융기, 수도관·가스관·전선의 균열·절단이 일어난다. 땅 속의 온도가 빙점하가 되는 한냉지(寒冷地)에서 발생한다. 그 외에도 수도관의 동결·파손, 농작물의 동해가 있다. 어는 것도 통상은 온난하나 저온(低溫)의 대책이 불충분한 지역에서 발생한다.

## 2.11.9. 뇌재(낙뢰해·우박해)

**뇌재**(雷災, 대기전기학)는 천둥번개에 의한 낙뢰가 원인이 되는 피해로, 적란운(積亂雲, 雷雲)이 가져오는 심한 기상현상으로 낙뢰(落雷)·강박(降雹: 우박이 내림)·돌풍 및 단시간의 强雨이다. 雷災(뇌재)는 극히 격렬한 현상인 반면, 직접 피해를 입는 지역을 아주 한정되어 있는 특징이 있다. 낙뢰를 받는 것은 뇌우(雷雨)에 들어 간 지역 중 극히 한정된 장소이고, 또 降雹(강박) 및 突風(돌풍)에 의한 피해가 발생하는 것의 일부 제한된 지역이다. 그러니 사전에 발생장소를 알아내는 것도 곤란하다. 그러기 때문에 기상정보에 있어서는 실제 상황을 빨리 전달하는 것이 유효이므로 정보전달의 체계가 과제이다. 또 방재대책에 있어서는 비용 대 효과의 평가를 실은 대응책이 과제이다.

우박에 의한 피해가 **박해**(雹害)이다. 직경 5 mm 이상의 고체(얼음)의 강수입자를 **우박**[박(雹)]이라 하고, 5 mm 이하의 투명한 것은 **빙산**[氷霰, 산(霰); 싸라기 눈], 불투명한 것을 **설산**(雪霰)이라고 정의하고 있다. 우박의 낙하속도(종단속도)는 직경 1~5 cm일 때 낙하속도는 9~33 m/s로 직경이 커질수록 낙하속도도 빨라진다. 더욱이 우박은 고체이므로 충격력은 또한 대단히 커진다. 해외의 화제로는 직경 30 cm 정도도 보도가 있으나 전문가의 측정에 의하면 1970년 3월 미국 켄사스주에서의 직경 19 cm, 중량 766 g 이 최대로 되어 있다. 우박이 차지하는 지역인 강박역(降雹域)은 폭이 10 km 이하, 길이 수~수십 km로 최대 100 km 정도의 대상(帶狀)이다. 대(帶)의 방향은 대략 뇌운(雷雲)의 이동방향과 일치한다. 우박에 의한 피해는 농작물의 손상, 지붕, 창유리, 비닐하우스의 파손과 이로 인한 채소 등의 피해가 있고, 사람과 가축의 손상도 발생한다. 또한 과수원에서의 과일의 피해도 적지 않다. 따라서 우박으로부터의 피해를 줄이기 위한 대책 또한 필요하다.

## 2.11.10. 냉해·간해

냉해(冷害: 저온에 의한 피해)나 한해(旱害: 가뭄에 의한 피해)는 대우나 폭풍의 단기격심형(短期激甚型)의 재해에 대해서 장기완만형(長期緩慢型)의 재해이다. **冷害**(냉해)는 농수산업피해 및 사회적·경제적인 영향이 크다. 난동(暖冬)·한동(寒冬)·서하(暑夏)·냉하(冷夏)·장우(長雨)·일조(日照)부족 등 보통과 크게 다른 일후(日候)에 의해서도 같은 피해나 영향이 있는 일이 있다. **旱害**(한해)는 갈수(渴水: 물 부족)에 의한 산업용수·생활용수의 부족을 가져온다. 또 대규모의 화재가 발생하기 쉽다. 현저한 旱害는 장마나 태풍의 내습에 의한 강수량이 평년을 극단적으로 밑돌 때에 발생한다. 물 부족은 수원(水源)의 배치상황이나 수리권(水利權)에 수반되는 급수계통에 의해 기상상황의 영향의 출현방법이 다른 것과 함께 지역적인 차가 크다.

## 2.11.11. 그 외의 기상재해

안개·눈·비·연무(煙霧)·땅날림·풍진(風塵)·황사(黃砂)·화산진 등이 시정(視程)을 저하시켜 **시정장해**(視程障害)를 발생시킨다. 시정장해는 주로 해서 교통에 영향을 준다. 농무(濃霧: 짙은 안개)나 땅날림이 원인의 주범이다. 시정 불량에 의해 육상교통은 출동, 해상교통은 충돌이나 좌초, 항공기에서는 이착륙 시의 사고가 발생한다. 또 이들의 시고를 방지하기 위해서는 운행·항행중지나 서행(徐行: 천천히 감)운전을 하는 것으로부터 결항·지연에 의해 미연에 방지할 수 있지만, 돌연 발생하는 땅날림이나 터널출구에서의 농무가 위험하다. 시정장해가 되는 視程(시정)은 각각의 교통기관의 정지거리나 신호시인거리에 의해 다르다. 보통의 기상청 발표의 濃霧(농무) 주의보는 대략 육상 100 m 이하, 해상은 500 m 이하의 視程을 기준으로 하고 있다. 유시계비행(有視界飛行)에 의한 이착륙에서는 5,000 m 이상이 필요한 것으로 되어 있다. 또 안개·날림 등에 의한 시정장해는 산악조난(山岳遭難)의 큰 원인이 되고 있다.

비·눈 등의 강수입자는 전파(電波)를 산란시켜 전파강도를 감쇠시키는 **전파장해**(電波障害)를 일으킨다. 강수입자와 같은 정도 또는 짧은 파장을 갖는 센치파·미리파·마이크로파가 가장 영향을 받는다. 전파의 감쇠양은 전파경로상의 강수강도(강수입자의 수)가 클수록 현저하다. 큰 비가 올 때는 마이크로파 통신이나 이들의 파장을 사용하고 있는 위성통신·위성방송에 장해가 발생하는 일이 있다. 또 대류권의 전기현상, 초고층의 전기현상이 전파장해를 발생시킨다.

**스포츠·레저에 기상장해**가 생긴다. 승마·등산·스키·해수욕·서핑·요트·캠프 등 야외에서의 여가활동(스포츠·레저)에서는 통상의 생활·활동 시에 비해서 일반적으로 재해나 사고가 많다. 야외에서의 활동은

1) 통상과 다른 엄격한 자연조건을 필요로 하기도 하고 조난을 만나기 쉬운 일,
2) 보통 생활하지 않는 지역에서 행하는 일이 많아 지역의 자연환경(재해의 위험성)에 익숙하지 않기 때문에 적확한 판단을 할 수 없는 일,
3) 보통의 환경과 다르기 때문에 정보의 입수나 재해로부터의 몸을 지키는 수단(도구·설비·방법)이 불충분한 일

등 자연재해·사고에 조우(遭遇: 우연히 만남)하기 쉬운 조건에 놓인다. 더욱이 스케줄의 강행, 불충분한 장비, 사전의 정보수집 등 인위적인 요인이 부가되고 있다.

특히 근년은 교통기관의 발달에 의해, 더욱 용이하게 멀리까지 접근할 수 있었던 자연조건의 살벌한 장소에 누구라도 가벼운 마음으로 갈 수 있게 되어 있다. 미비한 장비의 등산에 의한 조난(遭難), 캠프·등산에서의 물난리에 의한 조난·고립, 파랑예보 하에서의 서핑 사고 등 각양각색의 형태로 사고가 발생하고 있다. 그러므로 개인 각자의 자각(自覺) 및 관계기관에서의 교육·광고활동, 정보제공 체제 등의 정비가 필요한 시점이다.

### 2.11.12. 화재와 기상

출화(出火: 불이 남)원인은 대부분의 경우 인위적인 것이고, 자연현상이 직접적인 원인이 되는 경우는 분화(噴火)·낙뢰(落雷) 등 아주 적다. 불이 나는 기상조건으로는 풍속·습도가 화재의 발생 및 확대를 조장하는 유인 및 확대요인으로써 작용하고 있다. 또 대륙건조지역의 임야화재의 일부는 落雷(낙뢰)에 의한 出火(출화)로 보여 지는 것이 있다. 건물의 화재에 대해서는 12~4월에 많고, 임야화재는 2~5월에 많다. 이들의 계절은 습도(濕度)가 낮고 강풍(强風)의 날이 많은 외에도 난방 때문에 불을 사용, 삼림에 낙엽이나 마른 풀이 많은 것 등의 다양한 조건이 겹쳐있다. **바람**은 화재의 연소속도를 재촉하는 외에도 불씨를 멀리까지 운반해 새로운 발화점(發火點)을 만들어서 화재를 확대한다. **습도**(濕度)는 물체의 건습의 정도를 나타냄으로 건조한 때의 낮은 습도는 화재의 주 원인이 된다. 목재에 불이 붙기 쉬운 것은 표면의 건조상태, 착화(着火) 후의 연소는 목재 전체의 건조상황에 좌우된다. 목재 외에 종이·헝겊 등 가옥의 가연물, 임야의 수목·풀도 같은 경향이 있다. 목재의 표면의 건조의 정도는 단시간의 습도, 전체의 건조의 정도(함수량)은 장시간의 습도에 의한다. 종이나 얇은 목재에는 단기간의 습도의 기여가 크지만, 수목의 함수량(含水量)은 장시간의 습도에 의존한다. 그래서 **실효습도**(實效濕度)를 사용한다. 이것은 장기간과 단기간의 습도를 조합한 일종의 평균습도로 목재의 건조(乾燥)의 정도를 나타내는 지표로써 사용하고 있다.

기상관서에서는 화재의 예방에 주의를 요하는 습도를 예상한 경우에는 **건조주의보**(乾燥注意報)를 발표한다. 건조주의보의 발표기준은 지역에 따라 다소 다르지만, 대략 實效濕度(실효습도) 50~60% 이하, 일최저습도(日最低濕度) 25~45% 이하에서 발표한다.

## 2.11.13. 방재업무

 기상재해(氣象災害)와 같은 자연재해는 한 개인·사업자가 대처하는 데는 한계가 있다. 재해에서 국토 및 국민의 생명·신체 및 재산을 보호하는 재해대책(災害對策)은 행정의 목표의 하나이다. 재해대책은 **"재해를 미연에 방지하는 재해예방대책과 재해가 발생한 경우에 있어서의 피해의 확대를 막고, 아울러 재해를 복구하는 재해복구대책을 도모하는"** 행위로부터 이루어진다. 이중 재해대책으로써 기상정보가 기여하는 것은 재해의 미연방지 및 확대방지대책이다. 이들의 목적을 달성하기위한 행정의 의무와 재정조치 및 개인·사업자의 의무와 개인의 권리의 제한이 법률로써 정해져 있다. 이중 기상업무를 규정하는 법률이 기상업무법(氣象業務法)이고 여기에 예보(豫報)·경보(警報)의 전달에 관해서는 기상업무법 이외에도 관련되는 규정이 있다. 또 재해대책에는 기상에 관련되는 규정이 있다.

 방재(防災)를 위해서 기상정보는

1) 기상관서에서의 정보의 작성·발표,
2) 지방지자체·보도기관 등에 의한 전달,
3) 정보에 근거하는 주민·방재기관의 대응

의 3가지의 과정에 의한 기능이다. 기상관서(氣象官署)는 재해를 발생시키는 것과 같은 기상상황에 임박하고 있다는 일이나 위험한 기상상태에 있다는 것을 알려줌으로써 재해에 대처를 촉진하기 위한 기상정보를 발표한다. 예를 들면 대우(大雨)인 큰 비에 관한 주의보(注意報)·경보(警報)가 발표된 경우, 중앙정부로부터 전달을 받은 시군 등의 지방자치단체는 수방단(水防團)을 대기시켜 필요에 따라서 제방의 순찰이나 보강 등의 대책을 세운다. 또 라디오나 텔레비전으로 이 정보를 입수한 주민은 침수(侵水)를 받기 쉬운 위치에 살고 있는 경우에는 가재(家財)를 높은 곳으로 이동시키고, 토사붕괴의 위험이 있는 지역에서는 피난의 준비를 하는 등의 대책에 의해 피해를 최소한으로 줄일 수가 있다. 그러기 위해서는 방재정보 작성 측(기상기관 및 관계기관)에의 적절한 정보제공과, 정보수령 측(관계기관 및 주민)에서는 그것을 활용하기 위한 기초적인 지식정보의 숙지가 필요하다. 그들의 내용을 요약하면 대략 다음과 같은 것들이다.

1) 기상이나 재해에 관한 기초지식,
2) 재해를 가져오는 기상상황,
3) 재해가 발생하기 쉬운 지리적 요건,
4) 과거의 재해사례,
5) 방재정보의 종류와 내용.

방재정보 중에서 기술하는 우량(雨量) 50 mm 나 풍속 15 m/s 라고 하는 기상요소의 값이 어느 정도의 현상일까, 실제 어떤 재해가 될까, 일반적으로 친숙하지 않은 것들이다. 특히 재해를 가져오는 격심한 현상에 대해서는 체험이 없는 것이 보통이다. 기상요소의 값과 실제의 현상의 구체적인 표현, 피해사례를 이용한 광보(廣報: 널리 알림)가 필요하다. 또 태풍이나 大雨(대우) 등 현저한 재해를 가져올 수 있는 현상이 임박해 올 때는 과거의 영상이나 피해 사건들의 홍보를 이용해서 주의를 환기시키는 것 등도 효과적이라 할 수 있다.

## 2.12. 기상 자격시험

일반적으로 우리나라에서 시행되고 있는 대기과학 필수 자격시험은 기상기사, 기상예보기술사가 있다. 또한 관련 자격증으로 대기환경산업기사, 대기환경기사, 대기관리기술사 등도 있으며, 모두 한국산업인력공단에서 실시하고 있다.

### 2.12.1. 기상기사

기상기사는 대기과학을 전공한 학부생들에게는 필수 자격시험으로 대학 졸업예정자 이상 응시 자격이 주어지며 이 자격증은 기상청 특채에서도 기본 응시자격에 포함되는 자격시험이다

검정 방법은 필기, 실기 시험으로 나뉘며 필기는 5 과목 기상관측법, 대기열역학, 대기운동학, 기후학, 일기분석 및 예보론으로 과목당 객관식 20 문항(과목당 30 분)씩 150분, 실기는 일기분석 및 예보로 작업형(4 시간 정도)으로 구성되어 있다.

### 2.12.2. 기상예보기술사

기상예보기술사는 기사 취득 후 실무경력 4년, 대학졸업 후 실무경력 7년, 관련

분야 실무경력 11년 등의 응시 자격이 주어지며 검정 방법은 필기시험과 면접으로 이루어진다.

　기상예보에 관한 고도의 전문지식과 실무경험에 입각하여 기상예보를 위한 계획, 연구, 설계를 할 수 있으며 대기현상의 관측, 진단, 분석을 통해 예보하고 평가할 수 있으며 예보업무를 적절히 관리할 수 있는 능력의 유무를 판단한다.

### 2.12.3. 대기환경(산업)기사, 대기관리기술사

　대기과학과 관련성 있는 자격시험으로 경제의 고도성장과 산업화를 추진하는 과정에서 필연적으로 수반되는 오존층과, 온난화, 산성비 문제 등의 대기오염이라 한다. 이 심각한 문제로부터 자연환경 및 생활환경을 관리·보전하여 쾌적한 환경에서 생활할 수 있도록 대기 분야에 측정망을 설치하고 그 지역의 대기오염 상태를 측정하여 다각적인 연구와 실험분석을 통해 대기오염에 대한 대책을 강구해야 할 필요성이 있어 대기 오염물질을 제거 또는 감소시키기 위한 오염방지시설을 설계, 시공, 운영하는 업무 수행을 필요로 한다.

　검정방법으로는 필기, 실기로 나누어지며, 필기과목으로는 대기오염개론, 연소공학, 대기오염방지기술, 대기오염공정시험방법, 대기환경관계법규가 있고 실기는 대기오염방지 실무평가로 이루어진다. 대기관리기술사는 필기와 면접시험으로 이루어진다.

# 제3장  일기도 작성과 예보

일기도[日氣圖, synoptic chart(map), Weather chart(map)]는 어떤 시각의 넓은 지역에 걸친 기상상태를 한눈으로 보기 위해서 그 시각에 각지에서 일제히 관측한 기상요소들을 일정한 형식(숫자나 기호의 등치선(等値線, isoline))으로 한 장의 지도 위에 기입한 것이다. 이와 같이 日氣圖에는 여러 기상요소와 등치선들이 그려지지만, 여기서는 주로 등압선(等壓線, isobar)을 그려 等値線을 그리는 훈련과 원리를 익히도록 하겠다.

## 3.1. 일기도의 작성

### 3.1.1. 원리

(1) 등압선(等壓線)은 반드시 폐곡선(閉曲線)을 이루거나, 日氣圖의 가장자리에서 끝나게 된다.
(2) 등압선은 서로 교차(交叉)하지 않는다.
(3) 등압선은 두 갈래로 갈라지지도 않으며, 두 등압선이 하나로 합쳐지지도 않고, 도중에서 끊어지지도 않는다.
(4) 등압선을 경계로 한쪽은 등압선의 값보다 높고, 다른 한 쪽은 낮게 분포하도록 등압선을 그린다.
(5) 공기의 연속성과 대규모적인 운동을 고려해서 등압선의 굴곡이 심하지 않도록 완만한 곡선으로 그려준다.
(6) 低氣壓(저기압) 중심부근의 바람은 반시계방향(反時計方向, counter clockwise, 역전=반전, backing)으로 불어 들어가고, 高氣壓(고기압) 부근의 바람은 시계방향(時計方向, clockwise, 순전, veering)으로 불어 나간다. 따라서 선(線)과 바람이 이루는 각도는 해상에서 15~30°, 육상에서 30~45° 정도로 지상마찰이 클수록 각도가 커진다. 등압선 방향에 風速을 고려할 때 위 사실을 이용한다.
(7) 전선(前線, front)의 전후에서는 等壓線에 약간 불연속적으로 저기압성(低氣壓性)으로 굴곡이 되도록 그린다.

### 3.1.2. 방법 및 과정

등압선은 지도에 관측점의 위치만 표시되어 있는 백일기도(白日氣圖)에 그림 3.1과 같은 국제적으로 통일된 일기도의 기입형식에 따라 정해진 위치에 기상요소의 값이 기입되게 된다. 이 형식 중 기압의 위치의 값을 보면 그림 3.3(등압선 연습용)과 같이 기압의 값의 숫자로 정확하게 기입되어 있는 것이 아니고, 그림 3.4와 같이 약어로 표시되어 있다. 예를 들면 1,016.4 hPa(mb)는 천 자리와 백 자리는 생략하고 남은 값만 소수점 없이 무단위(無單位, 無次元數)인 164로 표시한다. 즉, 氣壓은 소수 첫째자리까지의 값으로 소수점 없이 끝에서 세 자리까지만 기입되어 있다.

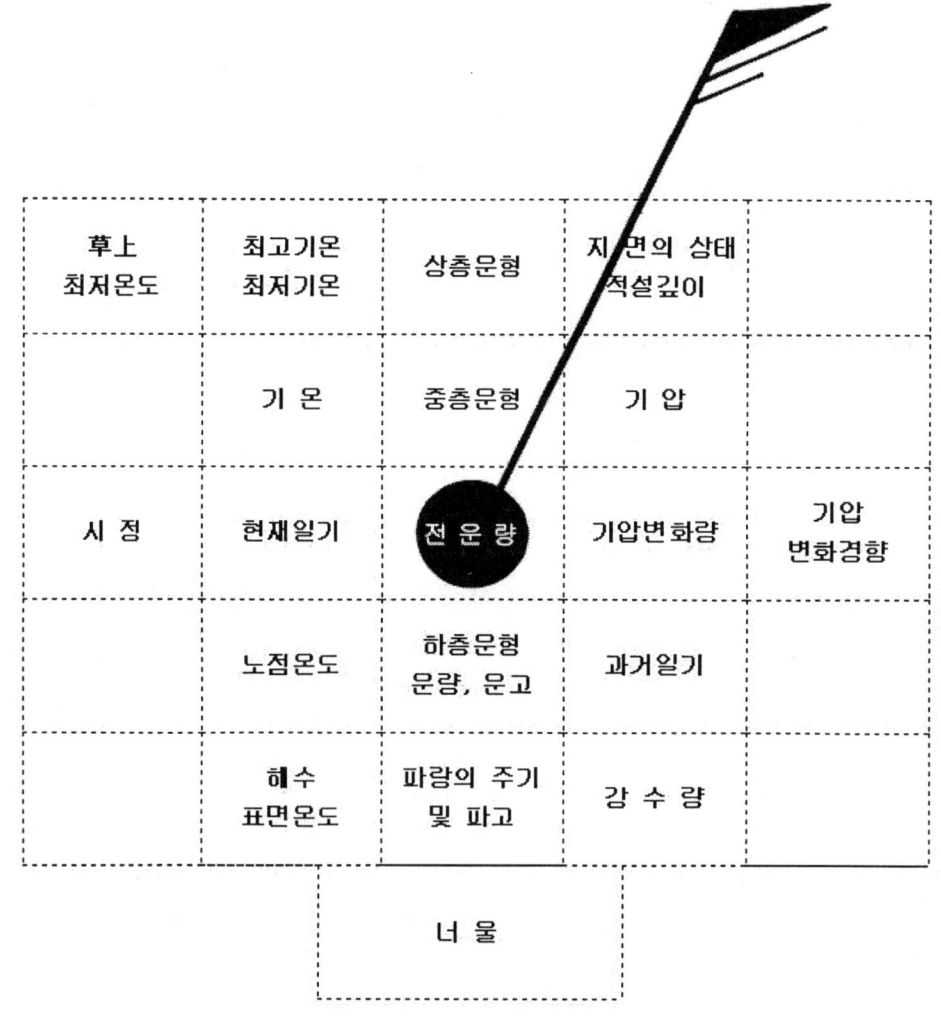

그림 3.1. 국제식 일기도의 기입형식

等壓線은 원리의 분석(分析)요령에 맞추어 연필로 부드럽게 그려서 확정이 된 후에 흑색이나 청색의 실선(實線, solid line, ─)으로 그린다. 등압선은 그림 3.3과 그림 3.4와 같은 白日氣圖에 다음과 같은 그리기[묘화(描畵)]의 요령으로 그린다.

(1) 等壓線은 일반적으로 1,000 hPa 등압선을 기준으로 하여 대개의 경우 4 hPa 간격으로 그린다. 등압선의 간격이 너무 드물어서 분포가 분명하지 않을 때는 중간에 특별히 2 hPa 간격선을 파선(破線, dashed line, ---)으로 삽입한다.
(2) 등압선은 그리기 쉬운 곳(자료가 많은 육지 또는 기압치가 조밀한 곳), 또 자료의 신빙성이 큰 곳부터 묘화(描畵, 그리기)하기 시작하여 주위로 연장시켜 나간다.
(3) 관측 값이 없는 경우는 보법(補法, polation)인 내삽법(內揷法), 또는 외삽법(外揷法)의 원리로 그림 3.2와 같이 이웃하는 두 지점의 간격을 비례로 나누어서 부드럽고 매끈한 곡선으로 描畵한다.

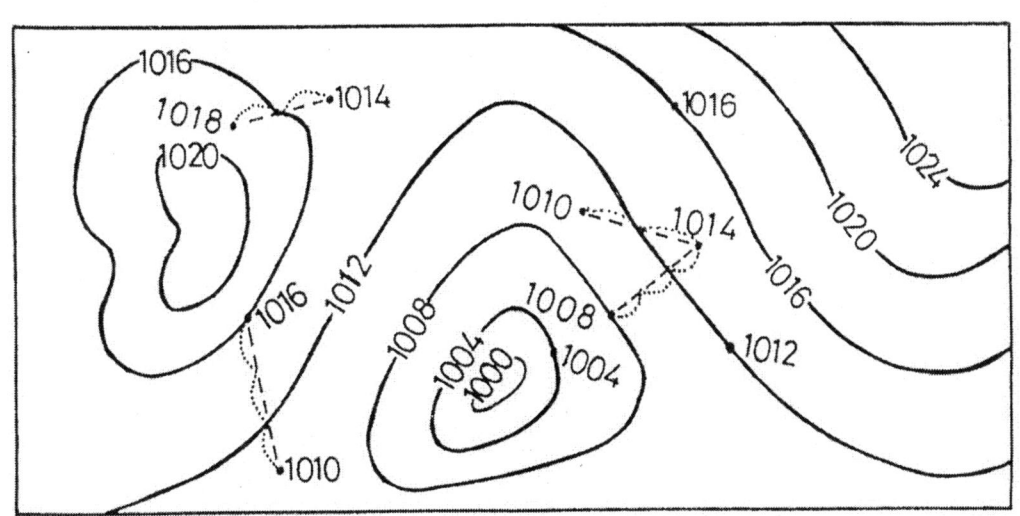

그림 3.2. 등압선의 묘화 방법과 보법의 이용

보법(補法, polation)에는 내삽법[內揷法, interpolation, 보간법(補間法), 삽입법(揷入法)]과 외삽법[外揷法, extrapolation, 보외법(補外法)]이 있다.
▶ 內揷法(내삽법)은 두 점 사이의 관측치에서 사이의 값을 비례배분법으로 구한다.
▶ 外揷法(외삽법)은 두 점 밖의 값을 이들 값의 비례로 연장해서 구한다.

(4) 한 선으로 연결되는 등압선은 양쪽 끝에 기압의 시도(示度, 눈금, 값)를 기입하고, 폐곡선(閉曲線)을 이룰 경우는 위쪽(북쪽)중앙에 등압선을 끊고 시도를 기입한다. 低氣壓(저기압)의 중심은 L (low pressure)로, 高氣壓(고기압)의 중심은 H (high pressure)로 표시한다.

그림 3.3은 기압을 암호로 표시하지 않고 관측 값 그대로 소수점 없이 중앙위에 단독으로 기입하여 교양의 첫 연습에 사용하도록 되어 있다. 그림 3.4는 한 단계 전진하여, 기압을 암호로 표시하고 풍향과 풍속도 삽입하여 미리 그려 준 전선(前線) 상의 풍향·풍속과 등압선의 모양도 볼 수 있도록 한 연습용 일기도로 만든 것이다. 이 둘의 일기도는 본 서적의 후부, 부록에 삽입되어 있다. 작성 후 절취하여 보고서로 제출하기 바란다. 이것이 일기예보(日氣豫報)의 기본 자료가 된다.

※ 등압선 그리기(보고서 용)

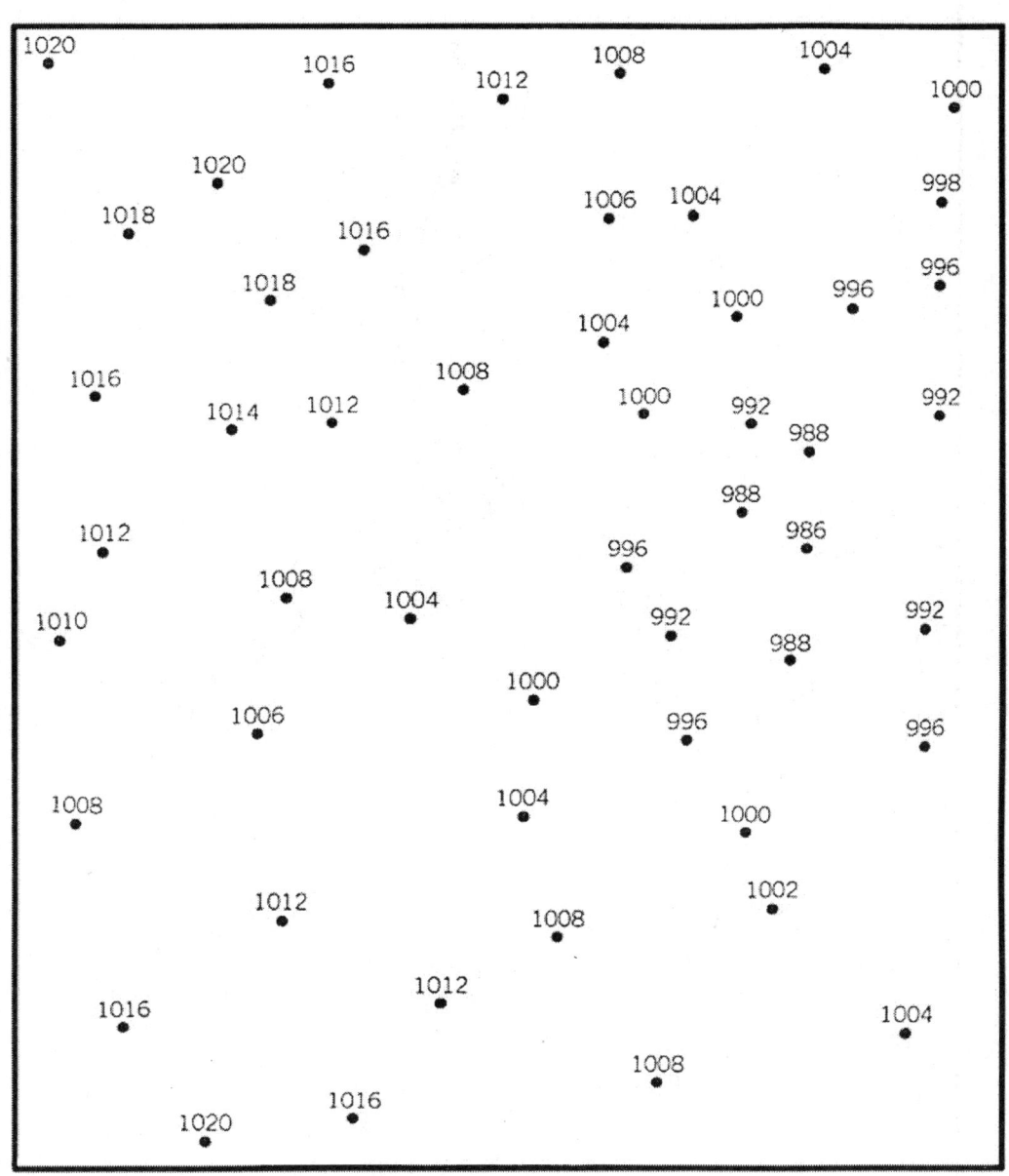

그림 3.3. 연습용 등압선 그리기 I
관측점 ● 위의 숫자는 단위(hPa)를 뺀 기압의 값이다.

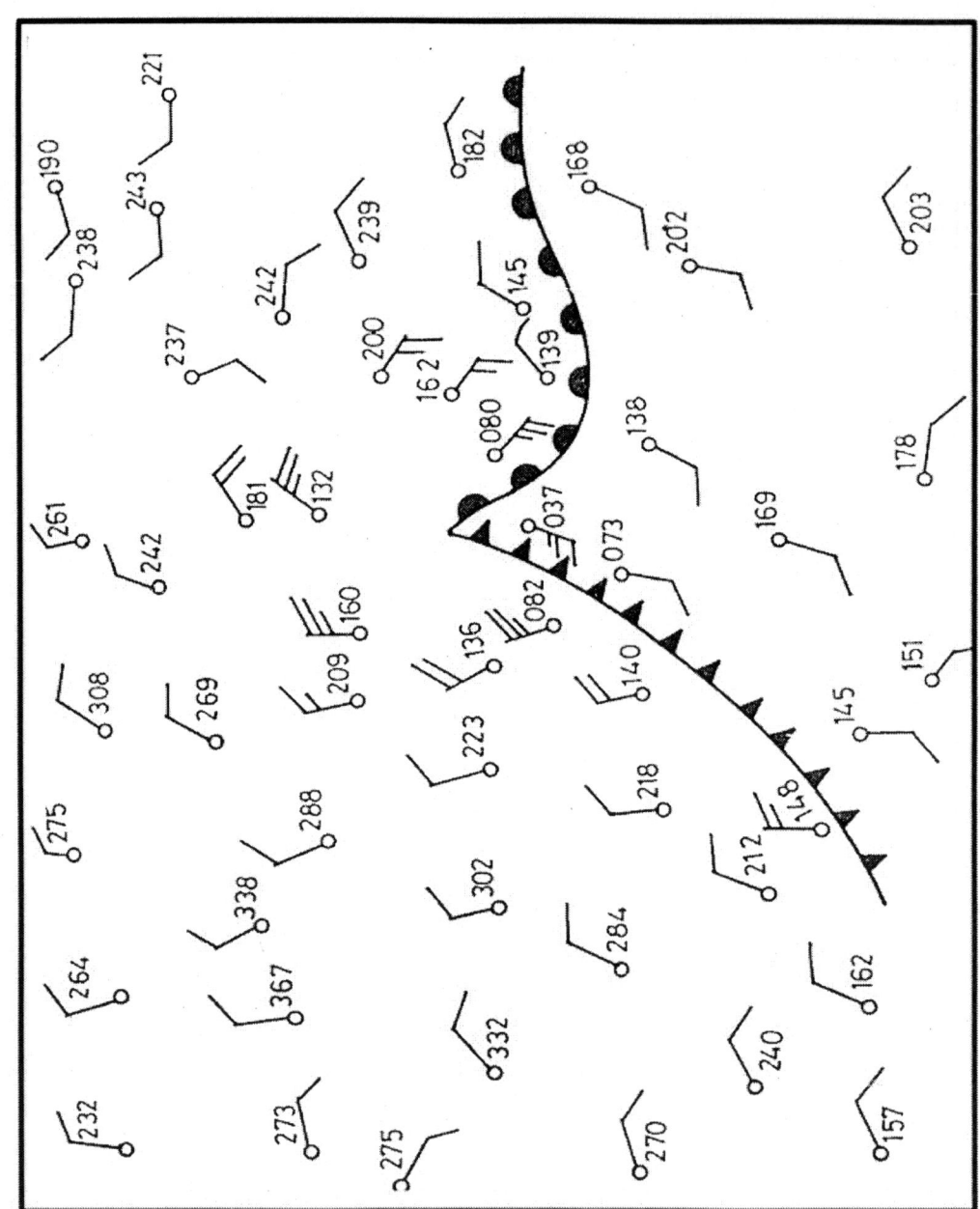

그림 3.4. 연습용 등압선 그리기 II

관측점 ○ 우상(右上)의 숫자는 기압(hPa)의 암호 값으로 소수 첫째자리까지의 값으로 소수점 없이 끝에서 셋째자리까지 만의 무단위로 기입되어 있다. 화살 깃의 풍향·풍속과 前線(전선)이 삽입되어 있다.

## 3.2. 일기예보

일기예보[日氣豫報, weather forecast(forecasting), weather prediction]란 대기의 현재의 상황의 파악과 그 장래의 상황의 예측(豫測)에 근거해서, 특정의 영역에서 장래 일어날 수 있는 대기현상(大氣現象)을 예측하고, 방재(防災)나 생활상의 정보(情報)로써 일반사회에 제공하는 것이다.

### 3.2.1. 예보의 역사

대기현상의 예측은 옛날부터 일기속담[이언(俚諺)]이나 관천망기(觀天望氣)에 의한 경험적인 예측에 의한 생활상의 지혜로서 사람들의 생활에 뿌리를 내리고 있었다. 그러나 1597년 갈릴레오·갈릴레이(Galileo·Galilei)에 의한 온도계(溫度計)의 발명에 이어, 토리첼리(E. Torricelli)의 수은기압계(水銀氣壓計)의 발명 등, 근대기상학의 기초가 된 일련의 과학적인 측기(測器)의 출현은 대기의 상태를 정량적(定量的)으로 파악하는 수단을 확보했다고 하는 의미로 과학적 일기예보(日氣豫報)로의 출발점이라고 할 수 있다. 관측과 대기현상과의 대응에 대해서는 게릿케(O. von Guericke)에 의한 기압의 하강과 폭풍우(暴風雨)의 내습의 관계의 발견(1660년)이 잘 알려져 있다. 그러나 이것은 한 점에서의 관측결과이고, 기압은 오히려 높이의 변화에 민감하다는 것은 게릿케도 알고 있었다.

18세기말이 되어 유럽에서는 파라치나 기상학회의 주도하에서 국제적인 52개의 관측소에 의한 정시관측(定時觀測)이 1780~1792년의 13년간 행해졌다. 후에 이 중 1783년의 자료를 이용해서 지도상에 기압편차치(氣壓偏差値)의 분포를 표현한 것이 부란데스(H. W. Brandes)에 의해 세계최초의 일기도(日氣圖, 182년)로서 알려지고 있다. 그 후 1855년에 루부리에(U. J. J. Leverier)에 의해 폭풍경보에 이용함을 단서로 해서, 일기도에 의한 근대적인 일기예보 기술이 20세기 초두에 걸쳐서 확립되고 있었다. 이 중에서 영국의 휫쓰로이(R. FitzRoy)가 처음으로 forecast라는 말로 예보(豫報)를 공표를 했다. 더욱이 1869년에는 미국에서 일기예보가 발표되게 되었고, 1884(明治 17)년에는 일본에서도 최초의 일기예보가 동경기상대(東京氣象臺)에서 행해졌다.

이 후의 과학적인 일기예보에는 항상 새로운 관측수단의 개발에 의해 단계적으로 발전해 왔다. 20세기 초기의 라디오존데(radiosonde)의 개발, 항공기에 의한 고층의 관측에 의한 요란(擾亂, disturbance)의 3차원적인 구조가 이해되고, 제2차 세계대전 후의 레이더(radar)관측의 도입에서는 강수(降水)의 실태를 보다 본질적인 눈으로 보게끔 되었다. 더욱이 1960년 세계 최초의 기상인공위성(氣象人工衛星, TIROS, 미국)의 발사에 의해 전 지구적인 대기의 행동에 대해서 많은 지견(知見)을 얻었다. 이와 같은 많은 관측수단을 입수하는 한편, 1922년의 리차드슨(L. F. Richardson)에 의한 수치예보[數値豫報, 수치일기예보, numerical weather forecast (prediction)]의 싹 이후, 1949년에는 챠니(J. G. Charney)에 의한 수치예보의 개발의 결과, 현재에 이르는 수치예보 발전의 단서를 열게 되었다. 여기서도 또 수치예보모델과 전자계산기(電子計算機, 컴퓨터 = computer)의 발달은 자동차의 양 바퀴의 관계에 있다. 예보기술의 발전은 기상학 상 이론의 발전과 관측수단 또는 계산기 등의 하드(hard, hardware, 하드웨어: 컴퓨터의 입출력 장치·기억 장치·연산 장치 등의 기계류)면의 발전에 지탱되고 있다.

### 3.2.2. 예보의 종류

일기예보(日氣豫報, 간단히 예보)는 표 3.1에서 보듯이, 대상이 되는 예보기간의 길이에 의해 단시간예보(短時間豫報)·단기예보(短期豫報)·주간예보(週間豫報, 중기예보, 연장예보)·계절예보(季節豫報, 장기예보)로 나누어져 있다. 이와 같이 예보기간에 의해 다른 예보가 행하여지고 있는 것은 대상으로 하는 요란(擾亂)에 의해 예보의 수법이 특징지어져 있기 때문이다. 기상요란과 그 규모(規模)와 수명(壽命)에 거의 일의적(一義的)인 관계가 있고, 규모가 큰 것일수록 수명도 길다.

여름의 북태평양 고기압이나 겨울의 시베리아 고기압은 1개월 이상도 거의 같은 장소에 정체(停滯)해서 세력을 계속 유지하고 있다. 이들 고기압(高氣壓)의 성쇠의 예측은 계절예측의 가장 중요한 예측요소이다. 그러나 이것만으로는 나날의 일기를 예측할 수는 없다. 아주 짧아도 10일간[순일(旬日)]의 평균적인 상태를 표현할 수 있는 정도이다. 한편 매일의 일기나 기온의 상태를 예측하기 위해서는 더욱 규모가 작고 그래서 수명이 짧은 요란(擾亂)의 행동을 예측할 필요가 있다. 단기예보에서는 1,000 km의 규모의 요란의 행동이 대상이 된다. 이 경우의 수명은 수일이고, 모레까지의 일기변화의 기본을 결정하는 것을 알 수 있다. 이와 같은 스케일 요란의 행동을 예측하는 데에는 현재는 수치예보와 같은 역학적 예측법이 가장 적절하다.

표 3.1. 일기예보의 종류

| 예보의 종류 | 예보기간 | 예보의 수법 |
|---|---|---|
| 단시간예보 | 1~3 시간 | 실황을 주체로 한 운동학적 수법에 의한 강수 3시간 예상도가 있다. 주로 실황감시가 중요하다. |
| 메소예보 (meso) | 수~12 시간 | 현재 실용화되어있지 않다. 장래 역학적 모델이나 메소 가이던스의 개발이 기대되고 있다. |
| 단기예보 | 24~72 시간 (1~3 일) | 아시아모델에 근거해서 24~72시간 예보가 기초이고, 24시간 이내는 한반도 지역 모델이 주체이고, 확률예보도 이용되고 있다. |
| 주간예보 (중기예보) | 96~192 시간 (4~8 일) | 전지구(全地球)모델에 기초해서 192시간 예보가 기초이다. |
| 계절예보 (장기예보) | 1 개월~반 년 | 통계적 수법이 주체이나. 장래에는 1개월 정도의 역학예보(力學豫報)를 노린다. |

한편 단기예보(短期豫報)는 현재 강수역의 예측을 3시간 앞까지 행하고 있는데, 이것은 레이더와 자동기상관측시스템(自動氣象觀測시스템, AWS = Automatic Weather System) 관측 자료를 이용한 운동학적 예측법(豫測法)이 주가 되고 있다.

이와 같이 대상이 되는 요란의 스케일 및 그것을 관측하는 수단에 따라서 가장 적당한 예보법이 설정되고 있다. 또 예보를 그 목적에 따라 분류하면 일반예보(一般豫報)와 특수목적에 따른 특수예보(特殊豫報)로 나눌 수 있다. 일반예보는 불특정의 이용자용으로 공급되는 것으로 주로 지역을 지정해서 발표된다. 방재(防災)상의 목적으로 발표되는 주의보(注意報)·경보(警報) 중, 주의보는 규정상은 예보를 취급하고 있다. 이들의 일반예보는 통상 매스 커뮤니케이션(mass communication, 매스컴, 대량전달)·전화예보(131번) 등을 통해서 전달된다. 특수목적의 예보는 철도기상통보·전력기상통보·등의 공공기업체를 향해서 발표·전달되는 것으로 수방(水防)활동을 위한 홍수예보(洪水豫報) 또는 선박·항공기의 운항을 위한 해상예보(海上豫報)·항공기상예보(航空氣象豫報) 등이 있다.

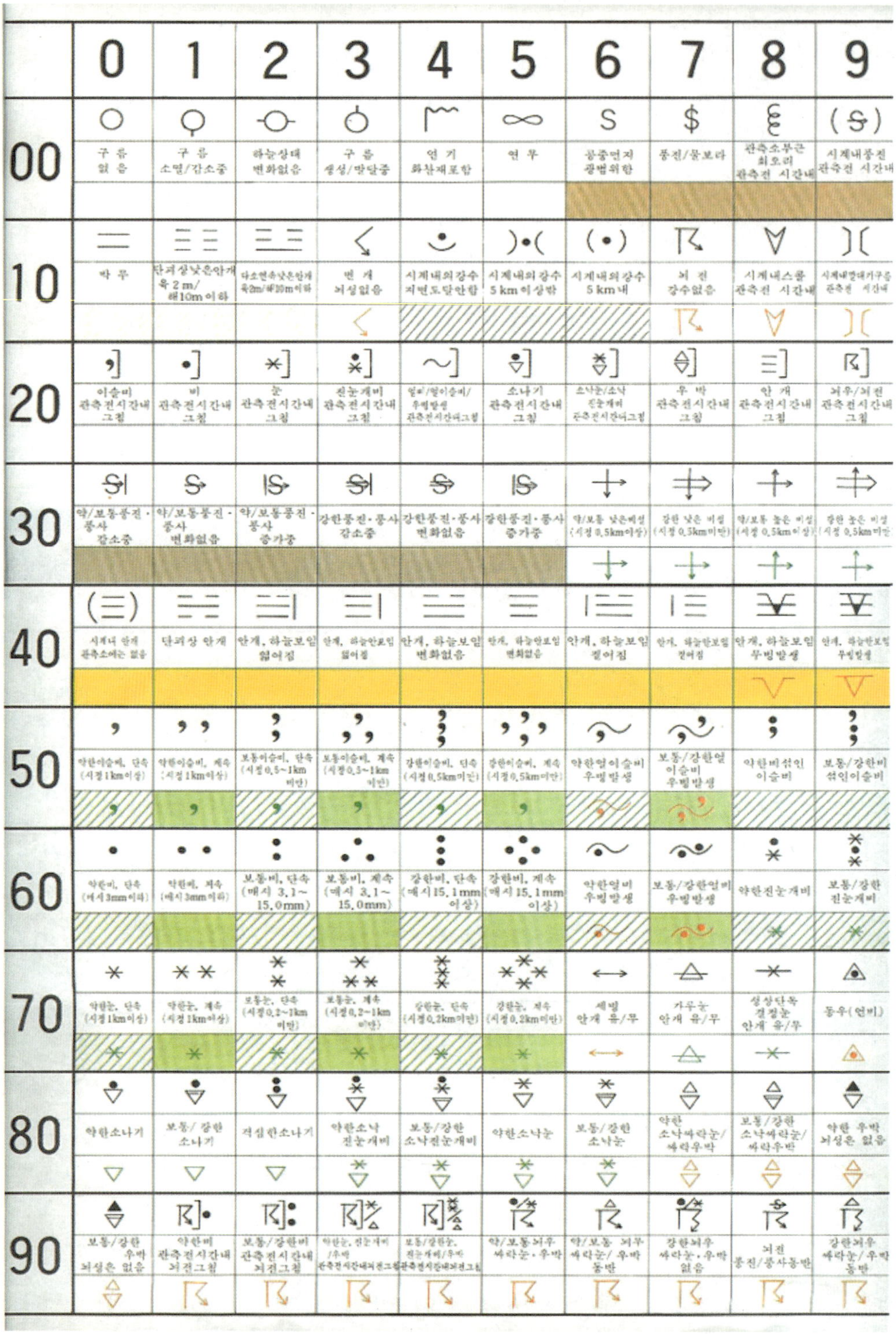

그림 3.5. 현재 일기의 표현과 해설

### 3.2.3. 예보의 방법

지금부터 일어날 장래의 일기(日氣, 날씨, weather)를 예측하는 데에는 현재 일어나고 있는 일기의 상황을 잘 파악해야 하는 것이 선결되어야 할 문제이다. 그림 3.5는 현재의 일기를 표현하는 방법과 간단한 해설이다. 그런 다음에는 앞으로의 일기의 변화의 양상의 추이를 보아가면서 예측을 하게 된다.

예보의 발표까지에는 일정한 순서가 있다. 예보의 기초가 되는 것은 현황지식이므로 그 수단은 당연히 관측(觀測)이다. 대기현상의 관측에서 예보의 발표에 이르는 순서를 그림 3.6에 표시한다. 관측된 결과는 대기의 구조를 파악하기 위해 필요한 기상요소를 중심으로 해석되고, 소위 일기도(日氣圖)의 형태로 예보의 자료로서 이용된다. 이 단계는 이전에는 수작업(手作業, 主觀解析)이었지만, 현재는 예보에 이용되는 기본적인 일기도는 지상일기도(地上日氣圖)를 제외하고 그 대부분이 객관해석(客觀解析)에 의해 작성된다. 더욱이 장래의 대기구조의 파악에는 수치예보를 주체로 해서 종관규모(縱觀規模)의 장(場)의 예측이 행해진다.

대기구조의 파악은 요란의 3차원적인 구조를 보는 것이 중심이 된다. 예를 들면, 경압성(傾壓性) 요란에서는 그 와관(渦管)의 연직 경사에 의해 요란(擾亂) 발달의 단계를 파악할 수가 있다. 또 요란의 초기에 있어서는 그 주위의 기온경도나 쉬어[shear, 전단(剪斷)]의 위치·강도의 파악에 의해 그 발생의 유무를 판단할 수가 있다. 이들 場의 파악의 후는 일기번역(日氣翻譯)의 과정을 거쳐서 예보문(豫報文)의 작성에 이른다. 일기번역은 예상된 장에서 일어날 수 있는 대기현상을 예측하는 것으로, 소위 포텐셜[potential, 위(位)]예보이다. 맑음[청(晴)]·흐림[담(曇)]·비[우(雨)]라고 하는 카테고리(범주, category) 요소의 유무를 예보하는 것으로부터 이것을 카테고리예보라고 한다.

이것에 대해서 우량(雨量)·풍속(風速)·기온(氣溫) 등의 값 자체를 예보하는 양적예보(量的豫報)가 있다. 이것은 24시간 이내의 예보이어서 주의보·경보 등의 방재 정보에도 이용된다. 이것을 예보하기 위해서는 규모가 작은 현상의 파악이 필요해서, 기상인공위성 자료나 레이더·자동기상관측시스템(AWS)의 관측결과를 이용해서, 이것에 예보관의 경험을 더해서 예보를 하고 있다. 수치예보의 결과와 AWS(자동기상관측시스템) 관측치 사이의 통계적 관계를 이용한 가이던스(guidance)라고 불리는 자료가 예보관의 지원 자료로서 이용되고 있다.

강수확률예보는 이 가이던스에 의한 양적 예보의 일종이다. 눈앞의 수 시간 이내의 현상을 대상으로 하는 단시간예보에서는 초기의 강수역(降水域)을 예상하는 바람을 흘리기도 하고 지형의 효과 등을 집어넣는 등에 의해 3시간 앞의 우역(雨域: 비 오는 지역)의 예측을 행한다.

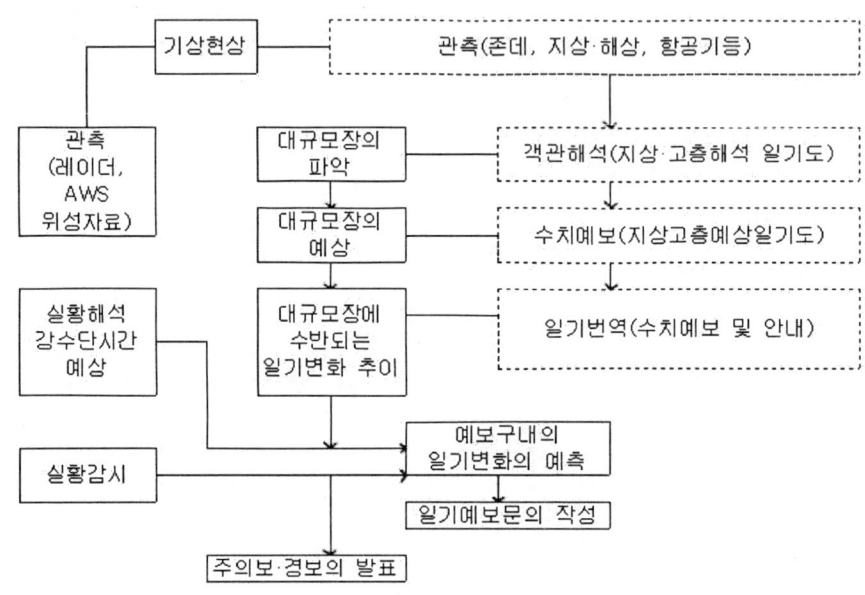

그림 3.6. 일기예보의 순서

이와 같은 방법을 운동학적예측법(運動學的豫測法)이라고 한다. 이것은 대기에는 어느 정도의 지속성이 존재하는 것을 이용하고 있는 것으로 수 시간 이내라면 이와 같은 운동학적예측은 豫報法(예보법)으로써 유효하다. 이것을 더욱이 눈 앞의 1시간 정도를 목표로 하는 것을 나우캐스트[nowcast(ing), 실화예보: 일기 실황의 상세한 해석 및 그 補外(보외)에 의한 2~3시간 앞까지의 예보를 합해서 이렇게 부름]라고 한다. 이것이 정보로서 유효하기 위해서는 이용자로의 신속히 전달되는 것이 필요하다. 전송수단의 기술적인 향상도 새로운 예보를 낳는 조건의 하나이다.

## 3.3. 예보용어

### 3.3.1. 예보용어 개요

　기상관측·통계에서 사용 중인 용어 및 기준은 WMO 지침에 의거, 통일성 있게 사용 중이며, 기상실무자와 기상전문인이 주로 사용한다. 예보에서 사용 중인 용어 및 기준 설정이 완벽하게 정립되지 않아 예보 이용자의 이해력에 다소의 어려움을 주고 있다. 즉 예보 이용자인 일반 국민과의 인식 불일치로 예보의 신뢰감이 저하되고, 예보 생산자 주관에 따른 표현과 기준으로 예보평가 자동화 업무 등 객관화에 미흡했다. 이를 개선하기 위해 다음과 같이 확실하게 해준다.

### 3.3.2. 하늘 상태 표현

ㄱ. 기본 용어

| 용 어 | 운 량 | 비 고 |
|---|---|---|
| 맑 음(○) | 0~2할 또는 상층운 0~4할 | |
| 구름조금(◐) | 3~5할 또는 상층운 5~7할 | 대체로 맑음(大○) |
| 구름많음(◑) | 6~8할 또는 상층운 8~10할 | 대체로 흐림(大◎) |
| 흐 림(◎) | 9~10할 | |

※ 기상개황에는 정성적인 표현인 대체로 맑음, 대체로 흐림 등을 사용할 수 있음

ㄴ. 변화 용어

| 용 어 | 운 량 |
|---|---|
| 맑은 후 구름 많아짐　(○→◑) | 0~2할에서 6~8할로 변화 |
| 맑은 후 흐려짐　(○→◎) | 0~2할에서 9~10할로 변화 |
| 차차 흐려짐　( →◎) | 3~8할에서 9~10할로 변화 |
| 차차 맑아짐　( →○) | 3~8할에서 0~2할로 변화 |
| 흐린 후 맑아짐　(◎→○) | 9~10할에서 0~2할로 변화 |
| 흐린 후 갬　(◎→ ) | 9~10할에서 3~8할로 변화 |

※ 상층운 변화에 의한 표현은 기본 용어 운량 구분에 따름

### 3.3.3. 바람(풍속) 강도 표현

| 용 어 | 풍속(최대 순간) m/s | 비 고 |
|---|---|---|
| 바람이 매우 약하게 불다 | 1 이하 (2 이하) | 『매우』를 생략할 수 있음 |
| 바람이 약하게 불다 | 2 ~ 4 (3 ~ 7) | |
| 바람이 다소 불다 | 5 ~ 8 (8 ~12) | |
| 바람이 다도 강하게 불다 | 9 ~ 12 (13~18) | |
| 바람이 강하게 불다 | 13 ~ 17 (19~25) | 폭풍주의보 기준 |
| 바람이 매우 강하게 불다 | 18 이상 (26 상) | 폭풍경보 기준 |

※ 바람이 일시 강함 : 예보기간 내 일시 폭풍주의보 기준에 달할 때
※ gust(최대순간풍속)는 돌풍으로 표현하고 기상 정보나 개황 등에 사용

### 3.3.4 파고(파랑) 표현

| 용 어 | 파 고(m) | 비 고 |
|---|---|---|
| 물결이 매우 낮게 일다 | 0.5 이하 | 『잔잔하다』 겸용 |
| 물결이 낮게 일다 | 0.5 ~ 1.0 | |
| 물결이 다소 일다 | 1.0 ~ 2.0 | |
| 물결이 다소 높게 일다 | 2.0 ~ 3.0 | |
| 물결이 높게 일다 | 3.0 ~ 6.0 | 파랑주위보 기준 |
| 물결이 매우 높게 일다 | 6.0 이상 | 파랑경보 기준 |

※ 파고 예보 값이 해당범위에 들지 않을 때에는 가까운 파고 범위의 용어를 사용하고 예상 파고 값이 양쪽범위에 해당될 때에는 앞으로 예상되는 해상상태에 따라 선별 사용한다.
※ 파고는 유의파고(H 1/3파)로 표현, 통계적으로 최대파고(Hmax)는 유의파고의 약 1.6 배에 달한다.

### 3.3.5. 시제(時制) 표현

| 용 어 | 시 제 | 비 고 |
|---|---|---|
| 이른 새벽 | 자정부터 일출 3 시간 전까지 | |
| 새 벽 | 일출 3 시간 전부터 일출까지 | |
| 아 침 | 일출 1 시간 전부터 일출 후 2 시간까지 | |
| 오 전 | 일출부터 정오까지 | |
| 낮 | 아침 이후부터 오후 늦게 전까지 | |
| 오 후 | 정오부터 일몰까지 | |
| 오후 늦게 | 일몰 2 시간 전부터 일몰 후 1 시간까지 | |
| 밤 | 일몰 1 시간 이후 자정까지 | |
| 밤 늦게 | 밤 10 시부터 자정까지 | |

※ 시각 표시에 의한 시제 분류(그림 4.1 참조)

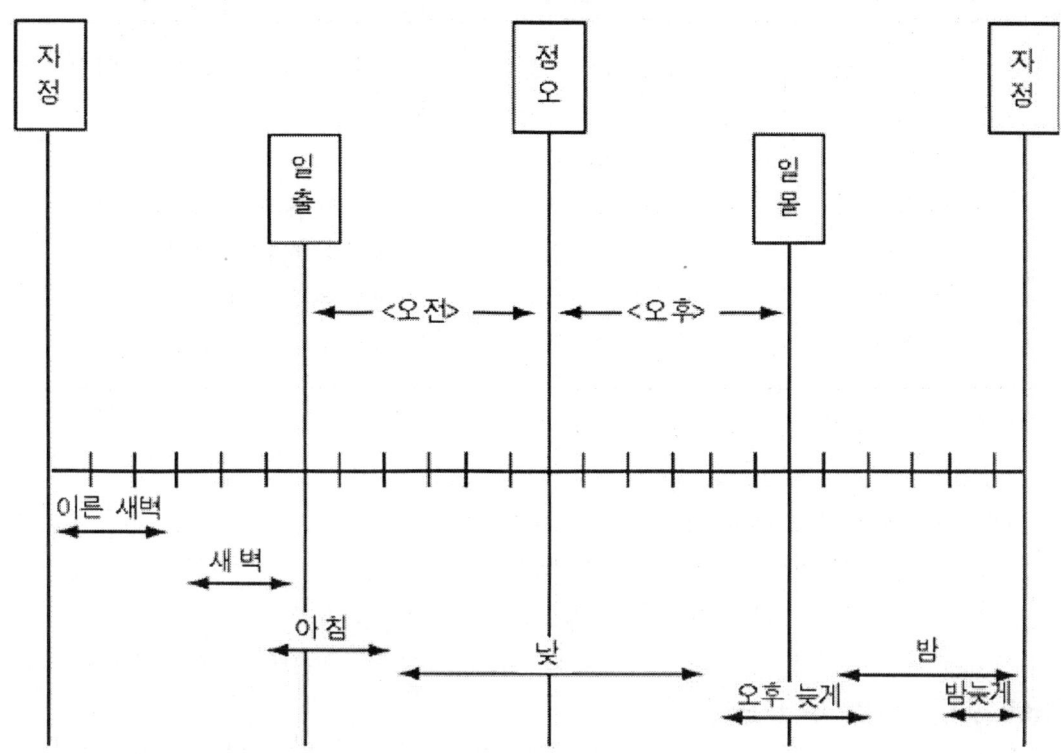

그림 3.7. 일기예보 1 일간의 시제 구분
(예보기간 00~24 시 기준)

### 3.3.6. 강수량(降水量) 표현

| 용 어 | 강 수 량 | 비 고 |
|---|---|---|
| 비 매우 조금 | 1 mm 미만 | 『매우』 생략 가능 |
| 비 조금 | 5 mm 미만 | |
| 비 다소 | 5~20 mm 미만 | |
| 비 다소 많음 | 20~80 mm 미만 | |
| 비 많음 | 80 mm 이상 | 注意報 基準 |
| 비 매우 많음 | 150 mm 이상 | 警報 基準 |

※ 약한 비 : 시간당 강우량이 0.2 mm 미만의 비
※ 강한 비 : 시간당 강우량이 20 mm 이상의 비

## 3.3.7. 신적설량(新積雪量) 표현

| 용 어 | 신적설량 | 비 고 |
|---|---|---|
| 눈 매우 조금 | 0.2 cm 미만 | 『매우』를 생략할 수 있음 |
| 눈 조금 | 1 cm 미만 | |
| 눈 다소 | 1~5 cm 미만 | |
| 눈 다소 많음 | 5~10 cm 미만 | 注意報基準(대도시) |
| | | 注意報基準(일반지역) |
| 눈 많음 | 10~30 cm 미만 | 警報基準(대도시) |
| 눈 매우 많음 | 30 cm 이상 | 警報基準(일반지역) |

※ 약한눈 : 시간당 강설량이 0.1 cm 미만의 눈
　강한눈 : 시간당 강설량이 3 cm 이상의 눈
　소낙눈 : 예보에는 한 때 눈으로 표현
　진눈깨비 : 예보에는 비 또는 눈, 눈 또는 비로 표현
　싸락눈 : 예보에는 눈 조금으로 표현

## 3.3.8. 시간(時間) 개념 표현

| 용 어 | 운 량 |
|---|---|
| 한차례(한때) | 현상이 1 번(강수 시종 시간이 2 시간 이하) 나타날 때, 또는 예보 기간의 1/5 미만 현상이 나타날 때 |
| 한 두 차례 | 현상이 1~2 번(강수 시종시간이 2~4 시간 정도) 나타날 때, 또는 예보 기간의 1/5 이상, 1/4 미만 현상이 나타날 때 |
| 가끔(때때로) | 현상이 단속적으로 반복해서 나타날 때, 또는 예보기간의 1/4 이상, 1/2 미만 현상이 나타날 때 |
| 계 속 | 현상이 강약에 관계없이 예보기간 동안 지속 될 때, 또는 예보 기간의 3/4 이상 현상이 나타날 때 |

※ 시간 개념을 표시하지 않을 때는 예보기간의 1/2 이상, 3/4 미만 현상이 나타날 때 사용한다.

## 3.3.9. 장소(場所) 개념 표현

| 용 어 | 운 량 |
|---|---|
| 해안(지방) | 육지와 바다가 닿는 곳, 바닷가 |
| 내륙(지방) | 바다에서 멀리 떨어진 지역, 해안을 제외한 육지 |
| 산간(지방) | 산과 산 사이, 골짜기가 많은 산으로 된 땅 |
| 산악(지방) | 높고 험한 산, 지구표면이 현저히 융기한 부분 |
| 고산(지대) | 높은 산 |
| 곳에(따라) | 예보구역 중 불특정 구역의 50 % 미만의 지역에 비·눈이 산발적으로 조금 올 때, 또는 소나기성 강수 현상 일 때 사용, 통상 30 % 이하의 경우 |

## 3.3.10. 기온(氣溫) 비교 표현

| 용 어 | 비 교 값(C) | | | | 발생확률(%) |
|---|---|---|---|---|---|
| | 일(日) | 반순(半旬) | 순(旬) | 월(月) | |
| 높 다 | +3.2 이상 | +2.6 이상 | +2.1 이상 | +1.6 이상 | 10 |
| 조금높다 | +1.3~+3.1 | +1.1~+2.5 | +0.9~+2.0 | 0.6~+1.5 | 20 |
| 비 슷 | -1.2~+1.2 | -1.0~+1.0 | -0.8~+0.8 | -0.5~+0.5 | 40 |
| 조금낮다 | -3.1~-1.3 | -1.1~-2.5 | -2.0~-0.9 | -1.5~-0.6 | 20 |
| 낮 다 | -3.2 이하 | -2.6 이하 | -2.1 이하 | -1.6 이하 | 10 |

※ 일일, 주간, 월간 예보에 사용

## 3.3.11. 강수량(降水量) 비교 표현

| 용 어 | 비 교 값(%) | | | 발생확률(%) |
|---|---|---|---|---|
| | 반 순 | 순 | 월 | |
| 많 다 | 250 이상 | 210 이상 | 170 이상 | 10 |
| 조금 많다 | 160~250 미만 | 140~210 미만 | 120~170 미만 | 20 |
| 비 슷 | 40~160 미만 | 60~140 미만 | 80~120 미만 | 40 |
| 조금 적다 | 10~40 미만 | 30~60 미만 | 50~80 미만 | 20 |
| 적 다 | 10 미만 | 30 미만 | 50 미만 | 10 |

※ 中·長期豫報에 사용

## 3.3.12. 예보(단기예보) 발표와 예보기간

| 용 어 | 범 위 | 비 고 |
|---|---|---|
| 오 늘 예 보 | 오늘발표 시각부터 24시까지 | |
| 내 일 예 보 | 내일 00시부터 24시까지 | |
| 모 레 예 보 | 모레 00시부터 24시까지 | |

## 3.3.13. 일기예보 발표와 단기예보 기간의 기준

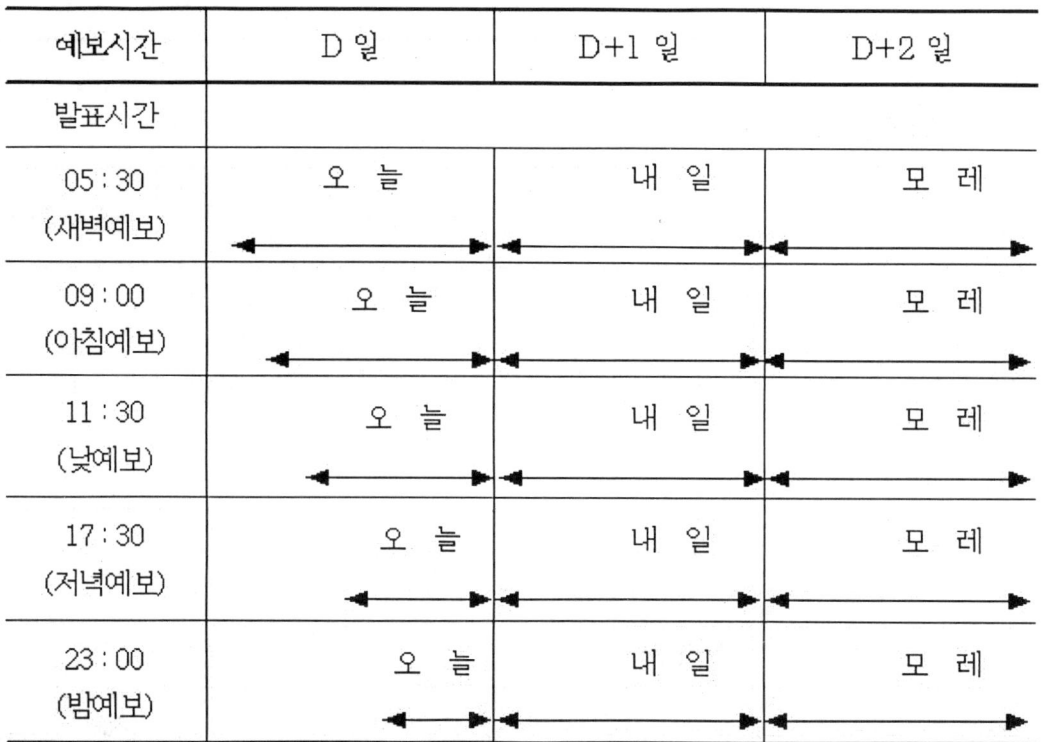

그림 3.8. 일기 예보의 발표와 단기 예보 기간의 기준

## 3.4. 기상특보 기준

| 명 칭 | | 주 의 보 | 경 보 |
|---|---|---|---|
| 강풍 | 육상 | 최대풍속 14m/s이상 또는 최대순간풍속 20m/s이상이 될 때 | 최대풍속 21m/s이상 또는 최대순간풍속 26m/s이상이 될 때 |
| | 해상 | 최대풍속 14m/s이상이 3시간이상 예상되거나 최대순간풍속 20m/s이상이 될 때 | 최대풍속 21m/s이상이 3시간이상 예상되거나 최대순간풍속 26m/s이상이 될 때 |
| 폭풍우 | | 폭풍주의보 기준에 시간당 20mm이상의 비가 동반될 것으로 예상 될 때 | 폭풍경보 기준에 시간당 30mm이상의 비가 동반될 것으로 예상 될 때 |
| 폭풍설 | | 폭풍주의보 기준에 시간당 5cm이상의 눈이 동반될 것으로 예상 될 때 | 폭풍경보 기준에 시간당 10cm이상의 눈이 동반될 것으로 예상 될 때 |
| 파랑 | | 폭풍현상 없이 해상의 파도가 3m이상 예상될 때 | 폭풍현상 없이 해상의 파도가 6m이상 예상될 때 |
| 호우 | | 24시간 강우량이 80mm이상 예상될 때 | 24시간 강우량이 150mm이상 예상될 때 |
| 대설 | 대도시 | 24시간 신적설이 5cm이상 예상 될 때 | 24시간 신적설이 20cm이상 예상 될 때 |
| | 일반 | 24시간 신적설이 10cm이상 예상 될 때 | 24시간 신적설이 30cm이상 예상 될 때 |
| | 울릉도 | 24시간 신적설이 20cm이상 예상될 때 | 24시간 신적설이 50cm이상 예상될 때 |
| 건조 | | 실효습도가 50%이하이고, 일 최소습도가 30%이하이며, 일 최대순간풍속이 7m/s이상의 상태가 2일 이상 계속 될 것으로 예상될 때 | 실효습도가 40%이하이고, 일 최소습도가 20%이하이며, 일 최대순간풍속이 10m/s이상의 상태가 2일 이상 계속 될 것으로 예상될 때 |
| 해일 | 폭풍 | 폭풍, 저기압 등의 영향으로 해안지대에 침수가 예상될 때 | 폭풍, 저기압 등의 영향으로 해안지대에 상당한 침수가 예상될 때 |
| | 고조 | 천문조와 기상조의 복합적인 영향으로 해수면이 상승하여 해안지대의 침수가 예상될 때 | 천문조와 기상조의 복합적인 영향으로 해수면이 상승하여 해안지대의 상당한 침수가 예상될 때 |
| | 지진 | 대규모 해저지진에 의한 해일의 발생이 우려될 때 | 대규모 해저지진에 의한 해일이 발생하여 해안지대의 침수가 예상될 때 |
| 한파 | | 11월-3월에 당일의 아침 최저기온보다 다음날의 아침 최저기온이 10℃이상 하강할 것으로 예상될 때 | 11월-3월에 당일의 아침 최저기온보다 다음날의 아침 최저기온이 15℃이상 하강할 것으로 예상될 때 |
| 태풍 | | 태풍의 영향으로 폭풍, 호우 또는 해일현상 등이 주의보기준에 도달 할 것으로 예상될 때 | 태풍의 영향으로 폭풍, 호우 또는 해일현상 등이 경보기준에 도달 할 것으로 예상될 때 |
| 황사 | | 황사로 인해 1시간평균미세먼지($PM_{10}$) 농도 500μg/$m^3$ 이상이 2시간 이상 지속될 것으로 예상될 때 | 황사로 인해 1시간평균미세먼지($PM_{10}$) 농도 1000μg/$m^3$ 이상이 2시간 이상 지속될 것으로 예상될 때 |

※ 2004년 7월 1일 개정

# 제4장  지상관측과 고층관측

 대기의 아래 살고 있는 우리는, 대기와 지표와의 상호작용에 의해 만들어지는 여러 가지 기상현상의 영향을 끊임없이 받고 있다. 따라서 일기예보는 우리 생활에서 상당히 민감한 부분이며 관측은 일기예보의 가장 기초적인 단계로 정확한 관측이 없이는 신뢰성 높은 예보가 생산되기 어렵다. 관측은 장소와 방법 그리고 주체 등에 따라 다양하게 분류되어있다.

## 4.1. 지상 대기 관측

### 4.1.1. 개요

 지상대기관측(地上大氣觀測)은 지면부근의 기상요소를 대상으로 하는 것이지만, 그 중에서도 지상에서 직접 관측할 수 있는 구름이나 일사(日射) 등의 관측을 포함하는 것이 보통이다. 지상대기관측의 관측요소 중에는 기온, 우량, 풍속, 적설의 깊이 등 실용상 중요한 것이 많고 대단히 긴 역사를 갖고 있어서 대기관측이라고 하면 보통 지상대기관측을 뜻한다.

대기관측용 야장　　　　　　　　　　　　　　　　　공주대학교
　　　　　　　　　　　　　　　　　　　　　　　　자연과학대학

# 대 기 관 측

관측시각 : 2004 년　　월　　일　　시　　관측자 :　이름　학년　　이름　학년
　　　　　　　　　　　　　　　　　　　　　　　_____ ( )　_____ ( )
관측학과 : 대기과학과　　　　　　　　　　　　　_____ ( )　_____ ( )

| 관측종목 | | 노　장 | 대기측기실 | 관측종목 | 노　장 | 대기측기실 |
|---|---|---|---|---|---|---|
| 대 기 현 상 | | | 자동기상관측으로 감지부는 노장에 있으나 값읽기는 측기실에서 실시함 | 시　　정 | | |
| | | | | 적　　설 | | |
| 기 압 | 수 은 | | | 일 사 량 | | (종) |
| | 공 합 | (종) | | 일 조 량 | | |
| 건 구 온 도 | | | (종, A) | 방사수지량 | | (종) |
| 습 구 온 도 | | | | 자외선 (A) | | 400 ~ 320 nm |
| 상 대 습 도 | | | (종, A) | 자외선 (B) | | 320 ~ 280 nm |
| 최 고 온 도 | | | (A) | 자외선 (C) | | 280 ~ 190 nm |
| 최 저 온 도 | | | (A) | 진공자외선 | | 190 ~ 100 nm |
| 풍　　속 | | | (종, A) | 분 진 량 | | |
| 풍　　향 | | | (종, A) | | | |
| 구 름 | 운 형 | | | | | |
| | 운 량 | ○ / 10 | | | | |
| 강 수 량 | | (표) | (종, A) | | | |
| 증 발 량 | | 소형 :　　 mm | 대형 :　　 mm | | | |

　　　　　　　　　　　　　　　　　　　　　　　　　　　　2004년 9월 수정제작

※ 종 : 종합기상세트, A : AWS(자동기상관측시스템), 표 : 표준우량계
※ 증발량 기준치　- 소형 : 25 mm , - 대형 : 100 mm

그림 4.1. 공주대학교 대기과학과 대기 관측용 야장

## 4.1.2. 장비

예나 지금이나 기상요소를 관측하기 위해 측기를 사용하고 있다. 하지만 최근에는 AWS(Automatic Weather System, 자동기상관측 시스템)를 이용하여 좀더 빠르고 정확한 관측 자료를 얻고 있다. AWS는 전국적으로 400 대 정도가 현재 설치 운용되고 있으며 일반적으로 기온, 기압, 습도, 풍향, 풍속, 강수량, 강수감지를 자동으로 관측한다.

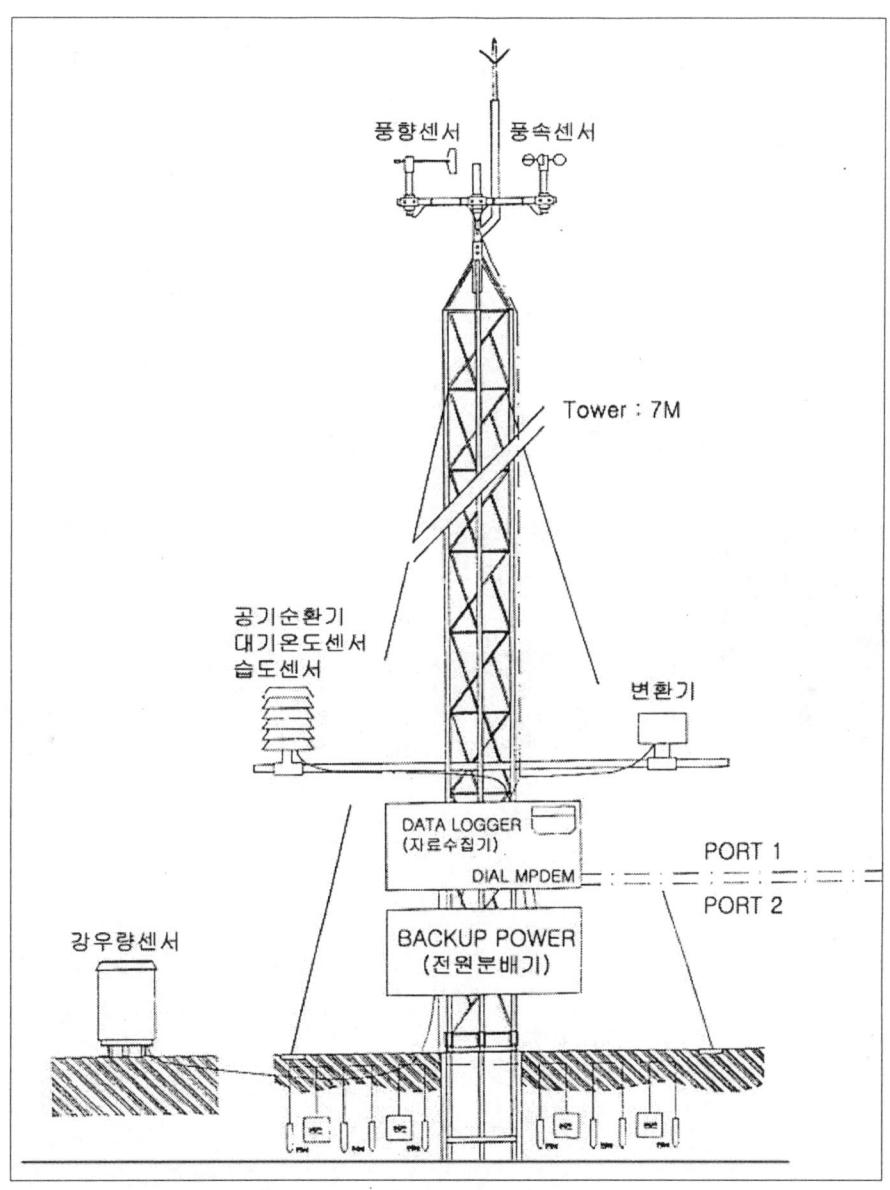

그림 4.2. 자동기상관측 시스템(AWS, Automatic Weather System)

## 4.2. 고층 대기 관측

### 4.2.1. 개요

고층 기상 관측은 세계기상감시계획(WWW, World Weather Watch)의 일환으로 실시하는 관측으로써 대기의 입체적인 3차원 분석을 위하여 지상으로부터 30 km 이상까지의 고도별 기압, 기온, 습도, 풍향·풍속을 관측하는 것이다. 세계 고층기상관측망을 구성하는 모든 관측소는 하루에 2회씩(00 UTC, 12 UTC) 라디오존데 등을 비양시켜 상층기상요소를 관측하고 있다. 우리나라 기상청의 고층기상업무는 1964. 4. 1. 00 UTC 부터 포항기상대에서 관측을 시작한 이래, 고층기상관측망 확충계획에 따라 1988. 5. 1 00 UTC 부터 제주고층레이더기상대에서 실시하여 현재 전국 2개소에서 관측하고 있으며, 공군(광주, 오산)에서도 관측하고 있다.

### 4.2.2. 장비

고층 기상 관측 장비로는 라디오존데와 지상수신기(DigiCora MW-15)가 있다.

그림 4.3. 라디오존데와 지상수신기

### 4.2.3. 관측방법

레윈존데는 [레윈존데관측은 라디오존데관측과 라디오윈드관측(상층바람관측)을 동시에 같이 실시하는 관측이다] 수소가스를 주입한 기구에 매달려 300~400 m/min 의 속도로 상승하면서 0.5~2.5초 간격으로 측정된 상층의 기압, 기온, 습도와 수신된 Loran-C 신호를 400~406 MHz 로 지상으로 송신한다. 지상수신기에서는 수신된 신호를 해독하여 기압, 기온, 습도, 지위고도를 계산하고 Loran-C 신호를 해독하여 풍향, 풍속을 계산한다.

## 4.3. 위성 기상 관측

　기상위성은 우주공간에서 전 지구상의 구름, 수증기, 대기 연직 온도 등 기상변화를 24시간 감시하므로 지상기상관측, 고층기상관측과 더불어 기상분석 및 예보에 없어서는 안 될 중요한 관측수단이다. 세계기상기구(WMO)는 세계기상감시계획(WWW)의 일환으로 5개의 정지기상위성과 수 개의 극궤도기상위성으로 세계기상위성 관측망을 운영하고 있다.

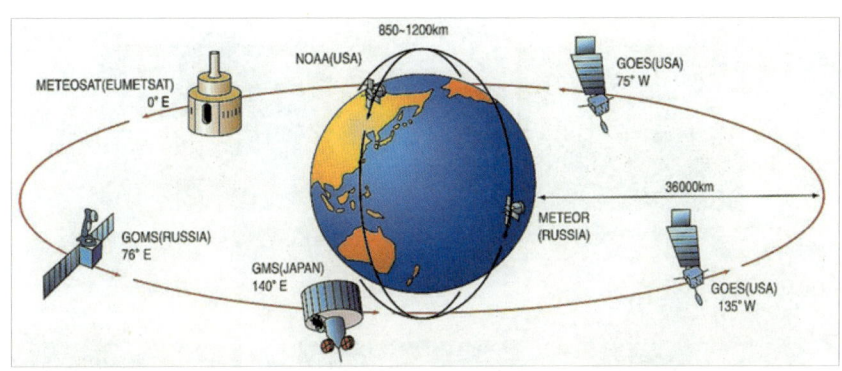

그림 4.4. 세계 기상 위성 관측망

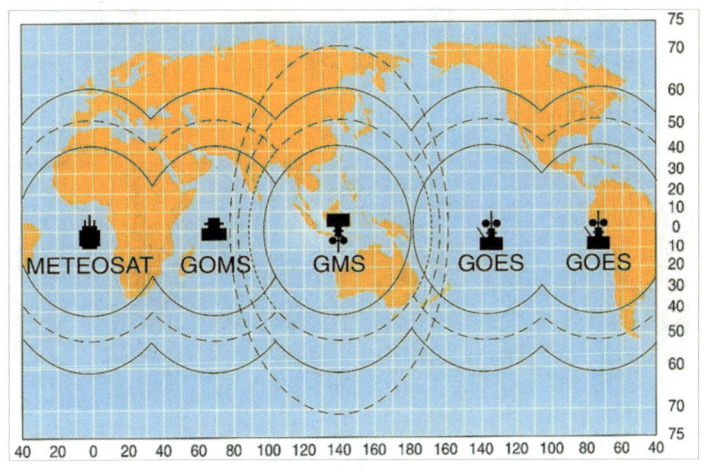

그림 4.5. 정지기상위성의 감시범위

### 4.3.1. 기상위성 자료처리 체계

ㄱ. 위성관측(Meterological Satellite Observation)

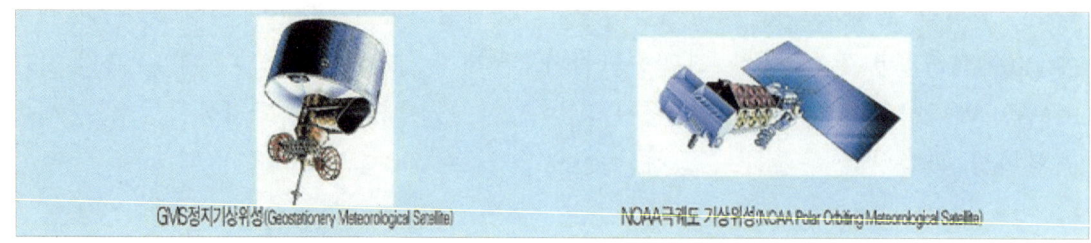

ㄴ. 위성자료 수신(Reception)

ㄷ. 자료 분석(Analysis)

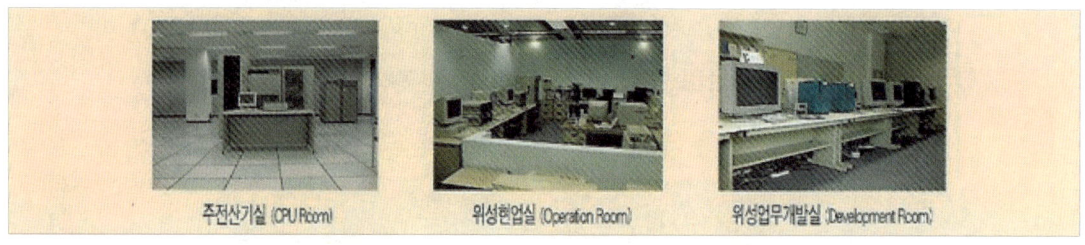

ㄹ. 자료 활용(Utilization)

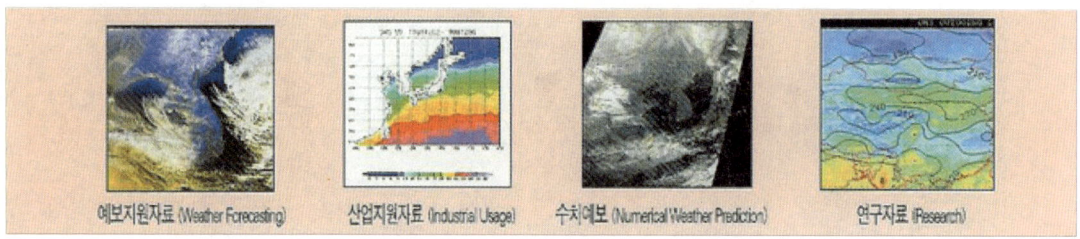

### 4.3.2. GMS 기상위성

GMS(Geostationary Meteorological Satellite, 정지 기상 인공위성) 기상위성은 적도 상공 35,800 km 고도에서 지구의 자전 속도와 같은 각속도로 지구주위를 돌기 때문에, 지구에서 볼 때 항상 같은 위치에 있어 정지기상위성이라고 한다.

위성의 관측범위는 직하점을 중심으로 반경 약 6,000 km (지구표면의 1/4)이며, 일 24 회 이상의 연속관측을 하고 있으며, 태풍·집중호우·저기압·전선 등 기상변화를 실시간 감시한다.

ㄱ. GMS 기상위성 관측방법

위성은 서에서 동쪽을 향하여 1 분간 100 회전하면서, 북에서 남으로 2,500 선을 주사(走査)한다. 각 주사선은 2,290 개의 점(Pixel)으로 이루어져 있다. 탑재측기는 가시, 적외1, 적외2, 수증기로 구성되어 있다.

ㄴ. GMS 기상위성 관측자료

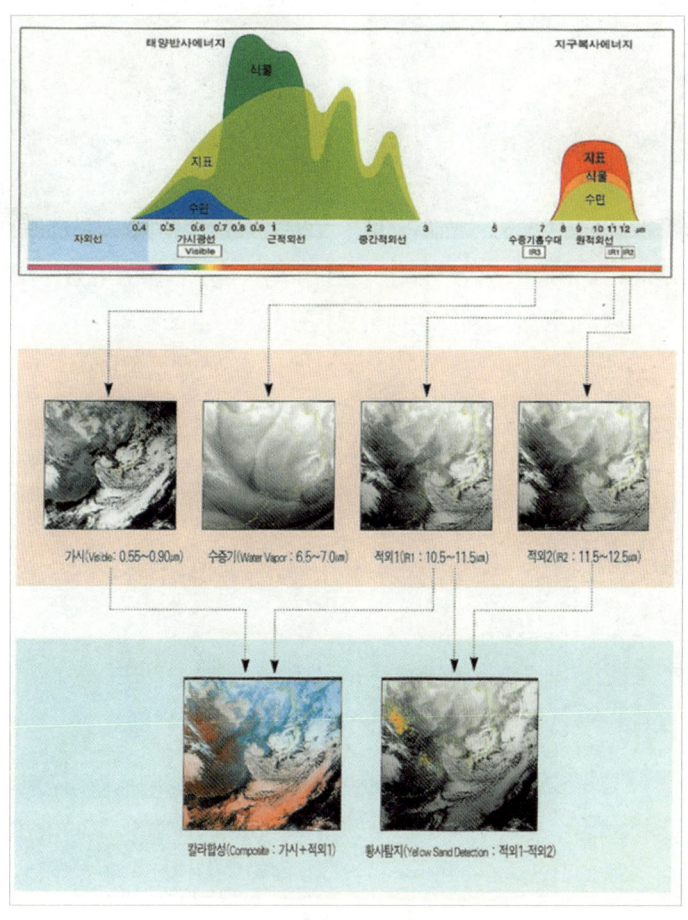

그림 4.6. GMS 위성 관측자료

이렇게 관측된 데이터로 기본영상자료와 영상 수치분석 자료를 생산할 수 있다.

기본 화상자료(Primary Imagery)로는 가시·적외·수증기 합성영상, 적외 영상에 일기도자료 중첩, 적외 동영상 자료를 얻을 수 있다. 영상 수치분석 자료(Derived Products)로는 운정 온도/고도/기압, 구름이동 벡터, 황사탐지, 지구 장파 복사량 자료를 얻을 수 있다

그림 4.7. [기본 영상자료] 가시·적외 수증기 합성영상(왼쪽)
[영상 수치분석 자료] 황사 탐지(오른쪽)

### 4.3.3. NOAA 기상위성

NOAA 극궤도기상위성은 지상 약 850 km 상공에서 양극지방을 회전하면서 기상을 관측한다.

#### ㄱ. NOAA 기상위성 관측방법

NOAA 위성의 관측 횟수는 하루에 4~6회로 우리나라 상공을 지나갈 때이며, 관측범위는 동서방향 3,000 km, 남북방향 5,000 km 이다.

탑재센서는 구름관측용 AVHRR(Advanced Very High Resolution Fadiometer) 5채널과 대기 연직 구조 탐측용 TOVS(Tiros Operational Vertical Sounder)로 이루어졌다.

이렇게 관측된 데이터로 화상(畵像)자료와 비화상자료를 생산할 수 있다. 화상

자료(Primary Imagery)로는 채널1·채널2·채널4 합성화상, 해수면 온도, 황사탐지, 야간안개·하층운 자료를 얻을 수 있다. 비화상자료(Derived Products)로는 고층(500 hPa) 온도/고도/습도장, 고층 바람장, 총 오존량, 대기 연직 온·습도 분포 자료를 얻을 수 있다.

ㄴ. NOAA 기상위성 관측자료

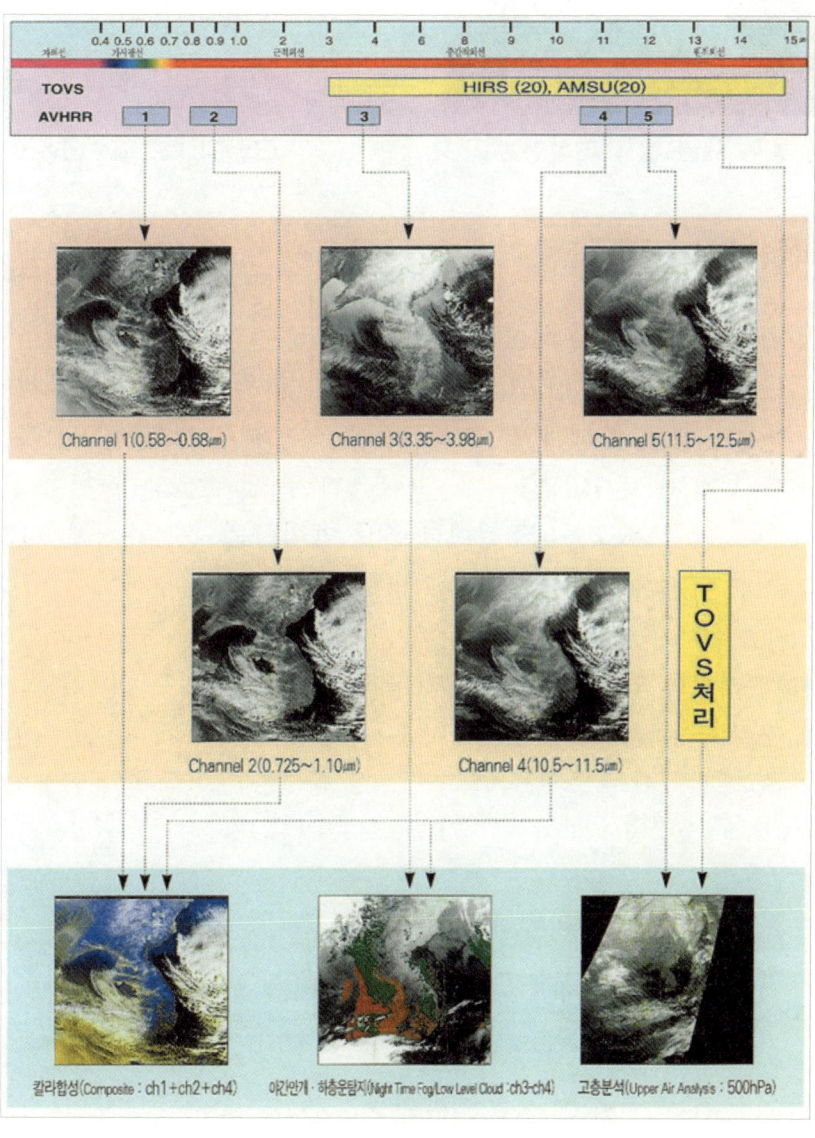

그림 4.8. NOAA위성 관측자료

제4장 지상관측과 고층관측 | 129

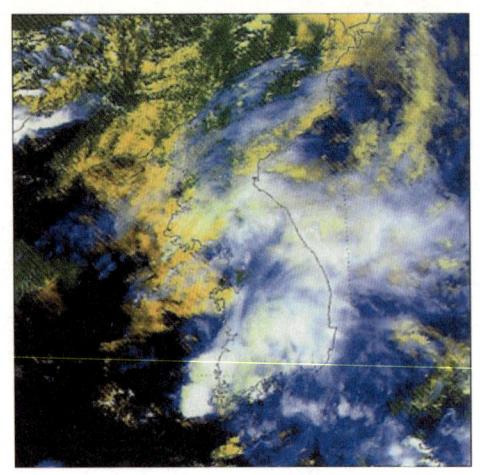 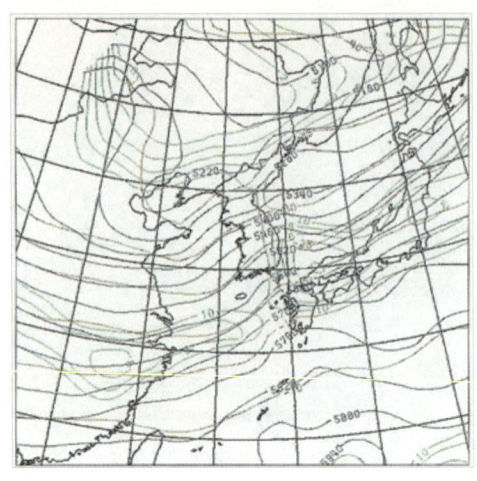

그림 4.9. 채널1,2,4 합성영상　　　　　그림 4.10. 해수면온도

## 4.4. 레이더 기상관측

### 4.4.1. 기상 레이더(Meteorlogical Radar) 관측

　기상레이더란 안테나에서 전파(전자파, 電磁波)를 발사해서 목표물체에 의해 산란(散亂)된 전파가 다시 안테나로 수신되어 그 신호에 포함되는 정보를 근거로 해서 기상관측을 행하는 기기(器機)이다. 그림 4.11은 전파를 파장 별로 분류했을 때의 각 주파수대(角周波數帶)의 호칭이다. 기상레이더는 관측대상에 따라 주로 다음의 2종류로 분류한다. 운립(雲粒)이나 빙정(氷晶)으로 이루어지는 비강수성(非降水性)의 구름[雲]이나 안개[霧]를 관측 대상으로 하는 파장 3~9 mm의 전파를 사용하는 "미리波레이더"와 강수입자[우적(雨滴)·설편(雪片)·우박(雨雹)·싸락눈]로 이루어지는 구름(降水雲)을 대상으로 하는 파장 3~10 cm의 전파를 사용하는 "降水레이더"가 있다.

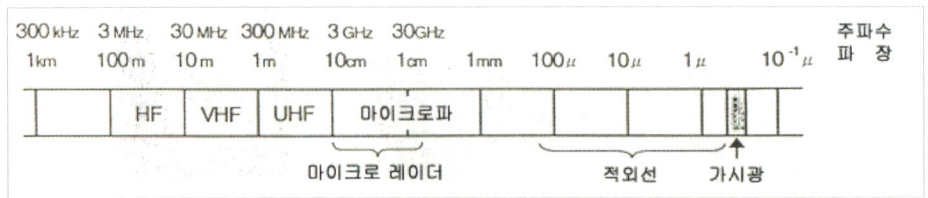

그림 4.11. 전파의 주파수대별 명칭

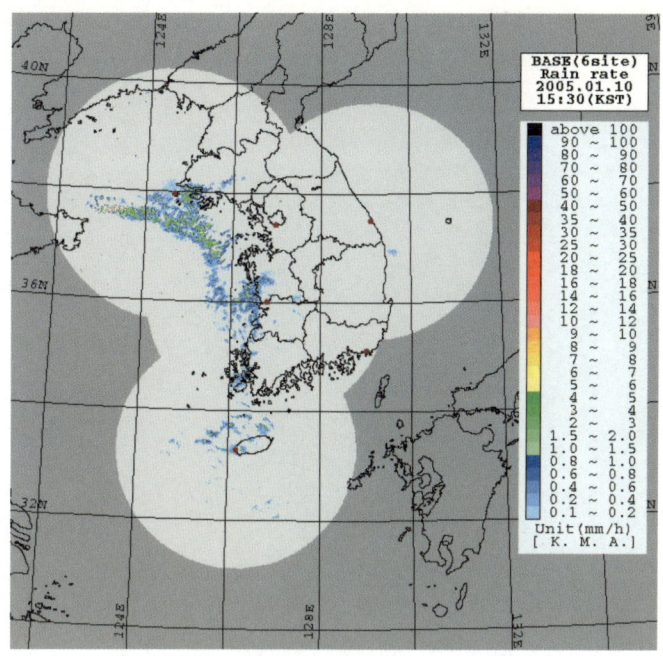

그림 4.12. 레이더 합성 화상

그림 4.13. 구) 무안기상대 연구용 레이더관측소

# 제5장 일기속담과 그 풀이

일기속담(日氣俗談, weather proverb)은 일기(日氣, 天氣)나 천후(天候)를 예측한 옛날부터의 전해오는 말이다. 경험 쪽에 근거한 인간의 지혜(知慧)와 같은 것으로 오래 동안 살아남은 속담에는 무엇인가의 근거가 인정되는 경우도 있다. 일기속담에는 구름(雲), 바람(風), 무지개[홍(虹)], 천둥번개[뇌전(雷電)], 시정(視程) 등이 기상특성에 주목한 관천망기(觀天望氣)에 속하는 것, 동식물의 생태의 변화에 주목한 것, 천체의 운동에 주목한 것 등이 있다.

일반적으로 속담에 의한 예상은 과학적인 일기예보보다 정밀도는 낮으므로 이용가치는 적지만, 소용이 되는 일도 있다. 예를 들면, 일기예보가 이용자에게 도착하기까지에는 기상 관측한 시각에서 통상 3시간 정도 걸리는 시간적인 틈이 생기는 일, 일기예보는 국지적인 지형의 영향을 받는 특정지역까지 언급할 수 없는 사정 등에서, 수명시간이 짧은 돌풍(突風), 소나기, 뇌우(雷雨) 등이 국지적인 현상에는 ① 전선(前線), ② 저기압(低氣壓), ③ 고기압(高氣壓), ④ 대기의 안정도(安定度), ⑤ 대기환류(大氣環流) 등이 특성을 잘 포착한 것으로 나눌 수 있다.

예를 들면 前線(전선)이 접근하면 습도, 기온, 바람 등이 변화한다. 그 변화특성에 주목하면 일기변화가 예상된다. 온난전면(溫暖前面)의 근처에서는 濕度(습도)가 높음으로 비행운(飛行雲)이 발생되면 소실되지 않지만, 한냉전면(寒冷前面)의 부근에서는 습도가 낮음으로 소실된다. 따라서 비행운이 사라지지 않고 퍼지는 경우에는 저기압이 접근하는 징조이므로 비(雨), 사라질 경우에는 고기압이 접근함으로 맑음이 된다. 이것과 유사한 것들이 일기속담이 된다.

## 5.1. 동물에 관한 속담

### 5.1.1. 조류(새)

ㄱ. 제비가 지면 가까이 날면 비

시골 같은 곳에 가보면 제비가 지면 가까이 날아다니다가 하늘로 높이 솟아오르고 다시 지면 가까이 날고 하는 것을 볼 수 있다. 이것은 제비자신이 날씨를 예감하는 것이 아니고 곤충이 지면 가까이 날고 있기 때문에 이것을 잡아먹기 위한 것이다. 날씨가 흐려지려고 하면 습기(濕氣)가 많아진다. 곤충은 습기가 많아지면 비가 올 것을 예감하고 지면 가까이로 내려가서 숨을 장소를 찾아 돌아다니는 것이 아닌가 한다. 그리고 한편으로는 습기가 많아지면 날개가 습하여 활동이 자유롭게 되지 않아서 공중 높이 날지 못하고 지면 근처에서 날아다니다가 점점 습기가 많아지면 날개의 활동이 여의치 못하여 풀숲에 내려앉는지도 모를 일이다. 여하튼 기압골[기압곡(氣壓谷)]이 접근하면 곤충이 지면 근처에서 날아다니고 이것을 잡아 먹고자하는 제비가 지면 가까이 날아다니는 것은 사실이다. 그래서 이런 속담이 나온 것이 아닌가 한다.

ㄴ. 제비집이 떨어지면 화재의 위험

  도시에서는 볼 수 없지만 시골에 가면 제비가 처마 끝에 집을 지어 놓은 것을 흔히 볼 수 있다. 제비는 철새로서 우리나라에 4월에 날아와서 집을 짓고 새끼를 까서 10월이면 떠난다. 새끼를 치기 위하여 집을 짓는데 진흙과 검불로서 지어서 종족을 번식시키는데 때로는 손도 대지 않았는데 이 제비집이 떨어진다. 이것은 습기가 적어서 날씨가 계속 건조(乾燥)하여 떨어지는 것이다. 건조하면 불이 나기 쉽고 불이 나면 타는 속도가 빨라서 진화가 어렵게 된다. 그래서 이런 속담이 나온 것으로 제비집이 떨어지면 화재의 위험이 있다고 보아야할 것이다.

ㄷ. 종달새가 낮게 날면 비, 높게 날면 맑음

  새들도 기상의 변화를 예감하는 능력을 가지고 있는 것을 알 수 있다. 새들은 기압의 변화와 습도(濕度)의 변화 그리고 뇌우가 오기 전에 대기 중에 전기가 축적되는 현상 태양광선이 엷은 구름에 가려 밝기가 변하는 것 등을 민감하게 느낀다고 하며 기상변화에 따른 새들의 반응을 보면 지저귀는 소리 깃털의 모습 등이 변한다고 한다. 종달새는 기압골이 접근하려고 하면 낮게 날고, 고기압이 접근하면 높게 나는 것을 볼 수 있다. 이 종달새의 행동으로 옛날 우리나라 농촌에서는 날씨를 예측했다고 한다. 또한 이 종달새의 특이한 일기의 예감 중에는 폭풍우(暴風雨)를 구별한 것이 있다. 폭풍우가 가까워지면 높게 날다가 낮게 날다가 하면서 그 행동이 안절부절 못하다고 한다. 그래서 종달새로서 나쁜 날씨와 폭풍우를 동반한 험악한 날씨를 예측할 수 있다고 한다.

ㄹ. 아침에 새매가 뜨면 비

　도시에 사는 사람은 새매를 보기가 어렵다. 도시에서는 새매가 먹이를 구하지 못하기 때문이다. 시골에 가면 지금도 새매를 많이 볼 수 있다. 새매가 하늘 높이 떠서 동그라미를 그리며 빙빙 돌면 강한 바람이 분다는 말도 있다. 저기압(低氣壓)이 접근하면 습기가 많아지고 온도가 높아진다. 온도가 높고 습기가 많으면 작은 동물들이 나쁜 날씨에 대비하여 이른 아침부터 먹이를 찾아 분주하게 쫓아다닌다.

　동물 중에는 인간이 갖지 못한 예민한 감각기관을 갖고 있는 동물이 많다. 그래서 저기압의 접근을 예지하고 저기압이 오기 전에 먹이를 구하려고 분주하게 움직인다. 새매는 이 먹이 동물을 찾아서 하늘을 아침부터 날게 되는 것이다. 그리고 바람이 강하게 분다는 것은 저기압이 접근하면 높은 곳이 먼저 바람이 강해지고 점차로 낮은 곳도 바람이 강하게 불게 되는데 상공의 이 바람을 이용하여 새매는 동그라미를 그린다고 한다. 그런데 새매가 바람을 이용하여 동그라미를 그리면서 빙빙 나는 것은 아직 확실성이 있는 것은 아니라고 보는 견해가 지배적이다.

ㅁ. 철새가 빨리 오는 해는 추위가 심하다.

　철새라는 것은 철을 따라 생활근거지를 이동하는 새를 말한다. 원래 조류도 기상에 대하여 대단히 민감한 감각기능을 갖고 있으므로 활동하기에 알맞은 기후(氣候)를 찾아 옮기는 철새도 역시 기후변화에 대하여 놀라울 만큼 예민하다. 추위를 찾아오는 새, 더위를 찾아오는 새, 각각 그들 특유의 기후에 대한 감각기능을 갖고 있으므로 이들 철새의 이동을 보고 기상의 변화를 예측하는 것은 기상의 관측기구와 예보업무가 없던 옛 우리조상에게는 당연한 일이라고 볼 수 있겠다. 사실 추위가 심할 것이라고 판단하는 것은 조금 이상한 면이 없지 않다. 오히려 철새의 이동이 빠른 해는 추위와 더위가 빨리 온다고 하는 말이 더 적합한 표현이 아닐까 한다. 추위가 빨리 오면 추위를 쫓아다니는 철새는 이것을 느끼고 이동을 하는 것이기 때문에 그렇게 보는 것이 더 타당할 것 같다.

　추위가 심하다는 것은 대륙성 고기압이 예년보다 빨리 발달하기 때문에 그리 추운 것은 아닌데 일찍이 추위가 닥치므로 우리가 느끼는 추위에 대한 감정이 추운 것이지 결코 겨울이 빨리 왔다고 해서 온도 자체가 반드시 예년보다 더 내려가는 것은 아니다. 물론 추위가 일찍 닥친 그 시기를 비교하면 기온이 더 내려간 것은 사실이겠으나, 겨울 전체를 통하여 보면 그렇지가 않는 때가 많이 있다. 그러므로 앞에서도 말한바와 같이 철새가 빨리 오는 해는 계절도 빨리 온다고 하는 것이 보다 사실에 가까운 속담이라고 하겠다.

### 5.1.2. 곤충류

ㄱ. 개미가 진을 치면 비

개미가 한 줄로 서서 걸어가는 놈, 걸어오는 놈 등 바쁘게 왕래하는 것을 볼 수 있다. 이것을 개미가 진을 친다고 하는데 이런 현상이 있으면 비오는 예가 많다. 물론 비까지는 오지 않아도 구름이라도 끼는 예가 많기 때문에 나온 말인데, 사실 개미들의 진을 자세히 보면 풀숲으로 이동을 하는데 풀숲 쪽으로 가는 놈은 개미의 알을 물고 가는 것을 볼 수 있다.

이것은 그들이 갖고 있는 습기(濕氣)에 민감한 감각기관으로 비가 올 것을 예감하고 구멍에 비가 오면 물이 들어와 죽을까봐 풀숲으로 옮기는 것이 아닌가 한다. 풀숲에서는 비가 와서 물이 흘러도 떠내려가지 않기 때문이 아닌가 한다. 기압골이 접근하면 기압이 내려가고 습도가 높아지는데 기압을 느끼고 이동하는지 습도를 느끼고 이동하는지는 확실한 연구발표가 없어 단정하기는 어렵다.

ㄴ. 꿀벌은 장기예보를 한다.

꿀벌도 일기의 변화에 대하여 민감한 감각 기관을 가지고 있는 것 같다. 그래서 꿀벌이 꿀 따던 작업을 그만 두고 집으로 돌아가면 날씨가 악화되는 것을 볼 때 꿀벌이 내는 예보도 무시할 수가 없다고 보겠다. 그리고 한 가지 신기한 것은 가을철에 꿀벌이 집의 출입구를 조그마한 구멍만 남기고 막아버리면 그해 겨울은 추위가 심하다고 하며 구멍을 크게 하면 추위가 심하지 않다고 한다.

그러나 어떤 감각 능력으로 장기예보를 내는지 그것은 알 수 없고 다만 이런 속담이 있을 뿐이다. 그리고 날씨가 좋은데 갑자기 밖에 있던 파리가 방안으로 모여들면 날씨가 나빠지는 것을 보면 파리도 날씨에 대한 예보기관을 가졌는지 모를 일이다. 이런 곤충의 생활은 전적으로 자연의 지배를 받으므로 생존을 위해 일기에 대한 예감능력을 가졌을 것이다.

### 5.1.3. 양서류

ㄱ. 개구리가 울면 비

　큰비[대우(大雨)]가 오려고 하면 개구리들이 유난히 많이 운다는 말이 있다. 그리고 청개구리가 울면 비가 온다는 말도 있다. 이것은 역시 개구리의 피부가 습도에 민감하기 때문이라고 볼 수 있겠다. 우리나라뿐만 아니라 아프리카에도 이런 말이 있다고 한다. 아프리카에는 수목성(樹木性) 개구리가 있는데, 우기(雨期)가 시작되려고 하면 미리 알고 나무에 기어오른다고 한다. 역시 물에 떠내려가지 않고 안전한 곳을 택하는 행동으로 나무에 올라가는 것이라고 보아야 할 것이다. 이상의 예로서 개구리는 습기에 민감하다는 것을 알 수 있겠다. 한 가지 예를 더 들어보면 봄철의 개구리는 물가를 떠나지 않으나 여름이 되면 물에서 상당히 먼 곳까지 돌아다니는 것을 볼 수 있는데, 우리나라의 봄은 이동성 고기압의 이동이 잦아 건조하지만 여름은 북태평양의 고기압의 영향으로 봄 보다는 습기가 많기 때문이라고 볼 수 있다.

ㄴ. 청개구리가 낮은 곳에 있으면 맑음

　청개구리에 대한 일기속담은 꽤 많다. 청개구리가 울면 비가 온다는 말도 있고, 청개구리가 나무에서 떨어지면 맑다는 일기속담도 있다. 청개구리에 관한 속담이 많은 것은 이 속담과 일기의 변화가 어느 정도 맞는 확률이 많기 때문이 아닌가 생각된다. 그러면 하나하나 그 속담의 근본이유를 알아보자.
　청개구리가 나무에서 내려오면 날씨가 맑다는 것은 청개구리가 건조(乾燥)에 대하여 대단히 민감하기 때문에 건조하면 피부가 마르기 때문에 습기를 찾아 습기가 많은 낮은 곳으로 내려오기 때문이다. 높은 곳이 건조하다는 것은 저기압이 멀리 있고 고기압의 영향을 받고 있다고 할 수 있다. 반대로 나무의 높은 곳으로 올라가면 비가 온다는 속담도 있는데 이것은 위에서 밝힌 바의 반대 현상이라고 보면 된다.
　청개구리가 울면 비가 온다는 것은 그 이유는 확실히 알 수 없으나 그 결과만은 대단히 정확한 것 같다. 김광식 저 "알기 쉬운 기상지식"에는 60~70% 적중확률을 보이고 있다고 하는데 습기가 많아져서 기분이 좋아서 우는지 기압의 저하로 호흡의 곤란으로 우는지 그것은 미래의 연구 대상이다. 청개구리가 나무에서 떨어지면 날씨가 좋다는 것은 역시 날씨가 좋으면 공기가 건조하기 때문이다. 청개구리의 발에는 둥근 흡반(吸盤)을 가지고 있기 때문에 이것으로 가지나 잎사귀에 붙어서 생활하는데 건조하면 이 흡반이 제 기능을 발휘하지 못하기 때문에 떨어지는 것이다. 이외에도 청개구리에 대한 일기 속담이 많이 있으나 여기서는 이 정도로 다루기로 하고 다음 기회로 미룬다.

### 5.1.4. 어류(물고기)

ㄱ. 해파리의 연안 쪽으로 이동은 폭풍이 온다.

생물 중에서도 바다의 해파리가 폭풍우(暴風雨)의 접근을 탐지하는 능력을 가졌음을 알 수 있다. 그것은 폭풍우가 접근하기 전에 연안 쪽 안전한 곳으로 이동하는 것에서 비롯된다. 그래서 생물학자가 해파리의 몸을 조사연구 결과, 초음파(超音波)를 감각하는 귀를 가지고 있다는 것을 알게 되었다고 한다. 폭풍우가 가까이 오기 10~15시간 전에 발생하여 수중을 전해 오는 초음파를 해파리의 귀가 듣고 피난을 하는 것이다. 이 때의 超音波는 8~13 Hz인데 이 음파를 탐지하고 행동하는 것으로 알고 있다. 그래서 생물학자들은 해파리의 귀의 동작원리를 이용하여 暴風雨를 자동 예보하는 장치를 만들어 사용하여 보았는데, 15시간 전에 폭풍우의 접근을 예보하고 그 세력이 어느 정도인지도 짐작할 수가 있다고 하니, 작은 하등동물이 이런 예민한 예보 기능을 갖고 있는데 놀라지 않을 수 없다. 이런 동물의 예보 기능의 구조를 연구하여 이용하면 한층 더 예보 적중률이 높아질 수도 있을 것으로 판단된다.

ㄴ. 메기와 미꾸라지도 예보를 한다.

폭풍(暴風)이 오려고 하면 물 속에 사는 메기들이 갑자기 수면으로 올라온다. 그리고 물밑 바닥에 배를 깔고 있는 미꾸라지도 맑은 날에는 그대로 물밑에서 조용히 있으나 날씨가 흐려지기 시작하려고 하면 그 긴 몸을 흔들고 돌아다닌다고 한다. 그리고 보통 물고기들도 날이 흐리기 전에 수면에 입을 내놓고 호흡을 하는 것을 볼 수 있다. 이런 현상으로 미루어 보아 물고기에 숨겨져 있는 예민한 기상예보 감각기관을 연구하여 볼만한 일이라고 생각된다. 그러나 확실한 연구 발표는 없어 알 길이 없으나 몇몇 과학자들의 말에 의하면 물고기의 기압계는 부레가 아닌가 하고 있다. 물고기의 부레는 몸의 비중을 자기주변의 물의 비중과 같게 하여 자유롭게 헤엄을 치게 하는 구실을 하는데 이런 부레는 기압의 변화를 민감하게 느낄 수 있다고 믿어진다고 한다. 그래서 메기와 미꾸라지가 물위로 뜨고 돌아다니고 물고기가 수면에 입을 내놓고 호흡하면 비가 온다는 것은 근거가 있는 얘기라고 할 수 있겠다.

### 5.1.5. 그 외의 동물

ㄱ. 거머리가 빠르게 수영을 하고, 지렁이가 나오면 비

거머리도 기상의 변화에 민감하게 반응을 하고 지렁이는 지표로 나와 기어 다니는 것은 기상의 변화를 예감하고 하는 행동임을 알 수 있다. 그래서 거머리를 어항에 넣고 관찰하여 본바 날씨가 좋을 때는 물밑 바닥에 몸을 옆으로 하고 있다가 강풍(强風)이나 뇌우(雷雨)가 오려고 하면 몸을 휘청거리며 빠르게 수영을 하다가 나중엔 수면 밖으로 몸을 내밀어서 어항 벽에 붙는 것을 보았다고 한다. 그리고 지렁이는 그 몸 자체가 건조하기 쉬운 피부를 가졌기 때문에 맑은 날은 지표로 나올 수가 없으나 날이 흐려지려고 하면 지표로 나오는 것은 그 피부자체가 습기에 대단히 민감하기 때문이라고 볼 수 있겠다. 그래서 이 동물들은 인간이 느끼는 감각보다 훨씬 예민한 감각 능력을 가졌다고 볼 수 있겠으며 이런 동물들의 행동은 곧 기상예보에 응용될 수 있다고 보아도 크게 틀리지는 않을 것이라고 생각해도 좋겠다.

ㄴ. 거미가 집을 지으면 맑음

거미가 집을 지으면 날씨가 맑아진다는 얘기가 있다. 그것은 비가 오는 날엔 거미가 집을 지을 수가 없는 것이다. 그래서 날이 좋은 날 집을 짓는 것이 아닌가 한다. 그러나 거미가 집안에 집을 지으면 비가 온다는 속담도 있고 보면 역시 거미도 일기 변화에 민감한 감각기관을 가지고 있는지 모를 일이다. 거미에 대한 연구 보고가 없기에 확실한 단정은 어려우나 오랜 경험을 통하여 형성된 속담이므로 이것도 일고의 가치가 있다고 보아야 할 것이다.

ㄷ. 아침에 거미줄에 이슬이 맺혔으면 맑을 징조

거미는 낮 동안은 숨어 있다가 석양이 되면 줄을 친다. 저녁에 바람이 강하거나 비가 오면 줄을 칠 수 없으니 치지 않을 뿐 아니라, 바람이 불고 비가 오면 날아

다니는 곤충이 없기 때문에 굳이 줄을 칠 필요가 없는지도 모른다. 날씨가 좋은 날은 야간에 방사(放射, 복사)냉각으로 기온이 내려가므로 습기가 응결되어 이슬을 맺는다. 그래서 거미줄에도 이슬이 맺히게 되고 날씨는 맑은 것이다.

ㄹ. 고양이가 설치면 큰비가 온다.

비단 고양이뿐만 아니라 모든 동물은 일반적으로 기후변화에 대하여 대단히 민감한 반응을 보인다. 동물이 기후의 변화뿐 아니라 지진(地震)에 대한 예감도 하고 큰 화재에 대하여도 예감을 한다고 한다. 이것은 본능적으로 이변을 예지(豫知)하는 힘을 가졌다는 것으로 보고 있다. 그래서 고양이는 설치고, 새들은 둥지를 높은 곳으로 이동시키는데 다 본능적인 예민한 감각으로 예지하는 것이라 볼 수 있다. 고양이는 집에서 사람과 함께 생활하기 때문에 그 이상 활동을 알 수 있다. 그래서 이런 속담이 나온 것이라 볼 수가 있겠다.

## 5.2. 대기현상에 관한 속담

### 5.2.1. 저기압

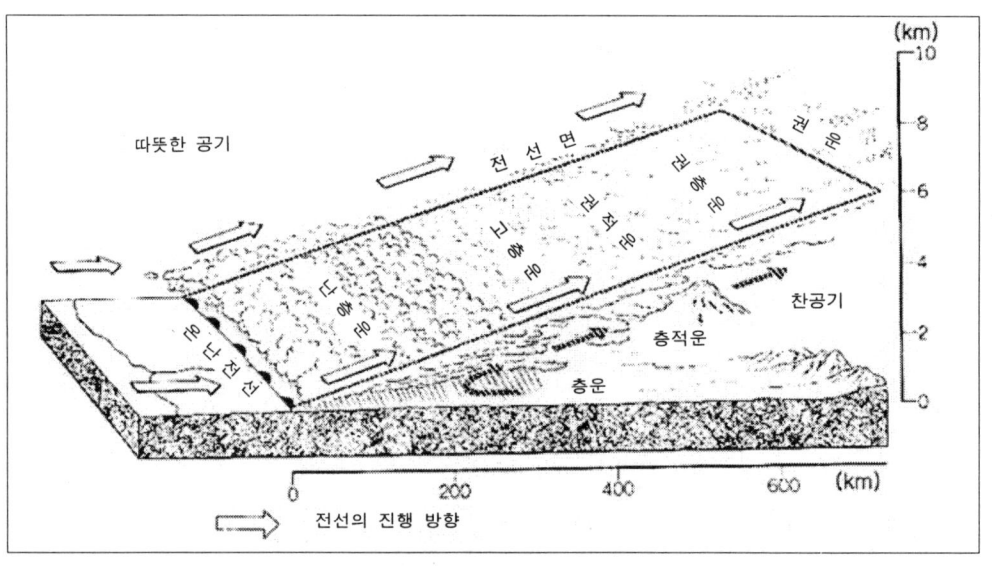

그림 5.1. 온난 전선과 일기

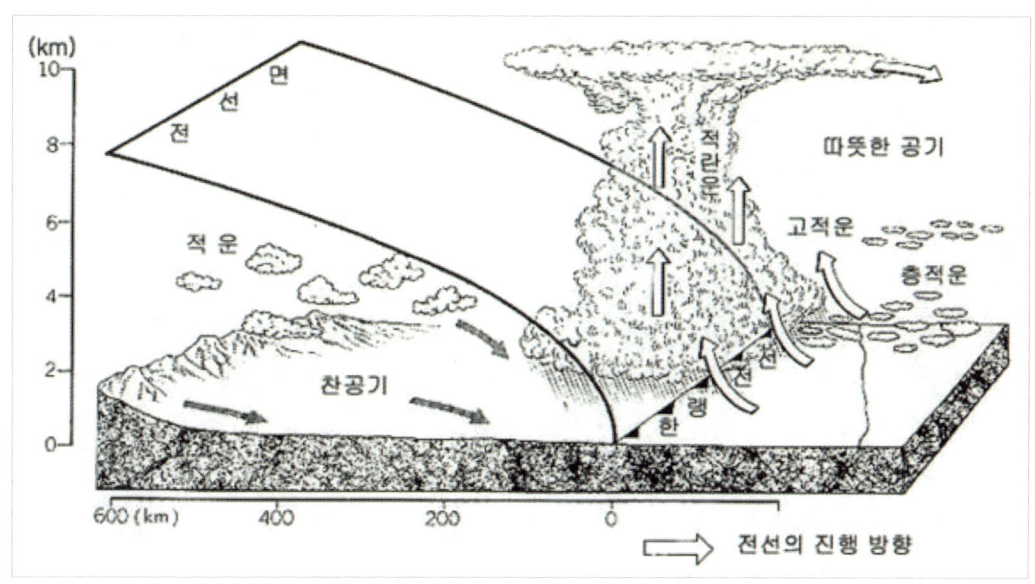

그림 5.2. 한랭 전선과 일기

ㄱ. 햇무리 달무리가 나타나면 비올 징조

 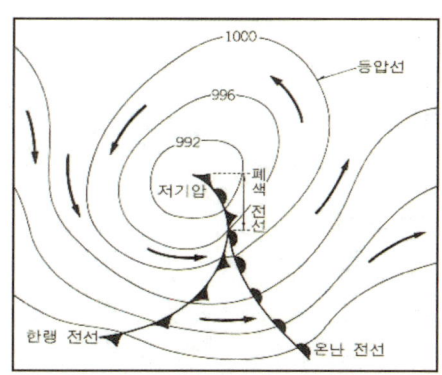

그림 5.3. 무리현상(해무리의 예)    그림 5.4. 저기압의 모형

　무리[훈(暈), halo, 그림 5.3을 참조)는 원래 권층운(卷層雲)이 하늘을 전부 덮었을 때 나타나는데 이 구름은 날씨를 나쁘게 하는 저기압(低氣壓, 그림 5.4를 참조)이 이동하여 오는 전면에 나타나는 예가 아주 많다. 그래서 권층운이 나타나면 이 권층운 뒤에는 저기압이 따라 오겠구나 하는 생각을 가질 수 있으며 비가 올 징조

제5장 일기속담과 그 풀이 | 141

라고 보게 되는 것이다. 이 속담에 의하여 비 오는 확률은 보통 60~70% 가량 정확도가 있다고 보겠다.

ㄴ. 이른 아침 따뜻하면 비

 봄은 일기의 변화가 심하다. 그래서 하늘을 쳐다보고 내일쯤 비가 온다는 예보가 믿어지지 않을 때가 있다. 오늘 이렇게 날씨가 포근한데 내일 비가 온다는 것은 역시 믿어지지 않겠지만, 사실은 봄의 기상변화는 빨라서 오늘 좋은 날이 내일에 가서 비가 오는 수가 많이 있는 일이다. 이른 아침이 따뜻하다는 것은 저기압이 접근해오면 하늘에 구름이 끼기 마련이다. 이 구름 때문에 밤에 대지로부터 하늘을 향하여 방사(放射)하는 열의 흐르는 양이 적어서 아침의 기온이 심하게 내려가지 않아서 따뜻해지며 이 저기압이 가까워진다는 것은 비가 올 수도 있기 때문이다. 그래서 이런 속담이 생긴 것이라고 볼 수 있겠다.

ㄷ. 아침 천둥은 큰비의 징조

 보통 여름에 천둥[뇌전(雷電)]은 오후에 있는 것이 상례처럼 되어 있다. 그것은 여름의 뜨거운 태양열로 인하여 지면의 온도가 상승하여 여기에 접해있던 공기가 열을 받아 가벼워져 하늘로 올라간다. 강한 열로 상승하는 공기가 급하여 웅대한 구름을 형성하고 적은 물방울의 왕성한 마찰에 의하여 전기(電氣)가 일어나는데 이 전기의 방전(放電)현상이 번개이고 방전될 때 공기를 진동시키므로 진동음이 바로 천둥이다. 지면과의 방전현상을 흔히 말하는 벼락이다. 이런 현상은 앞에서도 말한 것과 같이 오후에 나타나는데 그 이유는 태양열에 의하여 지면이 뜨거워져야 하기 때문이다. 지면이 뜨거워지려면 태양의 고도가 높아야 하고 또 열의 축적이 있어야 하므로 이런 제 조건을 만족시키려면 오후가 되어야 한다.

 그런데 이런 조건을 무시하고 아침부터 천둥을 친다는 것은 열로 인하여 일어나는 열뢰(熱雷)가 아니고 다른 원인에서 나타나는 현상임을 알 수 있다. 이것은 성질이 다른 두 공기 덩어리가 마주치는 면에서 즉 전선(前線) 상에서 나타나는 계뢰(界雷)라는 것을 알 수 있다. 전선은 저기압을 동반하므로(물론 저기압 중심이 없는 전선도 있음) 이 천둥은 저기압 중심에서 뻗어 나왔다고 볼 수 있으므로 비가 지속적으로 그리고 강하게 올 수도 있다는 것이다. 앞에서 말한 열뢰는 강하기는 해도 시간적으로 오래가지는 않는다. 그러나 전선을 동반한 저기압에서 오는 비는 이 저기압이 통과할 때까지 비가 온다고 본다면 시간도 길고 강수량도 많을 수 있다고 볼 수 있겠다. 그래서 이 속담은 기상학적으로 충분한 근거가 있다고 보겠다.

ㄹ. 비늘구름이 나타나면 비

가을철에 아주 맑은 흰 파문(波紋)이 찍힌 듯한 고기의 비늘 같은 구름이 나타나는 것을 볼 수 있다. 비늘구름은 학문명(소선섭 외 2인 저, 대기관측법, 법문사, p.452~453 참고)으로는 권적운(卷積雲, 상층운)이나 고적운(高積雲, 중층운)을 의미하는데, 여기서는 상층운인 권적운으로 해석하자(그림 6.2를 참조). 이 구름은 대개 6,000 m 이상 높은 층에서 생기는 구름으로서 저기압이 접근해 오는 전면에 나타나는 구름이라고 할 수도 있다. 그것은 성질이 다른 두 큰 공기 덩어리가 마주치는 전선면에서 전선의 파가 심하여져서 저기압이 형성되는데 이 저기압 중심이 오기 전 전면 전선면 상에서 높은 권운(卷雲)이란 종류의 구름이 나타난다. 보통 온난전선 전방 약 1,000 km에서 나타나므로 날씨 악화의 징조가 될 수가 있는 것이다. 물론 이런 현상이 나타났다 하더라도 저기압의 진행방향이 바뀌어지면 날씨는 기울어지지 않을 것이다.

ㅁ. 겨울 남풍 때는 먼 길을 삼가라.

겨울에 날씨가 흐려져서 비나 눈이 오기 전에는 약간 훈훈함을 느낄 수가 있다. 그것은 구름이 끼여 있기 때문에 지면의 방사(복사)냉각이 심하지 않기 때문에 훈훈함을 느낄 수도 있겠으나, 한편으로는 전선이 북서계절풍을 막아주고 남서계열의 바람을 끌어들인다. 남쪽의 해상에서 부는 바람이기 때문에 역시 훈훈한 감을 주는 것이다. 전선(前線)을 동반한 저기압이 접근하여 오면 큰 눈이 올 수도 있기 때문이다. 남풍계열의 따뜻한 바람이 강하게 불면 큰 눈이 될 수도 있기 때문에 먼 길을 가지 말라고 한 것이다. 옛날 우리의 시골에는 차를 타지 않고 지름길을 이용한다 하여 산길을 많이 걸어 다녔다. 그래서 산 속에서 큰 눈을 만나면 보행하기가 어렵고 위험이 동반되기 때문에 이런 속담이 나온 것이라고 할 수 있겠다.

## 5.2.2. 저기압·고기압

ㄱ. 아침 무지개는 비 저녁 무지개는 맑음

무지개(그림 5.5 참조)는 빗방울에 햇빛이 비춰서 그 빛이 굴절 반사되어 나타나는 자연현상으로 그 나타나는 방향은 항시 태양이 있는 쪽의 반대 방향에서 나타난다. 그래서 아침의 무지개는 서쪽에 나타나고 저녁 무지개는 동쪽에 나타난다. 그러면 어째서 서쪽에 나타나는 무지개 즉 아침에 나타나는 무지개는 비가 오는 것일까? 우리가 살고 있는 우리나라는 편서풍이 불고 있는 편서풍지대(偏西風地帶)에 살고 있다. 편서풍 권내에서는 항시 일기는 서쪽에서 동쪽으로 이동하므로 서쪽 하늘에 무지개가 있으면 그곳에는 물방울이 있는 것을 뜻한다. 이 물방울 즉 빗방울은 점차 내가 살고 있는 동쪽으로 이동하여 오니 비가 올 수 있는 것이다. 반대로 동쪽에 무지개는 동쪽하늘에 빗방울이 하늘에 떠 있다는 증거가 되는 것이다. 그러나 내가 서 있는 이곳을 벌써 지나갔고 앞으로 계속 동쪽으로 이동하여 내가 있는 곳과는 점점 거리가 멀어지기 때문에 날이 좋다. 저기압이 지나가면 고기압이 뒤따라오기 때문에 날이 좋을 수밖에 없다.

ㄴ. 저녁노을은 맑고 아침노을은 비

노을은 우리가 흔히 볼 수 있는 현상이다. 이 노을은 공기 중에 떠 있는 여러 가지 먼지에 햇빛이 비춰서 빛이 산란되어 나타나는 현상이다. 저녁노을은 서쪽에 나타나므로 서쪽 하늘에 먼지가 많다는 것을 뜻하며, 먼지가 많다는 것은 날씨가 좋다는 뜻이 된다. 비가 오면 먼지가 일지 않아 하늘이 깨끗해진다. 그러면 노을이 생기지 않는다.

그림 5.5. 무지개

일기 동진의 법칙에 의하여 서쪽의 좋은날이 점차로 내가 있는 곳으로 다가오기 때문에 날씨가 좋다는 것이다. 반대로 동쪽에 노을이 있다면 동쪽에 좋은 날씨가 있다는 것이 되므로 좋은 날씨 뒤에는 나쁜 날씨가 뒤따라오기 때문에 비가 올 수 있다. 원래 기상이란 것은 서쪽에서 동쪽으로 이동하여 가며, 고기압 뒤에는 저기압이 따르고 저기압 뒤에는 또 고기압이 따르기 마련이다. 그래서 고저기압이 번갈아 가면서 이동하여 가기 때문에 이런 현상이 나타나는 것이다.

### 5.2.3. 고기압

ㄱ. 비가 올 때 풍향이 변하여 서풍이 되면 날씨가 회복된다.

우리나라는 편서풍(偏西風)이 부는 지역에 위치하므로 일기 상태가 서쪽에서 동쪽으로 변하여 가는 것은 저기압이 전선을 대동하여 통과할 때 비가 오는 것이다. 이 때는 보통 남서풍 내지 남동풍이 불게 된다. 그것은 전선(前線) 상에서는 풍향이 급변하기 때문이다. 남서풍은 습기가 많고 따뜻한 공기이기 때문에 이 남서풍이 많이 불면 불수록 비는 많이 오게 되는 것이 보통의 경험하는 일일 것이다. 이 남서풍이 불 동안은 아직 전선이 통과하지 않았기 때문이다. 그런데 여태껏 불던 남서풍이 서풍으로 변하면 저기압 중심에서 뻗은 전선(한냉)이 통과했다는 증거가 되고 이 저기압 뒤를 쫓아오는 고기압권 내에 들어갔다는 증거이다. 물론 꼭 서풍만은 아니고 북서풍이 불 때도 있겠으나 역시 날씨가 좋아질 전조라고 보면 될 것이다. 그래서 비가 오는 날 풍향이 바뀌어 서풍 혹은 북서풍이 불면 일기도를 보지 않아도 날씨가 회복된다고 보면 된다.

ㄴ. 아침 안개가 해 뜨고 곧 사라지면 날씨는 맑음

안개는 습기를 가진 공기가 차게 되어(냉각되어서) 응결된 현상이다. 그래서 아침에 안개가 생성되려면 야간에 지면의 방사(복사)냉각이 심하게 일어나지 않으면 안 된다. 날씨가 맑으면 지면에서 방사로 빠져 나온 열이 하늘 높은 곳까지 빠져 나가므로 자연 온도가 낮아진다. 즉 대류의 범위가 넓어지기 때문에 냉각이 심하게 일어난다. 그러나 구름이 끼면 대류의 범위가 좁아져서 열이 구름이 낀 범위 내에서 몰리기 때문에 온도의 하강이 심하지 않다. 그래서 구름이 낀 날은 온도의 하강이 안개를 생성시킬 만큼 온도가 낮아지지 않기 때문에 안개가 나타나지 않는 것이다. 그러나 맑은 날은 앞에서 본 바와 같이 온도가 내려가므로 수증기가 응결되어 안개가 생성되는 것이다. 이렇게 생성된 안개가 햇볕이 나면 온도가 높아지므로 수증기가 응결된 적은 물방울이 증발을 하여 곧 안개가 없어지고 맑은 하늘을 볼 수 있는 것이다.

ㄷ. 밤하늘이 유난히도 맑으면 큰 서리가 내린다.

서리[상(霜)]라는 것은 우선 온도가 낮아야 나타난다. 온도가 낮아지는 때는 보통 새벽에 최저온도가 나타나는데 밤에 지면이 열을 방사(放射)하여 기온이 낮아진다. 지면이 열을 빼앗겨서 차가워지면 여기에 접한 공기가 차가워져서 공기 중의 수증기가 승화현상을 일으켜 지물에 접착된 것을 서리라고 하는데 지면의 방사냉각이 활발해지려면 하늘이 맑아야 한다. 지면이 내뿜는 열이 하늘 높이 빠져나가므로 점점 온도가 내려가게 되는데 밤하늘이 유난히 맑다는 것은 하늘 높은 곳에 습기가 적고 바람도 약하고 고기압 중심에 놓여있다는 결과가 된다. 그래서 밤하늘이 유난히 맑으면 서리가 많다는 것은 사실과 대차 없는 속담이라 할 수 있다.

ㄹ. 서리가 많은 아침은 맑다.

서리라는 것은 수증기가 냉각되어 승화된 것을 말하는데, 서리가 형성되려면 기온이 낮아야 한다. 일기가 좋고 야간에 지면의 열이 방사(放射)되어 냉각되면 여기에 접한 공기가 차가워져서 서리가 나타나는데 날이 맑지 않으면 방사냉각이 일어나지 않는다. 다시 말하면 공기가 냉각되려면 지면이 방사냉각이 되어야 하고 지면이 방사냉각 되려면 날씨가 맑아야 한다. 그래서 서리가 많은 날은 맑다는 것이다. 이슬이 많으면 맑다는 말도 있다. 이것도 역시 서리가 생성되는 과정과 같은 원리로 이루어지기 때문에 이런 속담이 나왔다고 할 수 있겠다. 쉽게 말하면 서리와 이슬이 생기는 원리는 같으나 서리는 얼은 것이고 이슬은 얼지 않은 것이다.

### 5.2.4. 장기예보

ㄱ. 저녁노을이 며칠간 심하게 계속되면 한발(가뭄)

저녁노을은 해가 지는 서쪽하늘에 나타난다. 노을은 무지개와는 정 반대의 현상이라고 할 수 있다. 무지개는 물방울에 의하여 나타나지만 노을은 먼지에 의하여 나타난다. 그래서 노을이 낀다는 것은 날씨가 좋아 지상의 먼지가 하늘로 올라가서 태양 빛에 의하여 나타나므로 서쪽은 날씨가 좋다는 뜻이 된다. 이 노을이 며칠간 계속된다는 것은 강력하고 범위가 큰 고기압권 내에 들어 있다는 것을 알 수 있다. 그래서 큰 고기압권 내에 들어 있으면 저기압의 접근이 어렵고 이 고기압의 세력이 약화될 때까지는 비가 오지 않는다. 그래서 가뭄[한발(旱魃, drought)]이 드는 것이다.

ㄴ. 새벽에 수면에 김이 오르면 가뭄의 징조

우리나라의 여름은 북태평양의 고기압 세력의 영향을 받는다. 계속 강한 북태평양의 세력이 우리나라를 덮고 있을 때는 연못이나 저수지의 수온이 올라가고 지면도 일 중 가열로 온도가 높아진다. 그러나 밤이 되면 지면은 물보다 비열이 작기 때문에 빨리 식어지나 물은 토양보다 비열이 크기 때문에 빨리 식지를 못하여 수면의 온도와 지면의 온도와의 차가 커진다. 그래서 물에서 증발하는 수증기가 냉각되어 응결하므로 우리 눈에 보이는 김이 떠오르는 것을 알 수가 있다. 그러나 이런 현상은 겨울에 거의 매일 나타나다시피 하는 현상이나 여름에는 공기 속에 수증기가 많기 때문에 냉각 현상은 심하지 않다. 그러나 이런 속담이 있으니 역시 위에 본바와 같이 이유에서라고 할 수 있지 않을까 한다.

ㄷ. 여름에 바람이 적으면 가뭄

여름에 바람이 약한 것은 다 아는 사실이나 그 중에서도 우리가 느낄 수 있을 정도로 바람이 약하다는 것은 강력한 북태평양의 고기압이 우리나라를 덮고 있다는 결과가 된다. 북태평양의 고기압권 내에 들게 되면 바람이 약한 것이다. 또 바람이 약하다는 것을 대기가 안정하고 이동이 적다는 뜻이기도 하다. 설사 태풍이 발생한다 하더라도 태풍의 진행하는 방향은 북태평양의 고기압의 연변을 돌아가는 진로를 취하는 예가 많으므로 고기압의 세력을 뚫고 가로지르는 예는 흔하지 않다. 그래서 바람이 적은 편에 속하게 된다고 볼 수도 있겠다. 그래서 북태평양 고기압 세력권내에 들게 되면 비는 오지 않는다. 물론 곳에 따라 소나기는 있겠으나 토지를 적시고 저수지에 물을 저장할 수 있는 정도의 비는 없다. 이런 원인으로 바람이 적은 해는 가뭄이 든다고 말할 수 있겠다.

### 5.2.5. 국지풍

ㄱ. 해안지방에서 해륙풍이 불면 날씨가 좋고, 다른 바람이 불면 날씨 약화

해안지방에서는 하루 중에 해풍(海風)과 육풍(陸風)이 교대로 분다. 그것은 낮 동안 지표면이 태양열에 의하여 더워지면 여기에 접한 공기가 가열되어 팽창하여 가벼워져서 공기가 하늘로 올라간다. 그래서 낮 동안은 육지의 기압이 낮아진다. 즉 공기가 희박하여져서 이곳을 메우기 위하여 바다에서 공기가 밀려오게 되는데 이 공기가 밀려오는 것을 바다바람이라고 한다. 즉 해풍이라고 한다. 그런데 밤이 되면 육지는 빨리 냉각이 된다. 그것은 바다와 육지는 그 비열(比熱)이 다르기 때문이다. 그 비열을 보면 해면은 1이고 육지는 0.6이므로 바닷물은 늦게 더워지는 반면 늦게 냉각되고 육지는 바다보다 빨리 더워지고 또 빨리 냉각되는 것이다. 그래서 밤에 빨리 냉각되는 육지는 고기압이 되고 바다는 저기압이 되는 것이다. 그래서 밤이 되면 육지에서 바다로 바람이 불고 낮이 되면 바다에서 육지로 바람이 불게 되는데 이것을 해륙풍(海陸風)이라 한다. 또 이 바람의 방향이 바뀌어 질 때 하루에 두 번 바람이 정지상태로 들어간다. 이런 현상은 날씨가 좋을 때 활발하게 일어나는데 이 바람이 일어나지 않고 다른 바람(일반류)이 분다는 것은 이런 현상을 제압하고 무시할 수 있는 저기압이 가까워진다는 것을 암시하는 것이 된다. 하루에 바다와 육지가 고기압 저기압으로 변한다는 것은 극히 약한 상태의 현상이다. 그래서 날씨에 영향을 줄 수 있는 저기압이 가까워지면 이 저기압에 따른 풍향 풍속의 바람이 불게 되므로 해륙풍이 무시되기 때문이다. 그러므로 해륙풍의 풍향이 무시되고 다른 바람이 불면 저기압이 가까워졌다는 증거가 되고 이 저기압으로 날씨는 점차 기울어진다는 것을 알 수 있다.

### 5.2.6. 편서풍

ㄱ. 3일 계속해서 서리가 내리면 비가 온다.

봄이나 가을에는 이동성 고기압과 저기압이 약 일주일간의 주기를 두고 이동하는 예가 많다. 그래서 이동성 고기압권내에 들어 있을 때는 하늘에 구름이 아주 적거나 없어서 밤에 지면의 방(복)사 냉각이 심하게 일어난다. 방사냉각이 심하게 나타나면 공기 중의 수증기가 낮은 온도에 의하여 서리가 된다. 이 이동성 고기압이 지나가면 그 뒤에는 저기압이 뒤따라오기 마련이다. 저기압이 다가오면 비가

올 수도 있다. 역시 비 오는 날씨는 저기압에서 나타나므로 저기압이 다가오니 비가 온다고 할 수 있다.

ㄴ. 동쪽의 번개는 비가 없다.

　보통 번개는 태양의 열이 강하여 지면이 가열되어 여기에 접한 공기가 강력하게 상승하여 나타나는 열뢰(熱雷)와 성질이 다른 두 커다란 공기 덩어리가 마주쳐서 나타나는 계뢰(界雷)가 제일 많다. 보통 이 두 종류의 뇌우가 우리가 흔히 볼 수 있는 것으로 이 두 뇌우(雷雨)도 역시 편서풍대에 속해 있는 우리나라에서 나타난다면 역시 서쪽에서 동쪽으로 이동하므로 동쪽의 저기압에서 나타나는 번개는 내가 서 있는 곳으로는 오기가 어려우므로 비가 오지 않는 것이다. 내가 서있는 곳에서 점점 멀어지기 때문에 비를 보기는 힘이 드는 것이다. 반면 서쪽에 있는 고기압이 다가와서 날씨가 좋아질 확률이 높다. 그래서 이런 속담이 나온 것이라고 보겠다.

ㄷ. 여름에는 남쪽이 밝아야 맑고, 가을에는 서쪽이 밝아야 맑다.

　여름에는 장마전선이 남쪽에 정체하고 있으면서 남북으로 진동을 한다. 즉 남북으로 올라왔다가 내려갔다가 한다. 그러면서 시간이 흐름에 따라서 북쪽으로 점차로 옮겨가는데 이 장마전선이 북쪽으로 이동하면 날씨가 흐리고 비가 오게 되는데 이 전선이 남쪽으로 올라오니 자연 남쪽부터 흐려지는 것이다. 그래서 남쪽이 밝으면 전선이 접근하고 있지 않다는 증거가 된다. 그리고 가을에는 서쪽, 즉 중국 대륙에서 이동성 고기압이 우리나라로 와서 지나가므로 서쪽이 밝다는 것은 서쪽에서 고기압이 접근하고 있다는 증거가 된다. 그래서 아침에 출근할 때 여름에는 남쪽하늘을 보고 가을에는 서쪽 하늘을 보고 우산 준비 여부를 결정하면 되겠다.

ㄹ. 겨울비는 3일을 넘지 않는다.

　우리나라의 겨울은 서고동저형(西高東低型)의 기압배치가 일반적이다. 서쪽의 기압이 높고 동쪽의 기압이 낮으므로 등압선은 남북으로 서기 때문에 이동속도가 빠르다. 그래서 우리나라에 전형적인 속담인 삼한사온(三寒四溫)이라는 말이 있다. 삼일은 춥고 사일은 따뜻하다는 말인데, 따뜻한 사일은 기압골이 통과할 때다. 그래서 눈이 온다하더라도 뒤에서 강력한 대륙성 고기압이 밀려오기 때문에 더 이상 지체하지 못해 눈이 온다고 해도 오래 갈 수가 없다. 그러나 여름은 남고북저형(南高北低型)의 기압배치이기 때문에 등압선은 동서로 눕고 전선(前線) 자체가 동서로 길게 깔려 있기 때문에 비가 오래오는 것이다. 그래서 장마라는 말이 나온 것이다. 그러므로 겨울의 비는 삼일을 넘지 않는다고 보아도 크게 틀리는 일은 없을 것이다.

ㅁ. 겨울밤 아주 맑으면 머지않아 비가 온다.

　겨울밤 구름 한 점 없이 맑으면 머지않아 비가 온다는 것은 현재 고기압 중심에 들어 있다고 볼 수 있다. 고기압 중심에 들어 있다면 이 고기압 뒤에 저기압이 곧 뒤따라온다고 볼 수 있다. 이것은 우리나라에는 겨울과 봄, 가을에 이동성 고기압이 자주 서에서 동으로 이동하여 감으로 나온 속담인데 봄과 가을에 이동성 고기압이 가장 많이 우리나라를 통과하니 봄과 가을에도 적용된다고 보겠으나 겨울철에는 그 이동속도가 다소 늦기 때문에 머지않아 비가 온다는 말이 맞지 않다. 그러나 겨울에는 시베리아 고기압에서 분리된 고기압이 이동하여 오는 횟수는 봄과 가을보다는 적지만 그 속도가 매우 빠르게 이동한다. 그래서 겨울철의 이동성 고기압의 이동속도는 평균적으로 한 시간에 약 50km 정도가 되니 이 속담은 어느 정도 신빙도가 있다고 보겠다.

ㅂ. 동풍은 날씨가 나쁘다.

　우리나라에는 편서풍대에 속하여 있는 관계로 모든 일기는 서쪽에서 동쪽으로 변하여 간다. 서쪽에 저기압이나 고기압은 소멸되어 없어지지 않는 한 동쪽으로 이동하여 가는데 물론 그 방향이 동쪽이라는 뜻이지 꼭 동쪽으로만 이동하는 것은 아니고 남동쪽으로나 혹은 북동쪽으로 이동하는데 대체로 저기압은 동이 아니면 북동으로 이동하는 경향이 많고 고기압은 동쪽으로 아니면 남동쪽으로 이동하는 경향이 많다. 그래서 서쪽에서 저기압이 닥쳐오면 이곳으로 불어 가는 바람은 동쪽에서 서쪽으로 불어 가므로 동풍이 불게 되는 것이다. 그래서 동풍이 불면 서쪽에 저기압이 있다는 것을 알 수 있고 서쪽에 있는 저기압은 머지않아 내가 있는 동쪽으로 오게 될 것이다.

ㅅ. 동풍이 불면 비

　동풍이 분다는 것은 서쪽에 저기압이 있어서 동쪽 고기압에서 이 저기압으로 바람이 불어가기 때문이다. 앞에서 본바와 같은 원인으로 생각하면 된다. 서쪽에 있는 저기압은 그 자리에서 소멸되어 없어지지 않는 한 어느 때고 동쪽으로 나아갈 것이다. 동쪽으로 진행한다는 것은 곧 내가 서 있는 곳으로 온다는 말이 된다. 저기압이 다가오면 비가 올 가능성이 크기 때문에 비가 온다는 속담이 나온 것이라 보겠다.

ㅇ. 큰 서리가 있으면 3일 후 비

　서리라는 것은 지면이나 지물이 방사로 냉각되고 이것과 접촉하는 수증기가 냉각되어 승화를 하고 즉시로 찬 물체의 표면에 붙는 것을 서리[상(霜), frost]라고 한다. 서리가 맺힌다는 것은 날씨가 맑을 때 지면이 방사냉각을 심하게 할 때 서리도 크게 나타나는 것이다. 바꾸어 말하면 서리가 많이 맺힌다는 것은 날씨가 그만큼 좋다는 것을 의미한다. 큰 서리가 나타난다는 것은 이동성 고기압의 규모가 크다는 것을 의미한다고 볼 수도 있겠다. 그래서 그 다음날은 날씨가 좋겠고 그 다음날부터 날씨가 기울어진다고 보겠다. 그래서 이런 속담이 나온 것으로 보이며 이런 속담으로 농촌에서는 가을 농작물에 주의를 많이 기울이고 있음을 알 수 있다.

## 5.3. 기타

### 5.3.1. 무생물

ㄱ. 밥풀이 식기에 붙으면 맑고 떨어지면 비

　밥을 먹을 때 남은 밥풀이 식기(食器)에 붙으면 날이 맑다는 것은 그만큼 공기 중에 습기(濕氣)가 없어 건조하다는 것을 뜻한다. 맑은 날은 지상의 온도가 높아지기 때문에 상대적으로도 습기가 적어지는 결과가 된다. 밥풀이 떨어진다는 것은 그만큼 습기가 많기 때문에 밥알이 잘 떨어지는 것이다. 습기가 많다는 것은 기압골이 접근하여 남서풍이 불어들 때 습기를 가진 바람이 불어 들어오므로 습기가 많고 지상의 온도는 햇볕이 났을 때보다는 낮다. 그래서 상대적으로 습도가 높아지는 것이다. 즉 상대습도가 높다는 것이다. 이상의 이유로서 맑은 날은 습도가 낮아서 밥알이 그릇에 붙어서 잘 떨어지지 않고 흐린 날은 습도가 높아서 밥알이 그릇에서 잘 떨어지는 것이다.

ㄴ. 먼 산이 가깝게 보이면 비
 어떤 날은 산 뿐 아니라 다른 물체도 똑똑히 보일 때가 있다. 똑똑히 보인다는 것은 가깝게 보인다는 말과 같다. 이것은 저기압이 가까워지면 그다지 강한 바람이 불지 않고(물론 저기압 중심이 가까워지면 바람도 강하게 분다) 또 공기가 습해져서 먼지가 많이 일지 않고, 습기가 많아지면 야간에 방사냉각이 심하게 일어나지 않는다. 방사냉각이 일어나지 않기 때문에 안개가 발생하지 않으며 공기의 역전층(逆轉層)이 없어서 먼지 같은 것이 하늘에 떠있지 않는다. 그래서 먼 곳의 물체가 똑똑히 보인다. 즉, 가깝게 보이는 것이다.

ㄷ. 연못이나 저수지에 거품(水泡)이 많으면 비가 온다.
 아무런 거품도 일지 않던 저수지나 연못에 거품이 많이 나타나는 것을 볼 때가 종종 있다. 물론 거품이 조금씩 있을 때도 있으나 많이 있을 때 비가 온다는 것은 저기압이 접근하면 남풍 계열의 바람이 분다. 이런 바람이 불면 온도가 올라간다. 그래서 수온도 올라가기 마련인데, 수온이 올라가면 연못이나 저수지에 침전되어 있던 유기물이 발효를 해서 가스를 내 뿜으므로 거품이 일어나는 것이다.

ㄹ. 물독에 눈물이 맺히면 비
 도시에서는 물독을 쓰지 않기 때문에 눈물이 맺힌다는 말이 이상하게 들릴 것이다. 그러나 시골에 가면 지금도 물독에 물을 담아두고 쓰고 있다. 그런데 물독에 눈물이 맺힌다는 것은 물독 바깥 면에 이슬같이 물방울이 맺혀있는 것을 물독에 눈물이 맺혔다고 한다. 이 물독에 물방울이 맺히는 것과 비 오는 것이 무슨 관계가 있느냐고 하실 분이 많겠지만 사실은 관계가 있는 것이다. 그래서 오랜 경험을 통하여 이런 일기속담이 나온 것이라고 보겠다. 저기압이 접근하면 기온이 올라가고 습기가 많아진다는 이야기는 이 책의 앞면을 읽은 분이면 알 수 있으리라 믿는다. 기온이 높아지고 습도가 높아지나 물독에는 물이 가득히 들어있기 때문에 빨리 외기의 온도와 같이 변하지 않는다. 물은 비열이 크기 때문이다. 그래서 물독은 본래의 기온을 유지하고 있으나 외부대기의 온도가 높아짐에 따라 물독의 온도는 상대적으로 더 낮게 되는 것이다. 이와 같이 습기가 많아지고 공기의 온도가 상대적으로 낮아서 곧 포화에 이르러 응결이 일어나게 되는 것이다. 그래서 온도가 높고 습기가 많은 공기가 찬 물독에 접하면 접한 공기가 냉각되어 응결현상을 일으켜 물방울이 물독면에 나타나게 되는 것이다. 이런 이유로 물독에 물방울이 맺힌다는 것은 저기압이 다가왔다는 암시가 된다. 저기압이 다가오면 구름이 끼고 구름이 끼면 비가 올 가능성도 크다는 것이다. 그러나 빈 물독은 그렇지도 않다. 물이 없기 때문에 공기 온도의 변화에 따라 곧 온도가 변하여지기 때문에 이런 현상은 일어나지 않는다. 물론 물독뿐만 아니라 큰 다듬이 돌 같은 큰 돌에도 이런 현상이 약간은 나타난다.

## 5.3.2. 인간

### ㄱ. 어린 아기가 칭얼대면 비

잘 놀던 어린 아기가 별다른 이유도 없이 칭얼대는 것을 볼 수 있다. 이렇게 잘 놀던 아기가 병의 증세도 없이 칭얼대면 비가 온다는 것도 사실은 일리가 있는 속담이라고 볼 수 있다. 사람의 몸은 수증기의 막으로 덮여있어 교감신경계통(交感神經系統)에 대한 기상의 작용을 조정하고 있으나 저기압이 되면 기압이 낮아지고 기온은 올라가고 습도도 높아져 피부의 혈관이 확장되고 내장의 혈액이 이곳으로 모이게 된다. 그래서 피부로부터 체내의 수분의 발산을 억제 당하기 때문에 기분이 나쁘고 화가 잘나며 일의 능률도 오르지 않는다. 어린 아기들은 적응력이 어른보다는 훨씬 약하기 때문에 기상변화에 대하여 대단히 민감하다. 그래서 어른들은 아직 느끼지 못하는 기상변화에 대하여 어린이는 느끼고 칭얼댄다고 보겠다.

## 5.3.3. 음향효과

### ㄱ. 소리가 똑똑히 들리면 비올 징조

먼 곳의 기적소리나 뱃고동 소리가 유난히도 똑똑히 들릴 때가 있다. 도시에서는 소음이 심하여 소리가 똑똑히 들리는지는 알 길이 없으나 기차 길에서 다소 떨어진 곳에서는 기적의 소리로 일기를 예측하는 일이 상당히 많다. 소리가 똑똑히 들리는 것은 온도와 바람에 관계되는 것으로 그 원인을 알아보자. 날이 맑은 날은 지면이 태양 빛으로 여기저기 가열되어 대류나 난류가 일어나고 또 공기의 밀도차가 곳에 따라 일어나게 되어 약간의 바람이 불게 되는 것이다. 그리고 다소 높은 상층의 온도는 낮은 것이다. 그래서 소리가 소산(消散)되기가 쉽다. 그러나 날씨가 흐려지기 시작하면 상층의 온도가 높아진다. 그것은 공기의 대류 범위가 좁아지기 때문에 먼 허공으로 열이 달아나지 못해 자연 밑에서 더운 기운이 구름 아래에 모이게 되어 상층의 온도가 높아진다. 소리의 전파속도는 절대온도의 평방근에 비례($V \propto \sqrt{T}$, $V$는 음속, $T$는 절대온도)하기 때문에 소리가 잘 들리게 되고 대류나 난류 현상이 일어나지 않아서 소리의 소산작용이 맑은 날 보다 약하다. 그래서 소리가 똑똑히 안들리던 곳의 소리가 들리게 되면 비가 올 징조라는 것은 이런 원리의 이야기라고 할 수 있다.

ㄴ. **겨울 산이 울면 눈이 온다.**

　겨울철이 되면 시베리아에서 고기압이 발달하여 그 세력이 우리나라로 접근하여 오면 바람이 강해진다. 이 강한 바람이 우리나라 서해를 거쳐서 오면서 바다에서 습기를 가지고 와서 서해안에 도착하여 산을 넘을 때 진동음으로 산에서 이상한 소리가 난다. 이 소리를 가지고 산이 운다고 하는데 이 소리가 날 정도로 강한 바람이면 산을 넘으려고 산을 따라 올라갈 때 단열냉각에 의하여 바람이 불어 올라가는 쪽 지상에는 눈이 내린다. 이런 현상은 우리나라의 서해안에 겨울이면 많이 나타난다. 그래서 겨울이 되어 북서 계절풍이 불면 서해안과 호남지방에서는 눈비가 오나 영남지방은 계속 맑은 날씨를 보이는 것은 바로 이런 이유에서이다. 그래서 겨울이 되면 호남지방 연안에 가까운 지방은 비 장화를 신는다. 그러나 영남지방은 반대로 날이 맑기 때문에 구두를 닦아서 신는 것도 바로 이런 기상의 원인에서 나온 것이라고 보겠다.

ㄷ. **바다가 울면 일기 급변한다.**

　바다가 운다는 것은 해안에서 다소 떨어진 곳에서 웡 - 웡 - 또는 우 - 우 - 하는 소리를 들을 수가 있는데 이것을 가지고 바다가 운다고 한다. 이런 소리가 나면 날씨가 급변하는 이유는 무엇일까? 바다에서 태풍이나 열대성 저기압이 접근하면 여기서 일어나는 파도가 해안 쪽으로 접근하여 해안에 부딪친다. 강력한 저기압에서 밀려오는 파는 장파(長波)이기 때문에 바다 가운데서는 별로 큰 파도라고 느끼지 못하나 이것은 얕은 해안에 도착하면 파는 짧아지고 그 주기를 그대로 유지하려고 하니 자연 파고가 높아질 수밖에 없다. 이 파가 연안을 치거나 혹은 움푹 들어간 바위틈이나 삼각형의 해안으로 밀려들 때 그 소리는 공기를 압축하였다가 터트리는 결과가 되어 대단히 큰 것이다. 바위와 바위사이에 생긴 골에 파도가 와서 밀려들어갈 때 그 소리는 흡사 포탄이 터지는 소리와 같은 소리를 낸다. 이런 소리가 조용한 밤에 먼 곳에서 들으면 이상한 소리로 들린다. 그래서 이것을 바다가 운다고 하는데 이 소리를 내게 하는 장파는 수심이 깊은 곳에서는 그 속도가 대단히 빨라 저기압의 속도보다 빠르므로 저기압이 도착하기 전에 해안 쪽에 도착하여 태풍이나 열대성 저기압의 도착을 사전에 알려주는 역할을 한다고 보겠다. 그리고 바다의 연안에서 바다에는 큰 파고가 없는데 연안에서 파고가 높게 일어나면 벌써 날씨의 급변을 알고 대피하는 것을 보았다. 이런 것은 어민들의 경험으로 날씨의 급변을 예지하는 것이라고 볼 수 있겠다.

### 5.3.4. 냄새

ㄱ. 변소나 하수구의 냄새가 심하면 비

요사이처럼 변소가 수세식으로 되어 있는 변소는 냄새가 날래야 날것이 없지만 옛날처럼 재래식 변소는 냄새가 잘 난다. 하수구도 역시 오늘날처럼 잘 되어 있으면 냄새가 안나지면 하수구 처리가 잘못되어 썩은 물이 고여 있으면 냄새가 나기 마련이다. 그런데 이 냄새는 사실 비가 오려고 하는 날엔 유난히 심하게 난다. 그 이유는 맑은 날엔 상층의 기온이 낮아 지상의 공기가 상승을 제대로 하기 때문에 즉 하늘로 잘 빠져나가기 때문에 냄새가 나지 않는다. 그러나 기압골이 접근하면 공기의 대류 범위가 좁아지고 상층의 기온은 높아져 지상의 공기가 올라가지 못하고 지면(地面)으로 퍼진다. 그래서 냄새가 나는 것이다. 물론 냄새가 나는 날은 냄새 뿐 아니라 연탄가스도 하늘로 빠지지 않기 때문에 주의를 해야 한다.

### 5.3.5. 천문현상

ㄱ. 별빛이 유난히 깜빡거리면 큰바람

밤에 하늘을 쳐다보면 보통 때와는 달리 하늘의 별빛이 유난히도 깜빡거리고 있는 것을 볼 수 있다. 또 어떻게 보면 별빛이 물결치는 물위에 떠있는 것과 같이 가물거리는 듯 하고 흔들리는 듯 보일 때가 있다. 이것은 하늘에 바람이 강하게 부는 것을 말한다. 바람이 부는 관계로 이 별빛이 흔들려 보이는데 하늘에 강한 바람은 점차로 아래로 내려와서 지상에도 강한 바람이 불게 되는 것이다. 하늘에서 먼저 강하게 분다는 것은 하늘에 마찰저항이 없기 때문에 내가 사는 곳 하늘까지 먼저 도착하지만 지상은 마찰 저항으로 빨리 오지 못한다. 그래서 하늘 높은 곳에 바람이 먼저 불고 그 다음에 지상에 불게 되므로 이 속담은 이런 이유에서 나온 속담이라고 할 수 있겠다.

ㄴ. 달 가까운 곳에 별이 있으면 화재의 위험

달 가까운 곳에 별이 있다는 것은 공기가 상층까지 건조하여 달 곁에 있는 별을 볼 수가 있다는 것이다. 별은 항시 제자리에 있는데 달이 이 별들을 거쳐서 지나가므로 달 곁에는 항시 별이 있는 결과가 된다. 그런데 별을 볼 수 없는 것은 상층까지 습하면 미세한 물방울에 의하여 달의 빛이 난반사(亂反射) 되어 달 주위가 뿌옇게 되어 별이 보이지 않으나 공기가 건조하면 난반사가 일어나지 않아 달 주위의 별을 볼 수 있다. 이렇게 보면 달 곁에 있는 별을 볼 수가 있다는 것은 그만큼 공기가 건조하다는 증거가 된다. 공기가 건조하면 불이 나기 쉽다는 것은 누구나 알 수 있는 상식이다.

### 5.3.6. 연기

ㄱ. 연기가 바로 올라가면 맑고, 옆으로 퍼지면 비

공기는 열을 받으면 팽창하고 가벼워진다. 가벼워진다는 것은 상대적인 의미를 갖는 것으로 주위의 온도보다 높으면 자연 가벼워져서 하늘로 올라가게 되는 것이다. 연기가 바로 올라가면 맑다는 것은 상층의 기온이 낮다는 뜻이 된다. 하늘에 구름이 없으면 공기의 대류 범위가 넓어서 자연 온도가 먼 하늘로 빠져나가기 때문에 낮아지는 것이다. 그래서 하늘로 올라간 연기는 자기보다 주위의 공기온도가 낮으므로 상대적으로 연기의 온도는 높아서 계속 올라가는 것이다. 그러나 구름이 끼면 상층의 온도는 높다. 그래서 연기가 올라가려고 하나 조금만 올라가면 연기 자신의 온도보다 주위의 공기 온도가 높기 때문에 연기는 더 올라가지 못하고 땅으로 퍼지게 되는 것이다. 이런 원인으로 연기가 똑바로 올라가면 날씨는 맑고 지면으로 퍼지면 비가 온다는 것이다.

ㄴ. 연기가 부엌 밖으로 안 나가면 비

　부엌에서 나무를 때는 시골에서는 가끔 연기가 바깥으로 잘 빠지지 않아 매워서 눈물을 흘리는 일이 있다. 이럴 때 '비가 오려는 구나'하는 말을 들을 수가 있다. 요즘은 전혀 연기가 나지 않는 무연탄을 사용하기 때문에 연기가 빠져나가는지 안 나가는지 모른다. 그러나 그 대신 무서운 일산화탄산가스가 빠져 나와 우리의 생명을 위협하고 있는데 연탄가스 냄새가 많이 난다는 것 역시 시골에서 연기가 빠져나가지 않는 것과 같다. 이런 날은 비가 올 가능성이 많다고 보아야 할 것이다. 비가 오려고 하면 우선 저기압이 접근해야 한다. 저기압이 접근하면 집 안의 온도와 집 밖의 온도가 거의 비슷해진다. 즉 실내와 실외의 온도차가 적어지기 때문에 실내공기와 실외공기와의 교류가 활발해지지 않기 때문이다. 그래서 연기가 빠지지 않는 날은 저기압이 가까웠다는 것을 알 수 있고 저기압이 가까이 왔으니 비가 올 가능성도 있다고 보아야 하겠다.

ㄷ. 연기가 동쪽으로 흐르면 맑음

　시골에서는 나무로 불을 붙여서 음식을 장만하기 때문에 하루에 세 번 정도는 연기를 볼 수 있다. 그러나 도시에서는 연기가 나지 않는 연료로 밥을 짓기 때문에 가정에서 흘러나오는 연기는 보기 힘들다. 다만 공장이나 목욕탕 연돌에서 나오는 연기를 볼뿐이다. 이렇게 나오는 연기가 동쪽으로 날아가면 날씨가 좋다는 것은 역시 동쪽에 저기압이 있고 서쪽에 고기압이 있다는 말이 된다. 즉 서쪽에 있는 고기압에서 동쪽에 있는 저기압으로 바람이 불어 가는 것이다. 우리나라는 편서풍대에 속하므로 일기 동진(東進)의 법칙이 적용되는 나라이다. 그러므로 동쪽에 저기압이 있다는 것은 벌써 우리나라에는 영향을 줄 수 없는 위치에 존재한다는 것이며 서쪽에 고기압은 점차 내가 서 있는 동쪽으로 이동하여 오는 것이다. 그래서 머지않아서 고기압 권내에 들게 되어 날씨가 맑아질 수 있다는 것이다. 이 속담은 서풍이 불면 날씨가 좋다는 말과 같다.

### 5.3.7. 식물

ㄱ. 낙엽이 일찍 떨어지면 눈이 일찍 온다.

　낙엽이 일찍 떨어진다고 눈이 꼭 일찍 내리는 것은 아니다. 다만 낙엽이 예년에 비하면 일찍 떨어진다는 것은 그 만큼 추위가 빨리 왔다는 말이 된다. 시골에서 농부들이 낙엽이 일찍 떨어지는 것을 보니 금년 추위는 빨리 오겠구나 하는 이야기를 들을 수가 있다. 낙엽이 일찍 떨어지는 것은 기온이 예년보다 일찍 내려간다는 것이고 기온이 일찍 내려간다는 것은 대륙의 고기압이 빨리 발달을 해서 겨울형의 기압배치가 빨리 형성된다는 말이 되겠다. 그래서 겨울이 빨리 다가온다는 이야기가 되는데 눈은 겨울에 오기 때문에 눈이 일찍 온다는 말도 되는 것이다. 이와 반대로 낙엽이 늦으면 겨울이 늦게 온다는 말도 통한다고 보겠다.

ㄴ. 봄꽃이 가을에 다시 피면 그해는 추위가 늦게 든다.

　원래 꽃이란 기온이 높아서 뿌리가 활동을 하게 되면 이 뿌리를 통하여 영양이 보급되기 때문에 꽃이 피게 되는 것은 누구나 아는 사실이다. 그런데 일년에 봄에 한번밖에 피지 않던 꽃이 가을에 다시 피는 것을 종종 볼 때가 있다. 필자는 가을에도 기온이 높을 때 개나리가 다시 피는 것을 여러 번 경험했다. 그것은 기온이 높기 때문에 뿌리가 계속 활동을 하므로 꽃이 피는 것이다. 기온이 높다는 것은 역시 계절이 늦게 오고 있다는 증거이다. 즉, 가을이 되면 식물의 뿌리가 활동을 못할 만큼 기온이 점차로 내려가야 하는데 대륙의 고기압의 활동이 활발하지 못하기 때문에 추위가 나타나지 않는 것이다. 온실 속의 꽃을 보면 알 수 있다. 온실 속의 온도를 높여 주므로 한겨울에도 탐스러운 꽃을 볼 수 있는 것은 바로 이런 원리이다. 그래서 꽃이 다시 피면 계절이 늦다고 볼 수 있다. 그러나 갑자기 추위가 몰아닥치는 수도 없지 않으나 일반적으로 그런 경향이 있기 때문에 이 속담도 과학적인 근거가 있다고 볼 수 있겠다.

### 5.3.8. 지진예보

ㄱ. 동물 지진 예보관

　최근에 들어와서 갑자기 지진이 자주 일어나 지진대(地震帶)에 살고 있는 사람들은 언제 닥칠지 모르는 지진(地震)이라는 무서운 자연의 재난에 대하여 커다란 새로운 공포를 느끼고 있다. 지난 1975년 2월 우리나라 전역에서는 좀처럼 일어나지 않던 상당한 진도(震度)의 지진이 일어났다. 그런데 이 지진은 중국대륙에서 시작되었다고 한다. 즉 진원(震源)이 중국대륙으로 알려졌는데 당시의 외신이 전하는 것을 보면 사전에 지진이 있을 것을 알고 피했기 때문에 지진의 피해는 상당히 줄일 수가 있었다고 하였다. 그런데 이 지진을 예보한 것은 지진 예보관(豫報官)이 아니고 펜더와 같은 동물이라고 전한다.

일본의 대지진 사건이 일어날 때도 깊은 바다 속에 사는 길이가 6m나 되는 물고기를 잡았다고 하고 있다. 1963년 유고슬라비아의 스코플레에서는 지진이 일어나기 전에 동물원의 동물들이 대단히 소란을 피웠다고 하며, 1954년 알제리에서는 지진이 일어나기 전에 집의 가축이 도망을 쳤다고 한다. 그리고 1966년 5월 소련의 콤소몰스크에서 일어난 지진 때는 뱀과 도마뱀의 이동을 관찰할 수가 있었다고 하나, 이 같은 동물들의 행동 속에 숨겨진 비밀이 무엇인지는 아직까지는 다 밝혀지지가 않고 있다. 다만 추측할 수 있는 것은 지구내부의 소리 즉 지진을 일으킬 지하의 에너지가 축척됨으로써 생기는 초음파(超音波)를 동물들이 느낄 수 있을지도 모른다는 것이다.

사실 동물들의 예민한 감각 기능은 지진뿐만 아니라 날씨의 예보에도 때로는 놀라우리만큼 그 기능을 발휘할 때가 있다. 그 예민한 감각능력의 예로서 북아메리카의 사막에 사는 방울뱀은 그 머리에 1/1800 C의 온도의 차를 알아낼 만큼 예민한 온도 감각기관이 있다고 한다. 그리고 야간에 쥐 따위를 잡아먹고 사는 올빼미는 어떤 소리가 나면 그 소리 나는 방향을 정확히 알고 그 소리 나는 장소로 직행하여 급습하는데 올빼미의 방향 탐지 능력은 인간의 상상을 초월한다고 한다. 이상의 동물들의 상상할 수 없는 감각능력에 비추어 볼 때 지진이나 날씨의 예보는 있을법한 일이라고 볼 수 있다.

ㄴ. 지진예보를 하는 바퀴벌레

최근에 갑자기 지진이 많이 일어나고 있다. 지진이 일어나면 고정되어 있는 줄로만 알았던 대지가 흔들리고 대지 위에 세워진 건물이 쓰러지고 대지가 갈라지고 하는 혼란이 일어나며 이 혼란 속에서 화재도 겹쳐서 일어나 심리적으로 받는 공포는 헤아릴 수가 없다. 그래서 각국마다 이 지진예보를 연구하여 보다 피해를 줄이려고 하고 있다. 그래서 어느 정도의 예보는 가능하나 완전한 것은 아니다. 그런데 막대한 예산을 들여 하는 인간의 예보보다 우수한 곤충들의 예보가 수 없이 많다고 한다. 그 중에서도 우리들 가정에 흔히 볼 수 있는 골칫거리 곤충 바퀴벌레가 지진예보를 한다고 한다. 동물의 행동과 지진간의 관계를 연구하여 온 루드사이먼 박사에 의하면 지진이 발생하기 전에 바퀴벌레의 활동이 평소보다 현저히 눈에 뜨일 정도로 분주하게 쏘다닌다고 한다. 큰 지진뿐만 아니라 극히 약한 지진 전에도 그 활동이 아주 현저하다고 한다. 역시 살 곳을 찾아 쫓아다니는 것이 아닌가 한다. 그렇다면 지진 예보관으로 바퀴벌레는 그 존재가치를 다시 한번 생각해 보아야 할 것도 같다. 그러나 바퀴벌레가 어떤 감각기관으로 어떻게 탐지하는지는 아직 확실하게 모르고 있다.

# 제6장  기상측기

## 6.1. 기압

**기압**(氣壓, pressure)이란 단위면적 당 작용하는 힘을 뜻한다. 기압은 **기압계**(氣壓計, barometer)로 관측한다.

### 6.1.1. 기압의 단위

1 g의 질량이 작용해서 1 cm/$s^2$의 가속도를 생기게 하는 힘을 1 dyne($g \cdot$ cm/$s^2$)이라 한다. 어떤 힘(F)이 면적(s)에 작용할 때, 기압(p)는

$$P = \frac{F}{s} = \frac{m \cdot a}{s} = \frac{\rho \cdot h \cdot s \cdot a}{s} = \rho \cdot h \cdot a \tag{6.1}$$

이 된다. 여기서 $\rho$ (g/$cm^3$)는 밀도, h (cm)는 높이, $a$ (cm/$s^2$)는 가속도이다. 식 (6.1)에서 단위를 C.G.S.단위로 계산하면

$$p = \frac{g}{cm^3} \cdot cm \cdot \frac{cm}{s^2} = \frac{g}{cm \cdot s^2} = \frac{g \cdot cm}{s^2} \cdot \frac{1}{cm^2} = \frac{dyne}{cm^2} \tag{6.2}$$

이다. 1,000 dyne/$cm^2$ = 1 **mb**(millibar)라 하고

$$1 \text{ mb} = 100 \text{ Pa(Pascal)} = 1 \text{ } \mathbf{hPa}\text{(hecto Pascal)} \tag{6.3}$$

이다. 여기서 Pa 는 국제단위계(SI)이다.

수은주(水銀柱)의 높이(mmHg)로 환산하면

$$1 \text{ } mmHg = 1.333224 \text{ } hPa \tag{6.4}$$

따라서 표준 1 기압(b, bar) = 760 mmHg는

$$760 \; mmHg = 1013.25 \; hPa \tag{6.5}$$

이다.

### 6.1.2. 기 압 계

ㄱ. 수은기압계

　수은기압계(水銀氣壓計, mercury barometer)는 토리첼리의 실험의 원리를 응용해서 水銀柱의 높이를 측정한다.

ㄴ. 자기 기압계

　자기(自記)는 원통에 시계를 달아 시간경과에 따른 관측치의 기록을 행하는 기록방법이다.

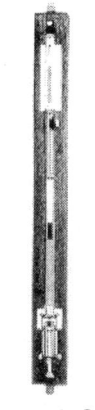
그림 6.1. 수은기압계

그림 6.2. 베로스를 이용한 자기기압계

ㄷ. 공합기압계

　공합기압계(空盒氣壓計, aneroid barometer)는 **감압체**(減壓體)로 空盒이나 베로스(bellous)를 이용하여 만든 氣壓計이다.

ㄹ. 고도계

　**고도계**(高度計, altimeter)는 비행기나 氣球 등 상공으로 올라가면서 높이를 측정하는 것이나, 원리는 공합기압계이다. 위로 올라갈수록 氣壓이 내려가는 것을 이용해서 기압에 고도의 눈금을 새겨(정역학 방정식) 고도계로 이용하는 것이다(그림 6.4).

 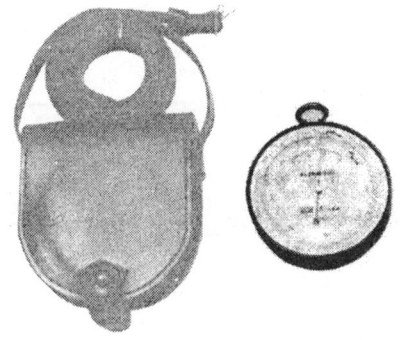

그림 6.3. 공합을 이용한 공합기압계   그림 6.4. 공합 기압계로 만들어진 고도계

## 6.2. 기 온

### 6.2.1. 기온의 단위

공기의 온도를 **기온**(氣溫, air temperature)이라고 하고, 이를 측정하는 측기를 **온도계**(溫度計, thermometer)라 한다. 옛날에는 **한란계**(寒暖計)라고도 했다.

기온은 나타내는 단위는 표 6.1과 같고 각 종류로 환산을 할 때는 다음 식을 이용한다.

$$F\text{의 기온} = (C\text{의 기온}) \times \frac{9}{5} + 32 \tag{6.6}$$
$$C\text{의 기온} = (F\text{의 기온} - 32) \times \frac{5}{9} = K\text{의 기온} - 273$$

표 6.1. 기온의 단위 (표준상태)

| 종 류 | 단 위 | 어는 점 | 끓는 점 |
|---|---|---|---|
| 섭씨(攝氏, Celsius, Centigrade) | C | 0 | 100 |
| 화씨(華氏, Fahren-heit) | F | 32 | 212 |
| 절대온도(絶對溫度, absolute temperature) | K(Kelvin) | 273 | 373 |

※ 기온에만 도(°)를 붙이는 것은 옛날습관의 연속으로 단위가 아니고 사족(蛇足)이므로 뺐다.

### 6.2.2. 온 도 계

ㄱ. 봉상 온도계

　봉상 온도계(棒狀溫度計, stem thermometer)는 보통 유리관에 수은이나 알코올 넣어 기둥모양[棒狀]으로 만든 온도계이다.

그림 6.5. 유리제 온도계(위: 봉상 온도계, 아래: 이중관 온도계)

ㄴ. 기타 온도계

　쌍금속판(bimetal) 온도계, 전기 온도계, 서미스터(thermister) 온도계, 백금저항 온도계와 열전대(熱電對), 음속 등을 이용한 각종의 온도계들이 고안되어 시판되고 있다.

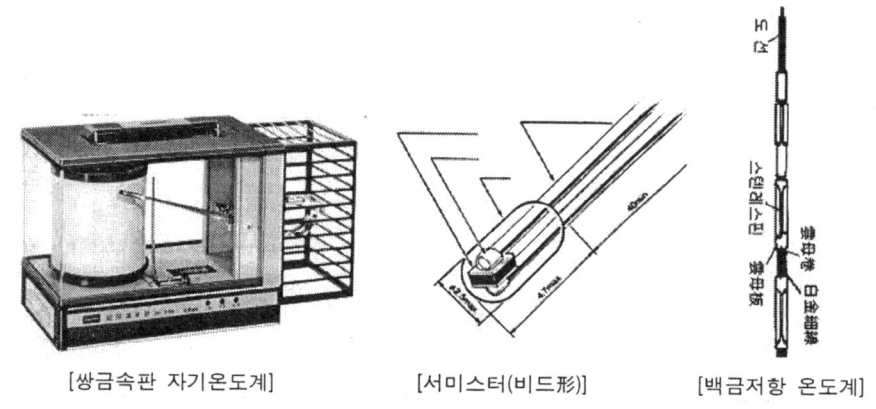

[쌍금속판 자기온도계]　　[서미스터(비드形)]　　[백금저항 온도계]

그림 6.6. 각종 온도계

ㄷ. 최고·최저 온도계

　하루 중의 최고기온(오후 2시경)을 관측하는 **최고온도계**(最高 溫度計, maximum thermometer)와 최저기온(해뜨기직전)을 관측하는 **최저온도계**(最低 溫度計, minimum thermometer)를 합해서 한 조로 할 때 **最高·最低溫度計**(max-min thermometer)라 한다.

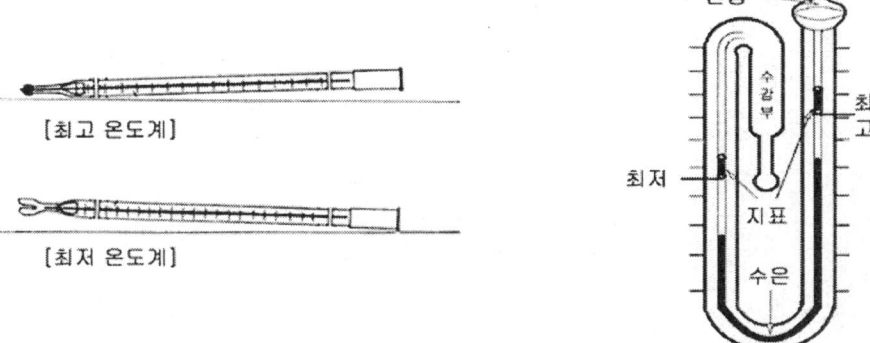

그림 6.7. 최고·최저 온도계

　최고 온도계의 온도를 관측할 때는 수은사의 우단에 나타나는 눈금을 온도 C의 소수점 첫째자리까지 읽는다. 그리고 복도를 하는데, 최고 온도계의 복도(復度, reset)는 온도계의 오른쪽 끝부분을 오른손으로 꽉 쥐고, 팔을 전후로 강하게 흔들어서 수은을 내린다. 최저 온도계의 온도를 관측할 때는 지표의 우단을 읽으면 되고, 복도는 온도계를 기울여서 구부를 올려 지표가 액면까지 이동하게 한다.

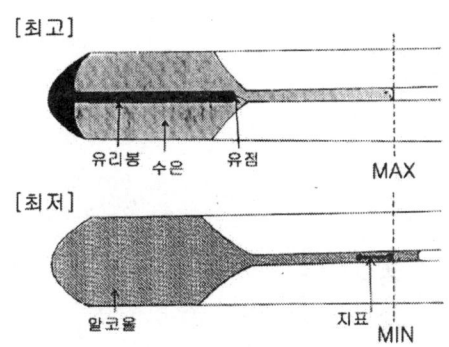

그림 6.8. 최고·최저 온도계의 원리

ㄹ. 백엽상

　백엽상(百葉箱, instrument shelter)은 나뭇잎과 같은 여러 개의 나무 조각을 비스듬하게 대어 공기가 자유롭게 드나들 수 있게 만든 상자이다. 이 속에는 온도계뿐만 아니라 여러 가지의 측기를 장치하여 측정을 하지만 기온을 그 대표로 해서 여기에 삽입한다.

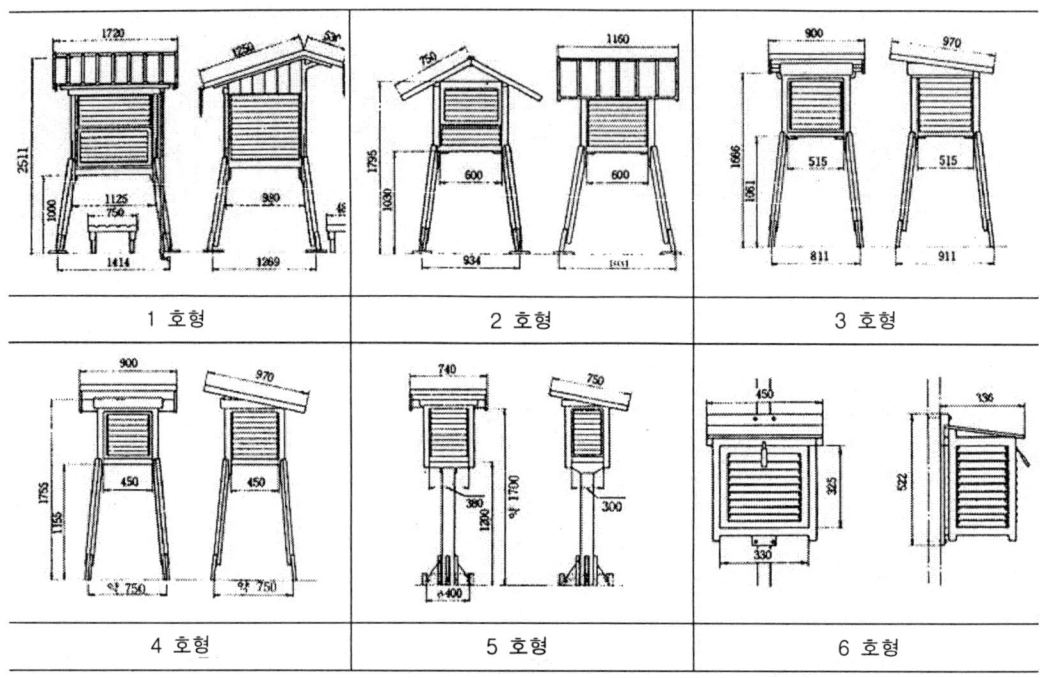

그림 6.9. 여러 종류의 백엽상의 설계도

## 6.3. 습 도

습도(濕度, humidity)란 대기 중에 포함되어 있는 수증기(水蒸氣)의 질량 또는 그의 함유하는 정도를 나타낸다. 따라서 대기 중에 존재하는 액체(液體) 또는 고체(固體)의 물을 대상으로 하지는 않는다.

### 6.3.1. 습도의 종류

ㄱ. 습도의 개념

어떤 온도의 공기가 포함 할 수 있는 최대의 수증기압에 대한 실제 수증기압의 비를 %로 나타낸다. 단순히 습도라고 한다. 기상관측에서는 단순히 습도라고 하면 보통 상대습도를 뜻한다.

　ⅰ) **수증기압(水蒸氣壓, water vapour pressure)**
　기호 : $e$, 단위 : hPa

　　대기압 중 수증기가 점유하는 분압을 수증기압(水蒸氣壓, water vapour pressure)이라고 한다. 대기압은 건조 공기압과 수증기압의 합으로 되어 있다. 수증기압은 건조 공기압의 존재에 의해 영향 받지 않는다.

　ⅱ) **포화수증기압(飽和水蒸氣壓, saturation vapour pressure**
　기호 : $E$, 단위 : hPa

　　어떤 온도의 대기가 포함할 수 있는 최대의 수증기압을 포화수증기압(飽和水蒸氣壓, saturation vapor pressure)이라고 하고, 그 값은 온도만의 함수가 된다. 어떤 온도에서 물 또는 얼음과 공존하는 수증기가 열역학적 평형상태에 있을 때의 수증기압을 그 온도의 포화수증기압이라고 한다.

　ⅲ) **노점온도(露点溫度, dew point temperature)**
　기호 : $T_d$, 단위 : C

　　주로 일정한 압력 하에서 습윤공기를 냉각시켰을 때 포화에 도달하는 온도를 노점온도(露点溫度, dew point temperature) 또는 이슬점온도라고 한다. 간단히 노점(露点, dew point)이라고 한다.

ㄴ. 기타의 습도

　ⅰ) **상대습도(相對濕度, relative humidity)** : 어떤 온도의 공기가 포함 할 수 있는 최대의 수증기압에 대한 실제 수증기압의 비를 %로 나타낸 것을 말한다. 기호는 R.H 이고, 단위는 %이다.

　ⅱ) **혼합비 ≒ 비습 ≒ 비장** : 습윤 공기 1 kg 속에 들어있는 수증기량을 g 으로 나타낸 것, 단위는 g/kg.

　ⅲ) **절대습도** : 습윤 공기 $1\,m^3$의 부피 속에 들어있는 수증기량을 g 으로 나타낸 것, 단위는 $g/m^3$.

　ⅳ) **실효습도** : 물질의 건습(乾濕)의 정도는 당일뿐 아니라 옛날의 습도도 영향을 미친다고 생각하여 고려해 넣은 것.

### 6.3.2. 습도계의 종류

ㄱ. 건습구온습계

보통의 온도계의 구부를 헝겊으로 싸서 물로 적시어 놓으면, 물의 증발에 의해 기온보다도 낮은 값을 나타낸다. 이것을 습구온도계(濕球溫度計, wet-bulb thermometer) 또는 간단히 습구라하고, 보통의 기온을 측정하는 온도계를 건구온도계(乾球溫度計, dry-bulb thermometer)라 하며 간단히 건구라 한다. 2개가 1조로 되어 있고 이로부터 기온과 습구온도를 알면 수증기압을 구할 수 있다. 이와 같이 건구온도계와 습구온도계를 한 조로 한 것을 건습구온습계(乾濕球 溫度計, psychrometer, wet and dry bulb thermometer) 또는 간단히 건습계(乾濕計)라 한다.

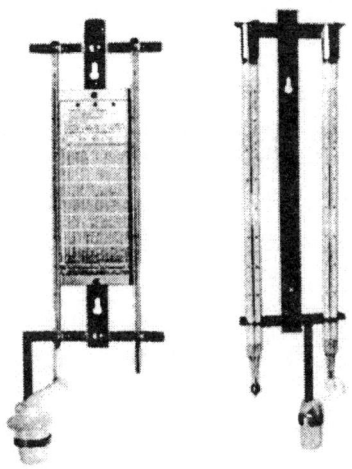

그림 6.10. 건습구온습계

ㄴ. 통풍건습계(通風乾濕計, ventilated psychrometer)

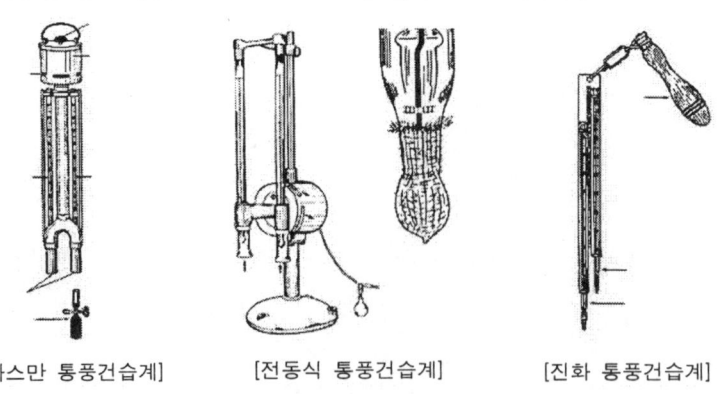

[아스만 통풍건습계]   [전동식 통풍건습계]   [진화 통풍건습계]

그림 6.11. 통풍건습계

바람의 강도에 따라 습구의 물의 증발의 속도가 다르므로 태엽동력이나 소형 모터를 달아 일정한 바람을 일으켜 통풍을 해주어 습도를 측정하는 건습계이다.

ㄷ. 모발습도계(毛髮濕度計, hair hygrometer)

탈지(脫脂)한 모발은 습도가 증가하면 늘어나고, 감소하면 줄어드는데, 이 성질을 이용한 습도계이다.

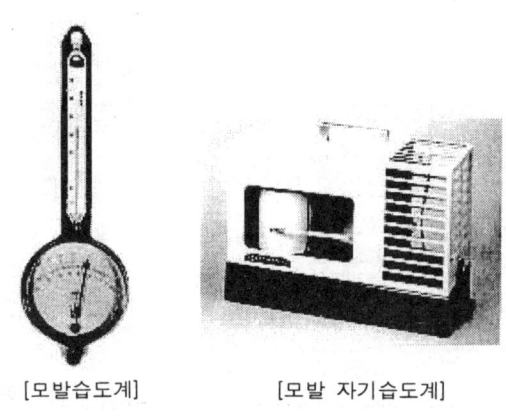

[모발습도계]    [모발 자기습도계]

그림 6.12. 모발 습도계

## 6.4. 바 람

**바람**[wind ; 强風, breeze ; 軟風, 微風, 4 ~ 27 노트(kt), 1 kt ≒ 0.5 m/s]은 공기의 수평적인 이동을 뜻하며, 지상 10 m(6 m 이상 무방) 높이의 바람을 관측[地上風]한다.

바람의 관측에는 **풍향**(風向, wind direction)과 **풍속**(風速, wind speed)의 2 가지의 기상요소를 가지고 있다.

### 6.4.1. 풍향 · 풍속

ㄱ. 풍 향 계

풍향은 8 방위, 16 방위, 32 방위 등으로 측정하며, 16 방위의 경우는 표 6.2 와 그림 6.13 과 같고, 풍향계(風向計, windvane, anemoscope)는 다음과 같다.

표 6.2. 16방향의 대응표

| 명 칭 | 영문부호 | 중심각(°) |
|---|---|---|
| 북북동 | NNE | 22.5 |
| 북 동 | NE | 45 |
| 동북동 | ENE | 67.5 |
| 동 | E | 90 |
| 동남동 | ESE | 112.5 |
| 남 동 | SE | 135 |
| 남남동 | SSE | 157.5 |
| 남 | S | 180 |
| 남남서 | SSW | 202.5 |
| 남 서 | SW | 225 |
| 서남서 | WSW | 247.5 |
| 서 | W | 270 |
| 서북서 | WNW | 292.5 |
| 북 서 | NW | 315 |
| 북북서 | NNW | 337.5 |
| 북 | N | 360 |
| 정 온 | — | — |

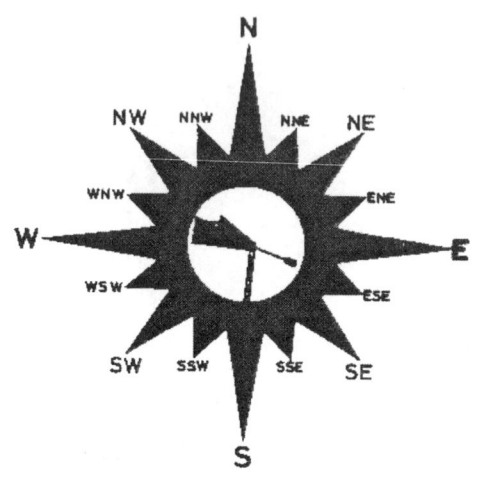

그림 6.13. 풍향표

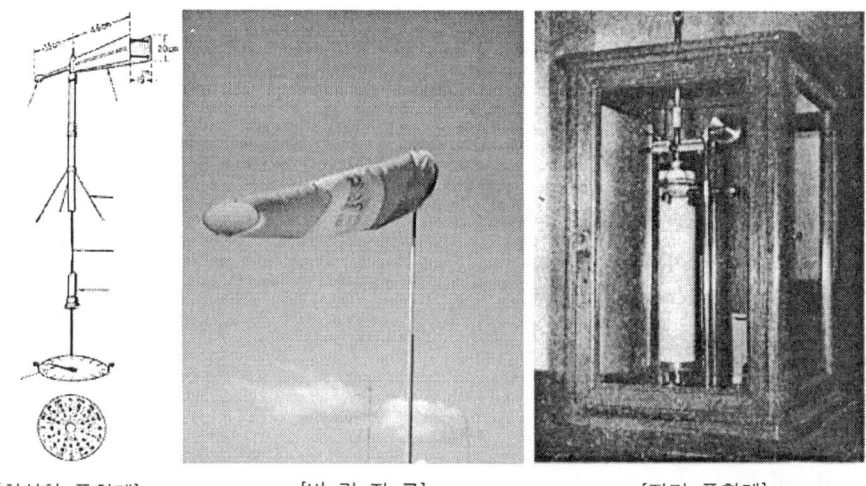

[화살형 풍향계]    [바람자루]    [자기 풍향계]

그림 6.14. 풍향계

ㄴ. 풍속계

측풍기(測風器) 중 풍속을 관측하는 다음과 같은 **풍속계**(風速計, anemometer)들이 있다.

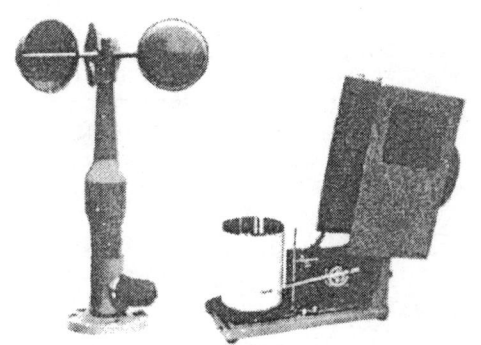

그림 6.15. 풍속계

ㄷ. 풍향·풍속계

풍향과 풍속을 따로따로 관측할 수 있게 분리되어 있는 경우도 있지만, 합해서 동시에 관측할 수 있는 **풍향·풍속계**(風向·風速計, wind vane and anemometer)도 있다.

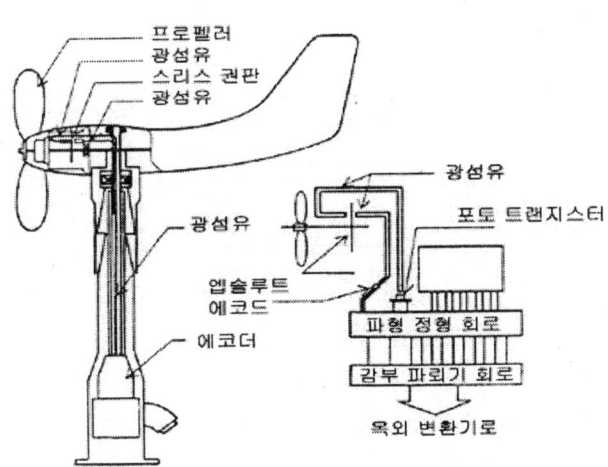

그림 6.16. 풍향·풍속계

### 6.4.2. 눈관측(目測)

표 6.3. 뷰포트 풍력계급표

| 계급 | 상당속도 (높이 10 m에서) m/s | 노트 | 육 상 | 해 상 | 대략의 파고(m) |
|---|---|---|---|---|---|
| 0 | 0~0.2 | 1미만 | 靜穩, 연기가 똑바로 올라간다. | 거울과 같은 해면 | — |
| 1 | 0.3~1.5 | 1~3 | 풍향은 연기가 휩쓸림으로써 알지만, 풍향계는 느끼지 못한다. | 비늘과 같은 잔물결이 생긴다. | 0.1 |
| 2 | 1.6~3.3 | 4~6 | 얼굴에 바람을 느끼고, 나뭇잎이 움직이고, 풍향계도 움직이기 시작한다. | 小波의 작은 것, 파 마루는 부서지지 않는다. | 0.2 |
| 3 | 3.4~5.4 | 7~10 | 나뭇잎이나 작은 가지가 끊임없이 움직이고, 가벼운 깃발이 펴진다. | 小波의 큰 것, 파마루가 부서지기 시작하고, 곳곳에 흰 파도가 나타나는 경우가 있다. | 0.6 |
| 4 | 5.5~7.9 | 11~16 | 모래먼지가 일고, 종이 조각이 춤추듯 위로 올라가고, 작은 가지가 움직인다. | 작은 물결이 길게 되고, 흰 파도가 꽤 많아진다. | 1 |
| 5 | 8.0~10.7 | 17~21 | 잎이 있는 관목이 흔들리기 시작하고, 못 등의 수면에 파마루가 생긴다. | 중 정도의 물결, 흰 파도가 많이 나타난다. | 2 |
| 6 | 10.8~13.8 | 22~27 | 큰 가지가 움직이고, 전선이 울리고, 우산을 받을 수가 없다. | 물결이 높아지기 시작하고, 흰 물거품이었던 파마루가 크게 된다. | 3 |
| 7 | 13.9~17.1 | 28~33 | 나무 전체가 흔들리고, 바람을 향해 걷기가 어렵다. | 물결은 점점 크게 되고, 파마루의 부서진 것이 섬유처럼 되어 風下로 불어 흘러가게 된다. | 4 |
| 8 | 17.2~20.7 | 34~40 | 작은 가지가 꺾이고, 바람을 향해서 걷지 못한다. | 큰 파도가 되고, 파마루의 부서진 것이 물보라가 되기 시작한다. | 5.5 |
| 9 | 20.8~24.4 | 41~47 | 굴뚝이 넘어지고, 기왓장이 벗겨지고, 다소의 피해가 일어난다. | 큰 파도로 파마루가 부서지며 떨어져 반대로 돌기 시작한다. | 7 |
| 10 | 24.5~28.4 | 48~55 | 수목이 전부 넘어지고, 인가에 대피해가 일어난다. | 대단히 높은 큰 파도, 해면은 전체적으로 희게 보인다. | 9 |
| 11 | 28.5~32.6 | 56~63 | 좀처럼 일어나지 않는 광범위한 피해가 일어난다. | 산처럼 큰 파도로 작은 배는 파도에 감춰져 보이지 않는 것도 있고, 해면은 완전히 희게 보여 물보라에 뒤덮인다. | 11.5 |
| 12 | 32.7~ | 64~ | | 해면은 거품과 물보라가 가득 차고, 시정이 현저하게 나빠진다. | 14~ |

바람의 관측은 수수깡에 종이컵을 달아서 풍속계, 깃털 등으로 풍향계를 만들어 간단히 관측할 수도 있다. 또 주위의 자연물 나무, 풀 등을 보고도 짐작할 수가 있다. 이와 같이 측기가 아니고도 보아서 알 수 있는 것을 바람의 눈관측{目測, 目視觀測, visual(eye) observation}이라 한다. 위의 뷰포트(Beaufort) 풍력계급표를 이용해서 目測을 할 수 있다.

## 6.5. 구 름(雲)

**구름**[雲, cloud]은 하늘에 물이 액체나 고체 상태로 떠 있는 현상이다. 이것이 지면에 붙어 있는 경우는 구름이라 말하지 않고 **안개**[霧, fog]라고 부른다.

구름의 관측은 눈으로 직접 관측하는 목시관측(**目視觀測**)과 측기로 관측하는 측기관측(**測器觀測**)이 있으나, 아직까지는 목측이 많은 편이다.

구름은 보통 **운형**(雲形), **운량**(雲量), **구름의 방향, 속도, 높이** 등을 관측하나, 여기서는 운형과 운량만을 말하겠다.

### 6.5.1. 운 형

구름의 운형(雲形, cloud form, type of cloud)에는 10가지의 "구름의 기본운형 10류(類)"가 있다(표 6.4, 그림 6.17).

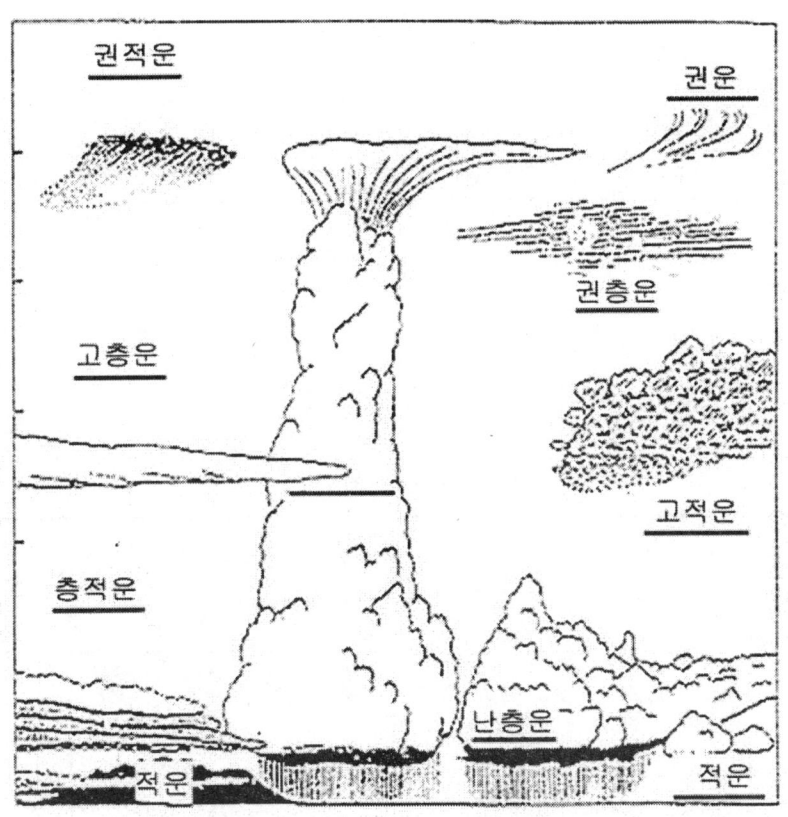

그림 6.17. 10類의 기본 운형의 모식도

표 6.4. 구름의 기본 운형 10 類

| 분류 | | 類 | 국제부호 | 국 제 명 | 잘 나타나는 고도 | 우리이름 |
|---|---|---|---|---|---|---|
| 층상운 | 상층운 | 권운(卷雲) | Ci | Cirrus | 上層<br>열대지방  6 ~ 18 km<br>온대  〃  5 ~ 13 km<br>극  〃  3 ~ 8 km | 털구름<br>털쎈구름<br>털층구름 |
| | | 권적운(卷積雲) | Cc | Cirrocumulus | | |
| | | 권층운(卷層雲) | Cs | Cirrostratus | | |
| | 중층운 | 고적운(高積雲) | Ac | Altocumulus | 中層<br>열대지방  2 ~ 8 km<br>온대  〃  2 ~ 7 km<br>극  〃  2 ~ 4 km | 높쎈구름 |
| | | 고층운(高層雲) | As | Altostratus | 보통 中層에 나타나지만 上層까지 퍼져 있는 경우가 많다. | 높층구름 |
| | 하층운 | 난층운(亂層雲) | Ns | Nimbostratus | 보통 中層에 나타나지만 上層에도 下層에도 퍼져있는 일이 많다. | 비층구름 |
| | | 층적운(層積雲) | Sc | Stratocumulus | 下層<br>열대지방 모두<br>온대  〃  지면부근<br>극  〃  ~ 2 km | 층쎈구름 |
| | | 층운(層雲) | St | Stratus | | 층구름 |
| 대류운 | 수직운 | 적운(積雲) | Cu | Cumulus | 雲底는 보통 하층에 있으나 雲頂은 중층 및 상층까지 닿아 있는 경우가 많다. | 쎈구름 |
| | | 적난운(積亂雲) | Cb | Cumulonimbus | | 쎈비구름 |

## 6.5.2. 운 량

운량(雲量, cloudiness, [전운량(全雲量)])은 하늘을 쳐다보았을 때 구름이 하늘을 덮는 비율을 말한다(표 6.5).

표 6.5. 운량의 숫자부호와 기호

| 숫자부호 | 10분법 | 0 | 1 | 2, 3 | 4 | 5 | 6 | 7, 8 | 9, 10 | 10 | | / |
|---|---|---|---|---|---|---|---|---|---|---|---|---|
| | 8분법 | 0 | 1 | 2 | 3 | 4 | 5 | 6 | 7 | 8 | 9 | / |
| 기호 | | ○ | ◐ | ◔ | ◔ | ◑ | ◕ | ◕ | ◑ | ● | ⊗ | ⊖ |
| 운 량 | | 구름없음 | 1/10 이하 | 2/10 ~ 3/10 | 4/10 | 5/10 | 6/10 | 7/10 ~ 8/10 | 9/10 ~ 10/10 미만 | 10/10 | 차폐현상 등으로 관측불가 | 결측 |

## 6.6. 강 수

하늘에서 내리는 비나 눈, 또는 싸락눈이나 우박 등을 총칭해서 **강수**(降水, precipitation)라고 한다. 부연하면, 수증기가 대기 중에서 응결하기도 하고 승화해서 생긴 수적(水滴)이나 빙편(氷片), 또는 그들이 동결·융해해서 생긴 빙편(氷片)·수적(水滴) 등이 지표면에 낙하하는 현상, 또는 낙하한 것을 뜻한다. 강수의 종류에는 비, 눈, 우박, 진눈깨비, 싸락눈 등이 있고, 이 중 氷片에 의한 강수를 **고형강수**(固形降水)라고 한다.

지표면에 내린 강수의 양의 높이를 측정하여 **강수량**(降水量, amount of precipitation)이라 하고, 비[雨]만으로 이루어졌을 때는 **강우량**(降雨量, rainfall), 간단히 **우량**(雨量)이라고 한다. 보통 강수량은 높이로 mm 단위로 나타낸다. 이를 측정하는 측기를 **우량계**(雨量計, rain gauge)라고 한다.

### 6.6.1. 우 량 계

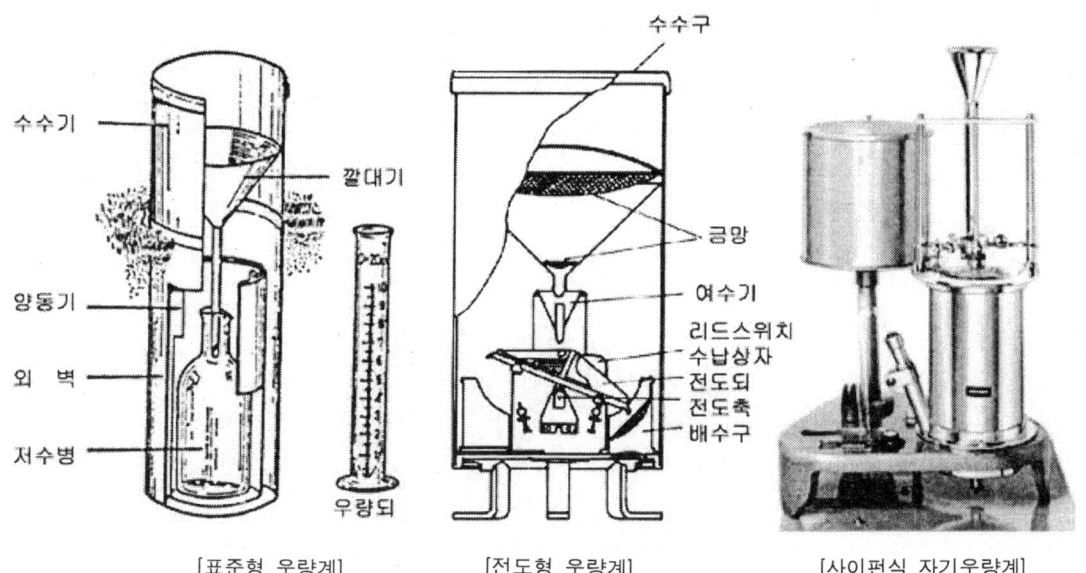

[표준형 우량계]   [전도형 우량계]   [사이펀식 자기우량계]

그림 6.18. 우량계 종류

## 6.6.2. 설량계

**설량계**(雪量計, snow gauge)는 우량계와 유사하고 눈을 모아서 녹여 강수량으로 측정한다.

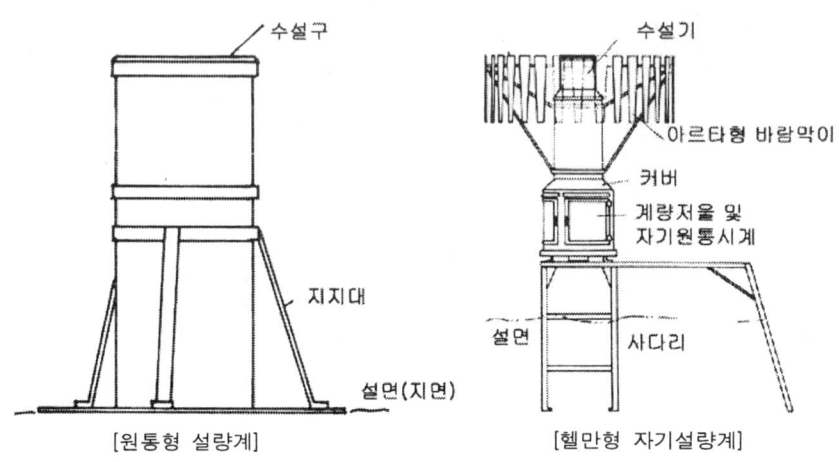

그림 6.19. 설량계의 종류

## 6.6.3. 장기 자기우량계

관측자 없이 3개월 정도의 강수량을 기록할 수 있는 것이 장기 자기우량계(長期 自記雨量計, long period rain recorder)이다. 산지나 인적이 없는 곳을 한 철 정도 강수량을 관측하기에 적합하다.

그림 6.20. 장기 자기우량계

## 6.7. 적설

### 6.7.1. 적설량

**적설**(積雪, snow cover, deposited snow)이란 관측 장소 주위의 지면이 반 이상 눈으로 덮여 있을 때를 積雪이라 하고 높이를 측정(mm)한다. 이러한 **적설량**(積雪量, amount of snow cover)은 **적설계**(積雪計, snow cover meter)로 관측한다.

물의 밀도는 $1\,g/cm^3$, 얼음의 밀도는 대략 $0.91\,g/cm^3$이고, 공기의 밀도는 $0.001\,g/cm^3$ 정도이다. 그런데 적설에 얼음과 공기가 포함되어 있어 이 비율은 적설에 따라 상당히 폭이 크다. 따라서 방금 내린 눈 **신적설**(新積雪)은 공기가 많이 포함되어 있어 그 밀도가 $0.1 \sim 0.15\,g/cm^3$ 정도이지만, 그 밑에 전에 내린 눈 **구적설**(舊積雪)은 압축되어 밀도가 $0.3 \sim 0.5\,g/cm^3$일 경우도 있다. 이 말은 눈의 부피는 물의 2 ~ 10 배 정도의 크기를 가질 수 있다.

눈이 내리면 그의 깊이[적설, 積雪]를 측정하여 積雪量을 알아보지만, 이것이 전부 녹아 降水量이 되어 물의 깊이로 환산되는 것을 **적설상당수량**(積雪相當水量, water equivalent of snow cover)이라 하여 사용한다.

스노우 샘플러(snow sampler)는 채설기(採雪器)라고도 하며, 내경이 30 ~ 50 mm, 깊이가 1 m 정도의 듀랄루민(duralumin)관인데, 선단에는 강제의 칼날(카타)이 붙어 있다. 칼날을 선두로 하여 관을 천천히 비틀면서 적설 속으로 연직으로 밀어 넣어, 지면에 도달하면 가만히 빼서 관 속에 들어 있는 눈의 중량을 용수철 저울 등으로 달아 적설상당수량을 구한다.

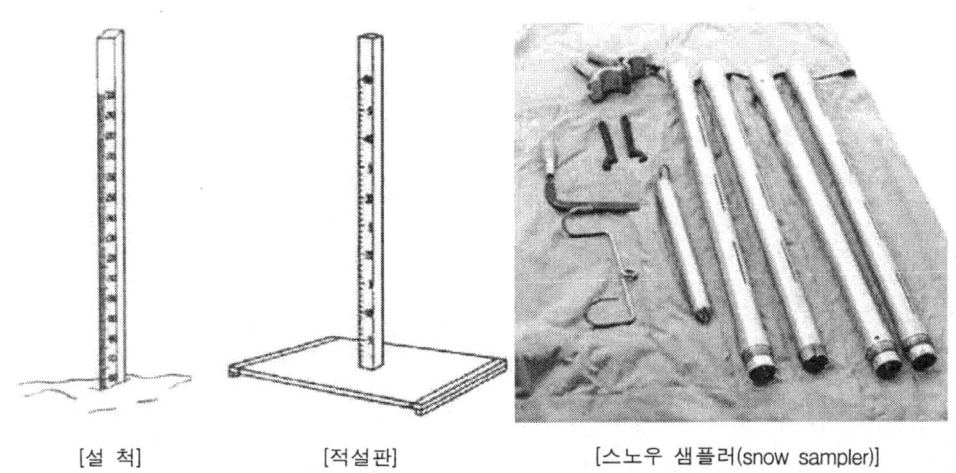

[설 척]  [적설판]  [스노우 샘플러(snow sampler)]

그림 6.21. 여러 적설 측정기

## 6.8. 증 발

### 6.8.1. 증 발 량

강수와는 반대의 개념이 지표면에서의 물의 **증발**(蒸發, evaporation)이다. 降水量과 같이 역시 단위는 mm를 주로 사용해서 증발의 높이를 관측한다. **증발량**(蒸發量, amount of evaporation)을 관측하는 측기가 **증발계**(蒸發計, atmometer, evaporimeter)이다.

증발량은 지표로부터 물이 증발하여 공기 중으로 달아나는 현상이므로 이의 조절은 지표의 수분의 보존에 중요한 역할을 한다. 특히 식물이나 농작물은 지속적인 수분을 필요로 하므로 이들의 성장에는 빼놓을 수 없는 기상요소가 된다. 따라서 농작물의 관리, 수자원의 보호, 축구장 잔디의 보호 등 건습(乾濕)의 관리를 위해서 중대하게 쓰여 지게 된다.

### 6.8.2. 증 발 계

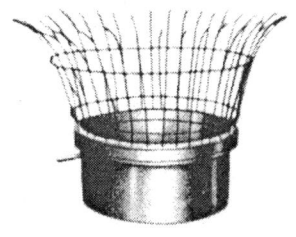  

그림 6.22. 소형증발계   그림 6.23. 대형증발계   그림 6.24. 자기증발계

## 6.9. 시 정

### 6.9.1. 시정 관측

어떤 방향을 보았을 때, 검은빛을 띤 수목이나 건물 등의 목표를 그것이라고 인정할 수 있는 최대거리를 그 방향의 **시정**(視程, visibility)이라고 한다. 시정은 대기의 혼탁도, 안개 등에 의해 좌우되고 비행기의 이·착륙이나 자동차의 주행 등에 큰 영향을 미친다. 시정의 정도는 다음 표 6.6 과 같은 시정 계급표로 구분하고, 그림 6.25 와 같이 시정 목표도로 관측한다. 야간에는 등불에 의해 관측한다.

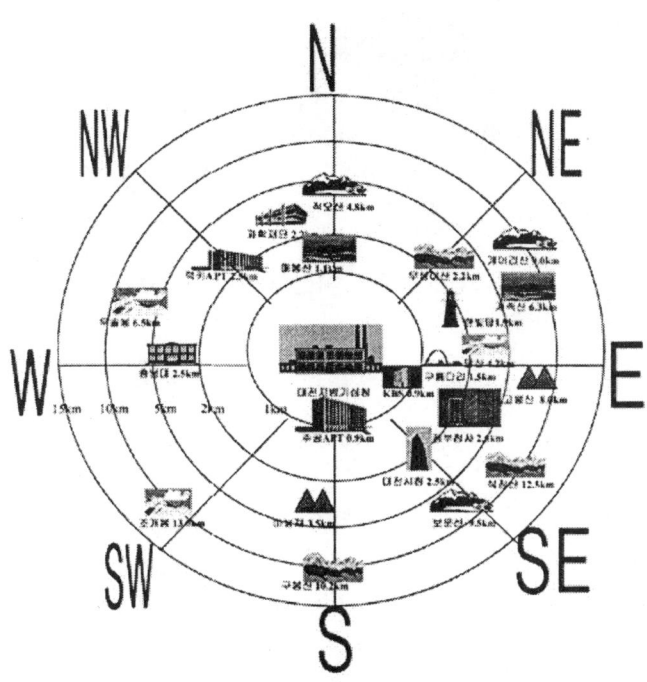

그림 6.25. 시정 목표도의 한 예(대전지방기상청)

표 6.6. 시정 계급표

| 계 급 | 시정의 범위 | 계 급 | 시정의 범위 |
|---|---|---|---|
| 0 | ~ 50 m | 5 | 2 ~ 4 km |
| 1 | 50 ~ 200 m | 6 | 4 ~ 10 km |
| 2 | 200 ~ 500 m | 7 | 10 ~ 20 km |
| 3 | 500 ~ 1,000 m | 8 | 20 ~ 50 km |
| 4 | 1 ~ 2 km | 9 | 50 km ~ |

## 6.9.2. 시 정 계

**시정계**(視程計, visibility meter)는 많이 발달되지는 않았으나, 빛의 밝기 비교나 투과율 등의 원리를 이용해서 만든다(그림 6.26).

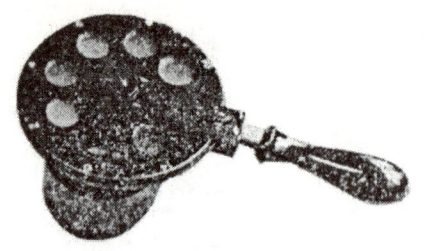
그림 6.26. 비간드의 시정계

## 6.10. 복 사(방 사)

우주에서 오는 모든 **전자파**(電磁波, 電磁氣波; electromagnetic wave)를 총칭해서 복사(輻射, radiation, **放射**)라고 한다. 이 중 태양에서 오는 방사를 **일사**(日射. solar radiation)라고 하고, 全放射의 대부분을 차지한다. 태양에서 수평면에 매분 단위면적 당 들어오는 에너지를 **태양상수**(太陽常數, solar constant) = 1.98 cal/㎠·min라 하여 지구에 들어오는 에너지를 측정하는데 사용한다.

### 6.10.1. 일 사

태양으로부터 방사되어 지구에 오는 열에너지를 태양방사(太陽放射) 또는 간단히 일사(日射, solar radiation)라 하고, 그의 양이 **일사량**(日射量, flux of radiation)이다. 일사량에는 全天에서 수평면에 오는 일사량인 **수평면 전천일사량**과 태양광선에 수직인 면이 직접 태양에서만 받는 **직달일사량**이 있다.

일사량은 **일사계**(日射計, pyrheliometer, pyranometer, actimometer)를 이용하여 보통 칼로리(cal/㎠·min, 1 cal ≒ 4.2 J)나 와트(W/㎠, 1 watt = 3.6 × 10$^3$ J/hr)의 단위로 측정한다.

일사계에는 여러 종류가 있으나 몇 개만 소개한다.

그림 6.27. 로비치 자기일사계

그림 6.28. 에플리 일사계

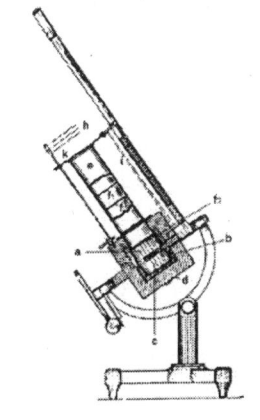
그림 6.29. 은반 일사계(直達)

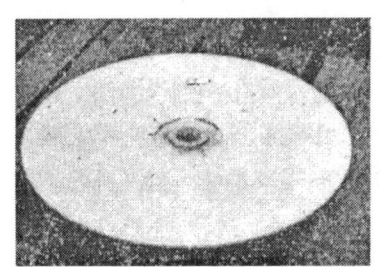
그림 6.30. 모르·고르친스키 일사계

### 6.10.2. 일 조

태양이 구름이나 안개 등에 차단되지 않고 비치는 것을 **일조**(日照, sunshine)라 하여, 그 시간인 **일조시간**(日照時間, duration of sunshine)은 **일조계**(日照計, sunshine recorder)에 의해 관측한다.

일조시간은 태양의 일출(日出)에서 일몰(日沒)까지 장애 없이 비칠 수 있는 **가조시간**(可照時間, possible duration of sunshine)과 구름이나 안개 등에 가려서 실제 비친 시간과의 비(比)를 **일조율**(日照率, rate of sunshine)이라 하여 다음의 식을 이용하고 있다.

$$일조률 = \frac{일조시간}{가조시간} \times 100\ (\%) \tag{6.7}$$

일조시간을 측정하는 일조계(日照計)들은 다음과 같다.

그림 6.31. 캄벨·스토크스 일조계

그림 6.32. 죠르단 일조계

## 6.11. 지중온도

**지중온도**(地中溫度, earth 또는 soil temperature)는 엄격히 말하면 대기과학의 주변이라 할 수 있다. 이는 또 **토양온도**(土壤溫度)라고 하며 땅속의 온도를 뜻한다.

지중온도는 농작물의 생육 등을 조사하기도 하고, 실제의 비배(肥培)관리를 하기 위해서는 농작물의 뿌리 깊이의 지중온도를 알 필요가 있게 된다. 또 토목공사나 지하실의 설계를 할 때 등, 地中溫度의 자료가 필요하게 되는 일들이 많다.

### 6.11.1. 지중온도계

**지중온도계**(地中溫度計, earth 또는 soil thermometer)의 실용적인 것으로 다음과 같은 것들이 있다.

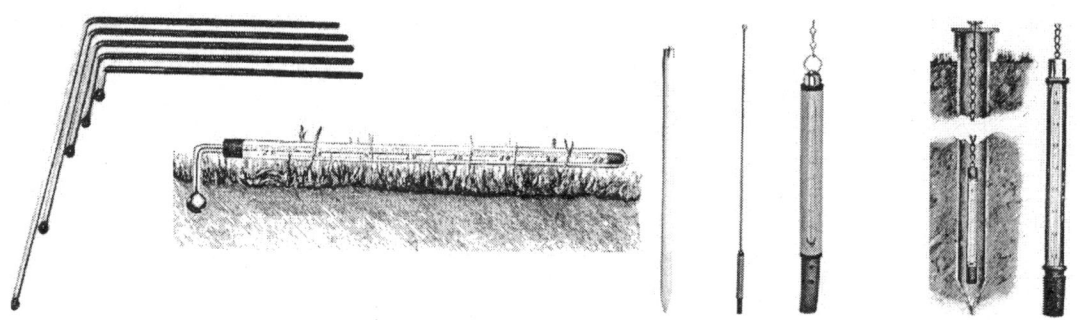

그림 6.33. 곡관 지중온도계
(曲管 地中溫度計, bent stem earth thermometer)

그림 6.34. 철관 지중온도계
[Simon's(steel tube) earth thermometer]

# 제7장  생활과 기상

## 7.1. 건강과 기상

 기상현상이 인간의 건강에 미치는 영향에 대해서는 옛날부터 연구되어 있고, 생기상학 중에서 의학 생기상학으로써 자리 잡고 있다. 고대의 중국이나 그리스에서는 특정 풍향의 바람이 특유의 병을 가져온다고 생각해서 그 연장으로써 근세 유럽 등에서 기단에 의한 병의 예상 등이 생각되게끔 되었다. 그러나 기상·기후가 생체에 미치는 영향에 대한 연구가 학문으로써 조직화되어 과학적인 체계가 잡혀간 것은 최근의 일이다. 국제생기상학회의 창설은 1956년, 일본은 1962년이다. 인간의 건강에 주어지는 기상의 영향은 그림 7.1과 같이 기온·습도·바람·일사·기압 등의 기상요소의 변화가 직접 영향을 미치는 것, 화분증이나 식중독 등에 기상요소가 병의 원인물질의 증감에 관여하는 것, 계절의 변화 등이 체조에 영향을 주는 것 등 각양각색의 형태가 있지만, 이들의 요인은 서로 작용하면서 건강에 영향을 미치고 있다.

그림 7.1. 계절병과 기상병

 특정의 계절에 다발하기도 하고, 병상이 증악하는 질환을 **계절병**(seasonal disease)이라고 하고, 전형적 예로써 겨울의 감기나 여름의 소화기 전염병 등이 있다. 이들에 대해서 기온·습도 등 시시각각 변화하는 기상요소와 연동해서 증상이 일어나기도 하고, 악화하는 질환을 **기상병**(meteorotropic disease, meteorotropism, meteoropathy)이라고 한다. 예를 들면 상처의 아픔, 류마티스 관절통, 신경통, 심근경색, 혈전, 기관지 천식 등이 있다. 그러나 질환을 악화시키는 기상요소가 어떤 계절에 집중해 있을 경우에는 계절병으로써 취급할 수도 있다.

계절병은 그 원인에 따라 3가지로 대별(大別)하고 있다.

(1) 기후의 계절적인 변화 자체가 발병이나 증상, 증악의 요인이 되는 것(순환기계 질환)
(2) 계절적 변화에 의한 자체의 변조가 발병이나 증상의 악화 요인이 되는 것(천식)
(3) 증상이 원인이 되는 병원균, 화분, 진드기, 병원물질을 매개하는 곤충 등이 계절적인 변화로 증감하는 것(식중독, 화분증, 알레르기성 질환, 일본뇌염, 말라리아)

독일의 de Rudder에 의해 계절병의 연간분포가 만들어져 **계절병 카렌더** 라고 일컬어지고 있다. 사망통계를 기초로 질환별 월별사망률을 작성해서 통계적으로 의미 있는 높은 기간을 다발기(多發期)로 한 것이고, 정확하게는 계절병에 의한 사망다발기 카렌더라고 말해야만 한다. 당연히 사망률이 낮은 화분증(花粉症)이나 천식(喘息) 등은 이 카렌더에는 포함되어 있지 않다.

일반적으로 순환기 질환이나 호흡기 질환은 겨울철에 많고, 소화기(消化器)의 질환은 여름철에 많은 경향이 있으나, 최근에는 소화기의 질환도 겨울철로 다발기가 옮기고 있다고 지적하고 있다. 질환의 겨울철 집중은 영국, 불란서, 독일 등 유럽의 각국에서 보여 지는 현상인데, 이탈리아는 소화기계 질환이 여름에 많은 일본형이고, 아메리카는 다발기의 기간 폭이 넓어 집중기는 확실하지 않다. 나라별의 비교에 대해서는 같은 계절에 대해서도 기후의 차가 있고, 그 외에도 생활의료기술의 수준의 차이 등을 고려할 필요가 있다.

기상과 질환과의 관계를 조사하는 수법으로써는 de Rudder의 시간 n 법이 알려져 있다. 이것은 어떤 다른 점에 있어서 전선이 통과한 날을 중심으로 전후의 수일간에 발현한 질병의 빈도를 통계적으로 처리하는 방법이다. 또 저기압의 중심에서 상대적인 위치와 질환 빈도의 편차에서 통계적으로 비교하는 증산(마스야마)

등의 공간 n 법도 있다. 이들의 통계적인 수법에 의한 기상요소와 질환의 해석에서는 질환증대의 요인으로서 기온의 변화(주로 저하), 기압, 습도·증기압 등의 변화가 거론되고 있고, 그 외의 인자로는 유의한 관계는 보이지 않는다. 그러나 어떤 해·계절에 의해서는 이들의 인과관계는 그다지 명료하지 않은 일도 있다. 관계하는 기상요소 중에서는 특히 기온변화와의 관계가 지적되고 있지만 같은 질환에서도 기온의 저하로 증상이 악화하는 경우와 기온의 상승으로 악화하는 경우가 있어 같은 기상요소에서도 개인에 따라 차가 나온다.

또 습도에 대해서는 다른 기상요소에 이해 질환이 악화되는 환자 군에서는 습도변화도 질환이 악화한다고 하는 관계가 있지만, 그 외의 군에서는 명확한 관계는 보고 되고 있지 않다. 각 기상요소와 질환과의 관계에 대해서는 많은 보고가 있는 것으로 현재에도 불확정한 요소가 많다. 기상요소가 질환에 영향을 주어지고 있는 것은 확실한 일이지만, 질환의 발생·악화에는 개인을 둘러싼 각종의 외적요인이 많이 있어, 이 영향을 어떻게 평가하고, 빼낼 것 인가하는 문제가 있다.

일본에서는 몇 개의 의료기관에서 기관지천식의 발작에 대한 천식예보가 시험되고 있다. 내일 또는 수일후의 예보에 의해 천식에 대한 각 기상요소의 영향도를 수식화하고, 천식의 발작을 예방하려고 하는 것이다. 그 외의 질환에 대해서도 장래는 각 질환에 대한 예방예보(豫防豫報)가 연구되어 의학기상예보(醫學氣象豫報)로써 한 분야를 형성할 것으로 기대되고 있다.

## 7.2. 화분병과 기상

화분(花粉, 꽃가루)이나 실내의 먼지를 원인으로 하는 알레르기성 질환 중에서 1977년대부터 급격히 증가하고 있는 것이 삼목(杉木)과, 노송나무과의 화분을 원인으로 하는 삼나무 화분증(花粉症)이다. 알레르기의 연령구성을 보면 저 연령의 알레르기에서는 아토피가 태반으로 그 주된 원인도 진드기의 시체를 주체로 하는 house dust인데 10대 후반에서는 알레르기성 비염(鼻炎)이 과반수를 차지하게 되었다. 원인도 나이가 들어감에 따라서 삼나무화분을 원인으로 하는 것이 증가한다. 특히 30~40대에 걸쳐서는 알레르기성 비염의 6할 이상, 여성에 있어서는 7할 이상이 삼나무 화분증이다. 삼나무 화분증의 유병률(有病率)은 일본인 전체의 대략 7~8%로 추정되고 있고, 더욱이 증가의 경향에 있다고 생각되고 있다. 봄이라고 하는 계절에 한정된 일과성의 질환이기는 하지만, 국민병의 양상을 띠고 있다.

삼나무 화분증 환자가 일본에서 처음으로 보고된 것은 1963년 도찌기현 일광시(니꼬시)에서이고, 그 정도로 오래된 이야기는 아니지만, 70년대 이후 환자의 급격한 증가에 대해서는 몇 개의 원인이 지적되고 있다. 하나는 화분증의 주원인인 삼나무의 화분이 70년대부터 급증하고 있다는 것으로 이것은 50년대에 대량으로 식림(植林)된 삼나무 숲이 수령 25~30년을 넘어서 많은 화분을 생산하게끔 되었기 때문이다.

다음에 식생활의 변화에 의해 동물성 단백질의 섭취량이 증가하고 있는 것, 특별히 유아기에서의 알레르기 체질의 증가가 문제가 되고 있다. 더욱이 대기오염(大氣汚染)의 복합작용이다. 현재는 오염 물질중의 탄소미립자 등의 관여가 지적되고 있다.

삼나무 화분의 생산량이 기상조건에 큰 영향을 받고 있는 것은 다른 식물과 같다. 삼나무 꽃은 웅화(雄花, 수꽃)와 자화(雌花, 암꽃)로 나누어져 있어 화분은 웅화(雄花)에서 생산된다. 이 웅화의 분화는 7월에서 8월에 행하여지기 때문에 이 시기의 기상조건, 일사량, 기온, 강수량 등에 의해 다음 계절의 생산량이 증감(增減)하고 있다. 동경 주변의 경우, 다음 해에 관측되는 삼나무 화분수와 전년 7월 상순~8월 상순의 전천일사량과의 사이에는 상관계수로 0.9 전후의 아주 높은 상관이 인정되고 있다. 이 관계에서 현재는 다음 해의 비산화분수(飛散花粉數)의 예측이 이루어지고 있다. 삼나무 화분은 전년 여름의 일사량이 많고, 기온이 높고, 그리고 강수량이 적으면 생산량이 많아지고, 반대로 냉하·다우의 경우에는 적어지게 된다.

7월에 분화한 화아(花芽, 꽃싹)는 가을에 걸쳐서 성장을 계속하지만, 11월말에서 12월에는 거의 성장이 완료되고 있다. 그 후 한참동안 휴면상태에 들어가 한겨울의 저온기를 거친 후 남쪽지방부터 비산이 시작된다.

삼나무 화분의 관측방법에는 수평으로 설치한 슬라이드 유리 위에 낙하한 화분을 염색해서 현미경 하에서 세는 다라므법이 많이 보급되어 있다. 이 외에도 슬라이드 유리를 45°의 각도로 세워서 항상 풍상을 향하도록 한 고타리법, 공기를 흡인해서 공기 중에 부유하고 있는 화분수를 조사하는 바가드법등이 있다. 당연한 일이지만 다라므법보다 로타리법에서 관측된 화분수가 많아지고, 바가드법에서는 더욱 많아진다.

삼나무 화분의 비산개시일(飛散開始日)은 다라므법에 있어서 슬라이드 유리 위에 1개/㎠ 이상 관측된 날로 결정되어 있다. 삼나무 화분의 비산개시에 대해서는 1월부터의 최고기온의 적산과 개시일과의 상관에서 1월의 적산기온(積算氣溫)을 이용해서 개시일을 예측하는 법이 개발되고 있다. 이것에 2월 상순의 적산기온을 인자로 해서 더해주면 더욱 좋은 결과가 얻어지고 있다.

비산개시에 필요한 적산최고기온은 저위도일수록 높아 400~3,500℃, 북쪽지방에서는 낮아 200℃ 정도이다. 삼나무화분의 계절에 있어서 비산패턴은 기본적으로는 정규분포곡선에 가까운 형태로 되어 있으나, 그 해의 천후에 따라서 피크(peak) 때의 수가 대단히 많아지는 극단의 일봉성(一峰性)이나 비교적 비가 많은 해에는 뚝뚝 비산하는 다봉성(多峰性)의 형태가 되는 일이 있다. 어느 쪽으로 해도 삼나무 화분은 비산이 시작되고 나서 1주일 정도로 관측되는 수가 10개/㎠를 넘게 되고 이쯤부터 발증해서 의료기관을 찾는 초진환자가 급격히 증가한다. 더욱이 일주에서 10일 정도 사이에서 꽃가루의 수가 30~50개가 되어 증상은 대단히 무거워져 간다. 비산의 개시에서 대략 1개월 정도로 꽃가루의 수는 피크(絶頂)를 맞이하고 그 후 서서히 감소해 간다. 개시에서 종료까지의 기간은 북쪽이나 동해 쪽이 짧아 1개월 반~2개월, 태평양쪽에서는 2개월~2개월 반, 해에 따라서는 3개월에 미치는 일이 있다.

나날의 비산수는 감나무의 웅화의 개화가 촉진될 것인지 아닌지 와, 웅화에서 방출된 꽃가루를 수송하는 기류의 유무에 따라 증감한다. 개화의 촉진은 주로 기온의 상승에 의한 것으로 생각되어진다. 방출된 꽃가루는 대다수가 삼나무 숲의 주변에 낙하해 버리지만, 일부는 바람에 의해 수송된다. 이 때 대기의 상태가 불안정하거나, 해륙풍 등의 발달에 의해 대규모적인 국지풍의 순환이 형성되면 꽃가루는 보다 멀리 수송되게 된다. 또한 이 과정에서 국지전선이 발생하면 전선 하에서 대량의 꽃가루가 관측되는 일이 있다. 일반적으로는 화분이 많이 비산하는 조건으로써 맑고 기온이 높을 것, 바람이 강할 것 등이 지적되고 있다.

화분증에는 삼나무 이외에 돼지풀(豚草), 오리새(벼과) 등의 벼(稻)과 화분 등이 주된 것이지만, 이 외에 자작나무(白樺) 등의 자작나무(樺木: 자작나무과의 낙엽식물의 총칭)과, 쑥(蓬) 등의 국화(菊)과가 있고, 장미(薔薇)나 딸기의 화분증도 보고되고 있다.

## 7.3. UV 카드(자외선과 햇볕에 피부가 탐=해탐)

후론・하론 등에 의해 성층권(成層圈) 오존층의 파괴, 이것에 의해 유해자외선 (有害紫外線)의 증가는 지구환경문제 중에서도 건강에 직접 영향을 미치기 때문에 보다 긴급한 과제이다. 지구에 쏟아지는 태양광 중, 파장이 400 nm~100 nm(1 nm= 나노미터=$10^{-9}$m)의 영역이 자외선(紫外線, ultra violet, UV)이고, 더욱 波長에 따라 이하의 4개로 나누어져 있다(단위 : nm).

$$
\begin{aligned}
& 400 \sim 320 : UVA(A 紫外線) \\
& 320 \sim 280 : UVB(B \;\; {''} \;\;) \\
& 280 \sim 190 : UVC(C \;\; {''} \;\;) \\
& 190 \sim 100 : 眞空紫外線
\end{aligned}
\tag{7.1}
$$

단, 파장경계(波長境界)의 취하는 방법에 대해서는 연구자간의 다소의 차가 있다. 이 중 지상에서 관측되는 자외선은 파장이 대략 300 nm보다 긴 것이다. 즉, UVA 와 UVB의 장파장 쪽 반이다. 이것보다도 파장이 짧은 자외선은 대부분이 성층권 오존에 의해 흡수되고 있다고 생각하고 있다.

덧붙여서 오존전량이 10%가 감소하면 인간은 물론 모든 생물에 있어서 유해한 UVB는 세계적으로 보아 연평균 약 20% 증가한다고 하는 계산이다. 피부의 염증 (햇볕에 살갖이 타는 것)은 UVB 중에서도 파장이 짧은 것일수록 일어나기 쉽고, UVB의 20%의 증가는 악성피부암의 발생률이 40% ~ 50% 증가한다고 말하여 지고 있다.

UV의 생체에의 작용 중 일반적으로 잘 알려져 있는 것은 살갖이 타는 것인데, 의학적으로는 피부가 빨개지는 일광피부암(日光皮膚癌) = 선번(sunburn)과 피부의 빨강색이 사라진 후 흑갈색으로 되는 염증후색소침착(炎症後色素沈着) = 선탠 (suntan)으로 구별되고 있다. 선번은 UV의 조사(照射)에 의해 누구에게도 일어나는 급성피부반응이고, 주로 UVB에 의한다. 피부에 홍반(紅斑)이 인정되는 반응을 일으키는 것에는 필요한 최소조사양(最小照射量)을 MED(mininal erythema dose) 라고 하며, 각 개인에 따라 차가 있다.

한여름의 해안가에서 1 MED를 폭로시간은 20~25분이고, 1시간당 3 MED를 수광(受光)하는 것이 된다. 일반적으로는 가려움이나 가벼운 아픔을 동반하는 탐에서는 4 MED, 수포가 생기는 것 같은 경우에는 8 MED 이상을 연속해서 수광한 것으로 생각된다. 선번은 수광한 다음날을 피크로 점차로 사라져가지만, 3~4일째 경부터 선탠이 시작되고, 일주간 후에 피크가 된다. 선탠의 정도도 개인·인종에 따라 차가 크지만 다음해까지 남는 일도 있다. 선탠의 것을 지연형흑화(遲延型黑化, delayed tanning, DT)라고 말하는 일도 있어, 이 DT는 피부 내에 새로운 멜라닌 색소가 형성된 결과이다.

표 7.1. 자외선에 대한 피부형(Fitzpatrick, 1979)

|  | 선 번 | 선 탠 |  |
|---|---|---|---|
| 형 1 | 있음 | 없음 | 白人 |
| 〃 2 | 〃 | 조금 | K-1 |
| 〃 3 | 〃 | 있음 | K-2 |
| 〃 4 | 없음 | 〃 | K-3 |
| 〃 5 | 불명료 | 불명료 | 중남미 |
| 〃 6 | 〃 | 〃 | 흑인 |

주: 한국인의 대부분은 형 3.4이다.

사람의 피부는 선번이나 선탠의 정도에 따라 표 7.1과 같이 분류되고 있다. 형 1은 북구계 백인에서 햇볕 탐은 하기 어려우나, 피부암에 대한 위험성은 가장 크다, 한국인의 경우는 거의 형 3 또는 4이나 형 2에 가까운 사람은 1과 같이 발암 위험성이 크다고 하는 것을 알아두고 있지 않으면 안 된다. 또 피부의 UV에 대한 저항력은 계절에 따라 변화하고 있다. 한국인의 경우 초여름부터 한여름에 걸쳐서 강한 UV를 쬐어 점차로 저항력이 증가해서 가을에 가장 강해진다. 그 후 차차로 저항력이 감소하고, 봄에 가장 약해지고 있다. 또 해탐은 앞서 말했듯이 주로 UVB에 의해 일어나지만 UVA도 UVB의 생체에의 작용을 강하게 하는 역할을 한다.

자외선의 강도는 계절·시간·지리적 조건, 또 기상 조건 등에 의해 변화한다. 지리적으로는 태양에 가까운 적도 부근일수록 UV양이 많아지고, 북반구에 있어서는 하지(夏至)의 전후 5~7월이 가장 많다. 한국에 있어서는 하지 때가 장마기에 해당하기 때문에 실제 관측되는 UV양은 5월이 가장 많고, 이어서 7월, 8월의 순으로 되어 있다. 시간적으로는 정오를 전후해서 1시간이 극히 많고, 한 여름의 맑은 해안 등에서는 이 2시간에 약 6 MED의 UV를 수광하는 것이 된다. 또 UV는 고지일수록 많아지고, 그 비율은 표고 100 m 마다 1.3 %의 증가로 된다. 지표면 위 1.5 m에서 관측한 결과로는 설면이 제일 커서 70~80 %, 특히 신설에서는 거의 100 %에 가까운 반사율을 보이고 있다. 수면에서의 파의 상태에 따라 차가 있어 5~20 %, 사지는 건조한 상태에서 8~17 %, 습한 경우는 약 4 %이다. 그 외에 콘크리트에서 5.5 %, 잔디에서 1.2 % 등이 보고 되고 있다.

또 자외선은 태양으로부터 직접 도달하는 것과 도중 산란되어 오는 것의 합계치이어서 햇살을 차단해도 자외선이 완전히 단절되는 것은 아니다. 일기에 따라 UV양은 쾌청일 때에 비교해서 얇은 흐림에서 65 %, 흐린 날 약 30 %로 되어 있다. 또한 자외선양은 전천일사량과 거의 연동해 있어 그 양은 전천일사량의 4~7 %이다. 또 공기의 혼탁도·수증기량 등을 무시하면 대략 그 값은 계산에 의해 구하는 것도 가능하다.

인간에 있어서 태양이 없는 생활은 생각할 수 없고, 태양 밑에서의 쾌적감은 인공적으로는 결코 얻을 수 없는 것이다. 자외선에 있어서도 사람의 피부 내에서의 비타민 D의 형성(생성), 강한 살균작용 등 유용한 면도 적지 않다. 그러나 최근의 의학·광생물학에 있어서의 진보의 결과, 태양광 유난히 자외선이 생체에 주는 유해성이 분명하게 되어 있다. 그 디메리트(demerit, 결점) 효과에는 광독성반응, 광감작과 광알레르기, 세포장해, 더욱이는 피부의 악성종양(종양: 몸에 생기는 병적 조직의 증식물)이다. 피부암의 발생에 대해서는 80 % 이상의 피부암이 안면에 편재하는 일, 같은 안면에서도 자동차의 핸들 쪽에 많은 것, UV에 대한 저항력이 작은 백인에 많은 것, 같은 인종에서는 저위도에 사는 자, 옥외 노동자에 많은 것 등 여러 가지의 증거가 거론되고 있고, 성층권 오존의 감소에서 피부암의 증가가 우려되고 있다.

현재 평균수명이 늘어나고, 밖에서 지내는 기회도 증가해서 자외선에 폭로되는 시간이 길어지고 있다. 서양에 비교하면 아직 다른 암과 비교해서 피부암의 발생률은 낮지만 금후 증가하는 우려가 지적되고 있다.

1980년대에 유해했던 밀색의 살결은 현재에는 거의 부정되고 있는데, 강한 자외선을 피하는 올바른 지식을 갖는 일이 필요하다. 자외선을 피하기 위해서는 의복,

모자, 우산 등에 의한 차단, 선스크린(sun-screen)제를 바르는 방법이 있다. 피부에 부작용 등을 생각하면 의복 등에 의한 방법이 바람직하지만, 이것도 완전한 것은 아니고 양자의 병용이 더욱 효과가 크다.

   선스크린제에는 UV를 흡수하는 타입과 산란시키는 타입이 있고, 흡수제는 파라아미노 안식향산 및 그 유도체로 주로 UVB를 흡수한다. 또 산란제에는 이산화티탄 등의 분말제가 사용되어, 주로 UVA를 산란시킨다. 선스크린제에는 사용의 지표로써 SPF(sun protection factor)라고 하는 지수가 붙어있다. SPF의 수치는 UV에 대한 방어효과를 대응하고 있고, SPF 3은 3 MED, 한국에서는 거의 1 시간의 UV 조사(照射)에 견딘다고 생각하면 된다.

## 7.4. 날씨와 생활지수

   날씨가 생활 여러 분야에 커다란 영향을 미치고, 날씨에 대한 사람들의 관심이 커지면서 다양한 기상관련 생활지수들이 등장하게 되었다. 날씨와 관련하여 생활에 영향을 미치는 정도를 숫자를 사용하여 알기 쉽게 표현한 것이 그것이라 하겠다.

### 7.4.1. 불쾌지수

   기온이 높고 공기 중의 수증기가 많으면 무더위를 느끼고, 그것이 대단해지면 일상의 활동에도 지장을 초래한다. 무더위의 정도를 기상요소에서 나타내는 방법에는 여러 가지가 있지만, 미국 기상국이 1959년의 여름에 채용한 불쾌지수(不快指數, discomfort index, DI)가 우리나라에서도 흔히 쓰이고 있다.

표 7.2. 불쾌지수와 체감

| 불쾌지수(DI) | 체 감 |
|---|---|
| 68 이하 | 전원 쾌적함을 느낌 |
| 70 | 불쾌를 나타냄 |
| 75 | 10 % 정도가 불쾌감을 느낌 |
| 80 | 50 % 정도가 불쾌감을 느낌 |
| 83 | 전원 불쾌감을 느낌 |
| 86 이상 | 매우 불쾌함을 느낌 |

불쾌지수 DI를 섭씨(攝氏, celsius, centigrade, C)로 표현하면

$$DI = 0.72\{t_d(C) + t_w(C)\} + 40.6 \tag{7.2}$$

이 되고, 이것을 화씨(華氏, Fahrenheit, F)로 바꾸면

$$DI = 0.4\{t_d(F) + t_w(F)\} + 15 \tag{7.3}$$

가 된다. 여기서 $t_d$는 건구, $t_w$는 습구온도이다.

### 7.4.2. 열파지수

열파(熱波)란 아주 높은 온도의 공기가 넓은 지역을 뒤덮는 것, 즉 온대지방의 온난 기나 열대지방에 나타나는 혹서를 말한다. 우리나라의 경우 장마가 끝난 이후 북태평양 기단의 영향권 안에서 고온다습한 날씨가 계속되는 기간이 열파기간에 해당된다. 열파지수(熱波指數, heat index, HI)는 화씨(F)로 표시되며 습도와 기온이 복합되어 실제로 느끼는 온도를 말한다. 일반적으로 발표되는 열파지수는 직사광선을 피한 관측치에 의해 발표된 것이므로 직사광선을 받는 경우 발표 값보다 더 높아질 수 있으니 주의가 필요하다.

표 7.3. 열파지수와 위험 정도

| 열파지수(HI) | 위 험 정 도 |
|---|---|
| 130 이상 | 지속노출시 열사/일사병위험 매우 높음 |
| 105 ~ 130 | 지속노출시 신체 활동시 일사병/열경련/열피폐 높음 |
| 90 ~ 105 | 지속노출시 신체 활동시 일사병/열경련/열피폐 가능성 있음 |
| 80 ~ 90 | 지속노출시 신체 활동시 피로위험 높음 |

### 7.4.3. 자외선지수

최근 성층권의 오존의 양이 감소함에 따라 지표로 도달하는 자외선(UV)의 양이 증가하는 추세에 있다. 신체가 자외선에 많이 노출되게 되면 피부암이나 백내장을 유발하게 된다. 성층권 오존량의 변화와 구름을 고려하여 태양고도가 최대인 남중

시각(南中時刻)때 지표에 도달하는 자외선 B (UV-B)영역의 복사량을 지수로 표현한 것이 자외선지수이다.

표 7.4. 자외선지수와 위험 정도

| 자외선지수 | 자외선 강도 및 피부 반응 |
|---|---|
| 9.0 이상 | 자외선강도가 매우 강함. 20분 내외 피부노출시 홍반 생성. |
| 7.0 ~ 8.9 | 자외선강도 강함. 30분 내외 피부노출시 홍반 생성. |
| 5.0 ~ 6.9 | 자외선강도 보통. 1시간 내외 피부노출시 홍반 생성. |
| 3.0 ~ 4.9 | 자외선강도 낮음. 100분 내외 피부노출시 홍반 생성. |
| 0.0 ~ 2.9 | 자외선강도 매우 낮음. 2 ~ 3시간 피부노출시 홍반 생성. |

### 7.4.4. 그 밖의 생활지수

최근 들어 여러 민간 예보 사업체에서 다양한 날씨 관련 생활지수를 만들어 정보를 제공하고 있다. 필요한 기상 상태를 종합하여 각 단계별로 유익한 말로써 표현해 놓았는데, 건조하고 풍속이 강할수록 증발이 잘 일어나는 원리를 고려한 빨래지수, 향후 며칠간의 강수유무에 중점을 둔 세차지수, 강수유무와 실외 기온 그리고 자외선지수를 고려한 외출지수, 실내의 습도와 실외의 기온을 고려한 감기지수 등이 그 예라 할 수 있다.

# 찾아보기

## ㄱ

가능증발량  32
가뭄  31, 146, 147
가열법  31
가조시간  181
간만  21
간조  22
갈수기  43, 56, 84
감기지수  193
감압체  162
강박  93
강박역  94
강설량  116
강수  175
강수량  84, 115, 117, 175
降水레이더  130
강수확률예보  111
강우  46, 92
강우량  175
강제환기  53
강풍(强風)  38, 39, 42, 46, 53, 139
강풍재해  52
개구리  137
개미  136
객관해  111
거머리  139
거미  139
거미줄  139
거품  152
건강과 기상  183
건구  168
건구온도계  168
건습  178
건습구온습계  168
건조  134, 137, 151, 156
건조주의  96
건조청천  37
건풍  37
겨울 산  154
겨울비  149

격자점예측치  79
결로계  34
결로해  57
경보  97, 109, 111
警報 基準  115
경제운항  85
경화  31
계뢰  142, 149
계절병  183, 184
계절병 카렌더  184
계절예보  108, 109
계절풍  32
고기압  101, 104, 108, 134, 137, 144, 145, 148, 149, 150, 157, 158
고기압 중심  150
고도계  162
고드름  57
고랑  38
고양이  140
고온다습  192
고적운(高積雲)  143, 174
고조  45, 90, 91
고조해  91
고층 대기 관측  124
고층관측  121
고층운(高層雲)  174
고층일기도  40
고층풍  77
고파  39, 45
고형강수  175
곡관 지중온도계  182
곤충류  136
공군 73기상전대  10
공기(空氣)  1, 23
공기조절장치  45, 51, 81
공역(空域)예보  69
공조학회  51
공합기압계  162
공해  88
관류(貫流)부하  54

관천망기  107, 133
관측  111
광역해류풍일  76
광화학스모그  72
구름  173
구름의 기본운형 10류  173
구름의 방향  173
구적설  177
국제단위계(SI)  161
국제생기상학회의  183
국지적인 현상  75
국지풍  55, 148, 187
군속도  65
권운(卷雲)  143, 174
권적운(卷積雲),  143, 174
권층운(卷層雲)  141, 174
그리기  103
그린에너지  17
극간  53
극간풍  48
극궤도기상위성  125, 128
극루  57
근설  20
기계환기  53
기밀성  54
기상  34, 85, 86
기상 레이더  130
기상 자격시험  98
기상경보  38
기상과 경제  12
기상관서  89, 96
기상기사  98
기상레이더  26
기상병  183, 184
기상업무법  97
기상예보  99, 138
기상예보기술사  98
기상요란  41, 43, 108
기상요소  101, 185
기상위성  125
기상인공위성  27, 108, 111
기상재해  37, 97
기상전문가  79
기상전송  40
기상정보  67
氣象潮  91

기상조건  73, 74
기상청  3, 8, 40, 67
기상측기  161
기상통보  38
기상특보  119
기상학  1
기상현상  183
기상회사  2, 12, 87
기술자문위원회  51
기압  161
기압계  138, 161
기압곡  134
기압골  134, 136, 149, 151, 155
기압편차치  107
기온  84, 117, 163
기온 1C의 경제효과  83
기후  135
기후학  1
김  147
깃털  172
꿀벌  136

## ㄴ

나우캐스트  112
낙뢰  84, 93
낙뢰해  93
낙설지붕  56
낙엽  158
낙하속도  94
난기단  58
난기류  90
난동  81
난바다  38
난반사  156
난방  47, 50
난방부하  30, 47
난와  33
난층운(亂層雲)  174
난후기  43, 67
날씨  80, 81, 111, 148, 150
남고북저형  150
남서풍  145
남풍  143
內灣域  45
내부결로  58

내삽법 103
냄새 155
냉난방 50
냉난방부하 50, 54
냉방 47, 50
냉방부하 47
냉방폐열 59
냉온감 46
냉온방 45
냉하 82
냉해 30, 82, 82, 94
너울 62, 91
노을 144
노점 167
노점온도 58, 167
綠色에너지 17
녹은 눈 57
농무 38, 39, 68, 95
농무주의보 40
농업기상재해 30
높쎈구름 174
높이 173
높층구름 174
뇌우(雷雨) 93, 139, 149
뇌운 94
뇌재 93
뇌전 142
눈 154, 158
눈관측 172
눈물 152
눈사태 92
눈의 피해 84

## ㄷ

다설 56
다우 55
단기격심형 94
단기예보 108, 109
단단시간예보 108
단시간예보 109
단열냉각 154
달무리 141
大氣 1
대기과학 1, 2
대기과학의 분류 5

대기과학인 4
대기관리기술사 98, 99
대기속도(對氣速度) 69
대기안정도 73
대기압 167
대기오염 70, 71, 72, 84, 186
대기오염감시 시스템 76
대기오염예보 78
대기전기학 93
대기현상 67, 107, 140
대기환경기사 98
대기환경산업기사 98, 99
대류운 174
대륙성 고기압 135, 150
대우 38, 42, 44, 137
대우해 92
대조 22
대형증발계 178
더운 여름 82
도로기상(道路氣象) 85
도로기상정보시스템 67
도로와 기상정보 67
도시폐열 51
돌풍 89, 93, 114
돌풍율 89
동결심도 58
동물 158
동상 58, 93
동상해 58, 93
동압력 88
동풍 150, 151
동해 30, 31, 37, 57, 81, 93
등압선 101
등치선 101
디하드닝 31
따뜻한 겨울 81

## ㄹ

라디오존데 107, 124
레윈존데 124
레이더 108, 111
레이더 기상관측 130
로비치 자기일사계 181
리모트센싱 26

## ㅁ

만상해 31
만조 22
맑은 날 81
맑음 144, 145, 157
먼 바다 38
먼지 144, 147
메기 138
메소예보 109
면적강수량 27
모니터링 34
모르·고르친스키 일사계 181
모발습도계 169
모의 87
목시관측 39, 173
몬순 32
묘화 103
무락설지붕 56
무리 141
무리현상 141
무생물 151
무지개 144
무풍역 62
물 자원 44
물고기 138
물수지 29
미꾸라지 138
미리波레이더 130

## ㅂ

바다 154
바닷바람 148
바람 36, 96, 114, 147, 169
바람시어 90
바이오매스 22, 35
바퀴벌레 159
박해 94
반류 77
반전 101
밥풀 151
방 에어컨 84
방사 140, 142, 143, 145, 146, 151
방사냉각 148
방상법 31
방수 55

방수공법 55
방습층 58
방재 34, 87, 107, 111
방재업무 97
방전 142
방전현상 142
방풍림 33
방풍원 33
방향분산 65
백금저항 온도계 164
백엽상 165
백일기도 102
번개 149
벼락 142
별 156
병충해 33, 34
병해 33
보법 103
보상류 76, 77
복도 165
복사 180
봄꽃 158
봉상 온도계 164
부유분진 73
부유진애 73
부존량 21
북서 계절풍 154
북태평양 고기압 137, 147
불쾌지수 191
뷰포트 풍력계급표 172
비 55, 142, 143, 148, 149, 150, 151, 152,
 153, 155, 156, 157,
비간드 180
비늘구름 143
비습 167
비열(比熱) 75, 147, 148, 152
비장 167
비층구름 174
비행운 133
빌딩풍 52, 53
빙산 94
빙정 130
빙제 57
빙주 57
빙해 58, 93
빨래지수 193

## ㅅ

사이펀식 자기우량계　175
산곡풍　55, 75
산림업　35
산성우　35
산악파　90
삼한사온　149
상대습도　151, 167, 167
상층운　143, 174
상해　30, 31
새매　135
생기상학　183
생에너지　50, 51, 54
생활과 기상　183
생활지수　191, 193
서고동저형　149
서리　146, 148, 151
서미스터 온도계　164
서열해　37
서열화　55
서풍　145, 157
서하　82
선번　188
선스크린　191
선체착빙　38, 40, 93
선탠　188
설량계　176
설산　94
설선(雪線)정보　27
설해　37, 84, 92
설해대책　92
섭씨　163
성층권　188, 192
세계기상감시계획　124, 125
세계기상기구　125
세계평균기온　83
세차지수　193
세파　20, 62
소건조계　37
소규모해륙풍일　76
소리　153
소용돌이　33
소조　22
小波　20, 62
소형증발계　178

소화기의 질환　184
속도　173
솔라하우스　49
송풍법　31
수력발전(水力發電)　19, 84
수문기상학　26
수빙　57
수산　37
수수지　29
수원　44
수은　164
수은기압계　107, 162
수은사　165
수자원　23, 35
수자원부존량　25
수증기　146, 151, 166, 175
수증기압　166, 167
수직운　174
수치예보　87, 108, 111,
수치일기예보　108
수평면 전천일사량　180
수해　37, 43, 92
순간풍속　89
순전　101
순환기 질환　184
쉬어　111
스노우 샘플러　177
스노우써베이　26
스펙트럼법　61, 66
스포츠·레저에 기상장해　95
습구온도계　168
습기　136, 137, 137, 145, 151
습도　96, 151, 166, 185
습도계　168
습윤공기　167
시도　104
시뮬레이션　87
시베리아 고기압　150
시정　39, 178
시정 계급표　178, 179
시정 목표도　178, 179
시정계　179
시정장해　95
시제　114
신에너지　17
신적설　177

찾아보기　|　199

신적설량  116
실내기상  48
실화예보  112
실효습도  167, 96
쌍금속판 온도계  164
쌓인 눈  92
샌구름  174
샌비구름  174

## ㅇ

악기상  38, 86
惡日侯  86
악천후  86
안개  145, 146, 173
알코올  164
앞 바다  38
액수  57
약층  43
양서류  137
양적예보  111
어류  138
어린 아기  153
얼음 뚝  57
에어컨  45, 51, 81, 85
에플리 일사계  181
역전  101
역전층  78, 152
역치(閾値)  83
역학예보  109
연기  156, 157
연원고도(煙源高度)  73
연장예보  108
연화  31
열 평형식  46
열대성 저기압  154
열대야  59, 82
열도  55
열뢰  142, 149
열섬  55
열수지  29
열용량  48
열전대  164
열파지수  192
염증후색소침착  188
염해  90

옆바람  90
예감능력  136
예방예보  185
예보  108, 109, 111, 118
예보법  112, 61
예보식  61
예보용어  113
오랜 비  82
오존  192, 72
오존전량  188
오존층  188
온난 전선  140
온난다습  58
온난전면  133
온난전선  143
온도계  107, 163, 164, 168
온도요구도  28
온실효과  29
온열4요소  46
외기온  57
외삽법  103
외출지수  193
요란  108, 111
용권  90
용권재해  90
우기  137
우량  175
우량계  175
우로  55
우박  94
우박해  93
우빙  92, 93
우수  55
우수이용  56
우종  55, 56
운동학적예측법  112
운량  173, 174
운립  130
운형  173
원격측정  26
원자력에너지  17
웨더루칭  86, 87
위험기상  37
유빙  40, 93
유선  73
유시계비행  95

유의파　61, 64, 66
유의파고　39, 64, 114
유의파법　66
유출계수　19
유출량　19
유해자외선　188
유효방사저감법　31
유효적산기온　28
유효포장수량　20
육풍　75, 148
융설　44, 92
융설수　44
융설해　92
융해수　57
은반 일사계　181
음속　164
음파　138
음향효과　153
의학기상예보　185
이동거리　89
이동성 고기압　137, 148, 149, 150, 151
이론포장수량　20
이류무　40
이상기상　30, 37
이상기온　82
이상냉수　41
이슬　139, 146, 152
이슬점온도　167
이안풍　43
인간　153
인위적 재해　88
일광피부암　188
일기　80, 111, 133, 140, 141, 154
일기-경제혼합　79
일기도　101, 111
일기속담　107, 133
일기예보　38, 104, 107, 108
일기판매증진책　83
일반류　148
일반예보　109
일변화　74
일사　18, 36, 180
일사계　180
일사량　180
일조　181
일조계　181

일조시간　181
일조율　181
일최고기온　83, 85
일최저습도　96
일평균기온　83
일후　81, 94
임야화재　37
임업　35
1차 오염물질　70
2차 오염물질　71
NOAA 기상위성　128
SMB法　61
SPF　191
UV 카드　188

## ㅈ

자기 기압계　162
자기증발계　178
자동기상관측시스템　26, 109, 111
자연에너지　17
자연재해　88
자연풍　55
자연환기　52, 53
자외선　188
자외선지수　192
잔물결　20, 62
잔서　82
잠열 전도율　47
장거리이동성해충　34
장기 자기우량계　176
장기예보　45, 79, 108, 109, 136, 146
장기완만형　94
장마전선　149
장우　82
장파　154, 155
재생가능에너지　17, 18
재해　88
재해대책　97
저기압　101, 104, 135, 137, 140, 141,
　　　　141, 142, 143, 144, 148, 150,
　　　　152, 153, 155, 157
저녁노을　146
저열법　31
低溫耐性　31

적난운(積亂雲) 93, 174
적산기온 30
적설 92, 177
적설계 177
적설량 177
적설밀도 26
적설상당수량 26, 27, 177
적설심 26
적설지 56
적설하중 56, 57
적운(積雲) 174
적지적작 30
전기 온도계 164
전단 111
전도형 우량계 175
전력기상통보 109
전선 101, 104, 133, 142, 145, 149, 150
전선대 34
전운량 174
전자계산기 108
전자파 180
전천일사량 190
전천후 82
전파장해 95
절대습도 167
절대온도 163
절수효과 56
접지층 74
정시관측 107
정역학 방정식 163
정지기상위성 125, 127
정착빙 93
제비 133
제비집 134
제트기류 34
조도 41
조류 21, 133
조석 21
조석발전소 22
조위 91
조차 22
종관규모 111
종관기상장 34
종단속도 94
종달새 134
죠르단 일조계 182

주간예보 79, 108, 109
主觀解析 111
주의보 97, 109, 111
注意報 基準 115
주파수분산 65
중기예보 108, 109
중층운 143, 174
증발 178
증발계 178
증발량 178
증발잠열방출 44
지렁이 139
지상관측 121
지상대기관측 121
지상마찰 101
지상수신기 124
지상일기도 111
지상풍 89, 169
지연형흑화 189
지열 22
지중온도 182
지중온도계 182
지진 140, 158
지진예보 158, 159, 160
직달일사량 180
직득형태양가 49
질소산화물 78
집수면적 56
집중호우 84
GMS 기상위성 126

### ㅊ

차가운 여름 82
着氷 92
착빙해 92
착설 92
착설해 92
채설기 177
천둥 142
천둥번개 84, 93
천문현상 155
천식예보 185
천후 81, 133
철관 지중온도계 182
철도기상통보 109

철새　135
청개구리　137
청일　81, 87
청천　87
청천난기류　90
초상해　31
초음파　138, 159
최고 온도계　165
최고·최저 온도계　164
최대순간풍속　89, 114
최대적설상당수량　27
최대적설수량　26
최대파고　114
최저 온도계　165
최저기온　164
최저유지온도　29
최적항로선정　86, 87
추운 겨울　81
추위　158
추적자　73
출화　96
충해　34
취속시간　39, 62, 64, 66
취송거리　39, 64, 64
취송류　44
취주거리　61, 62, 64, 66, 91
취주시간　91
측기　107, 172
측기관측　173
측풍기　171
층구름　174
층상운　174
층쎈구름　174
층운(層雲)　174
층적운(層積雲)　174

## ㅋ

카테고리예보　111
캄벨·스토크스 일조계　182
컨설턴트　67
컴퓨터　108
컴퓨터 시뮬레이션　53
큰바람　155
큰비　42, 44, 137, 140, 142

## ㅌ

탈화석연료　17
태양가　49
태양방사　18, 180
태양상수　180
태양집　49
털구름　174
털쎈구름　174
털층구름　174
토네이도　90
토리첼리의 실험　162
토사재해　92
토양온도　182
통기윤도　55
통풍　169, 54
통풍건습계　168
트레이서　73
특수예보　109
틈새　53

## ㅍ

파고　39, 61
파도　20, 60, 62, 65, 66
파랑　61, 62, 65, 91
파랑경보　114
파랑예보　66
파랑재해　91
파랑주위보　114
파랑추산　66
파랑해　90, 91
파력(波力)　20
파리　136
편서풍　86, 144, 145, 148
편서풍대　149, 150, 157
편서풍지대　144
평균풍속　89
폐기물　59
폐열　59
포텐셜　111
포화　153, 167
포화수증기압　167
폭풍　45, 138
폭풍경보　114
폭풍우　134, 138
폭풍주의보　114

표면결로 58
표면파 63
표준기상자료 51
표준형 우량계 175
풍동(風洞)실험 53
풍랑 38, 42, 60, 90, 91
풍력발전 18
풍상측 88
풍설해 92
풍속 73, 114, 169
풍속계 171, 172
풍식 36, 89
풍압 88
풍압력 53, 88, 89
풍전단 90
풍정 89
풍파 20, 61, 62, 63, 64, 65, 91
풍파스펙트럼 64
풍하측 88
풍해 32, 37, 88
풍향 169
풍향·풍속계 171
풍향계 169, 172
피복재배 29
필요환기량 54

## ㅎ

하구 45
하드닝 31
하수부하 56
하우스 농업 29
하층운 174
한냉전면 133
한냉지 54, 93
한동 81
한란계 163
한랭 전선 141
한발 31, 146, 147
한천 32
한파 41, 81
한풍 40
한풍해 33
한해 31, 32, 37, 94
한후기 67
항공과 기상정보 69

항공기상 85
항공기상예보 109
항공로(航空路)예보 69
해난 68
海難事故 68
해류 21
해륙풍 55, 75, 76, 148, 187
해무 39
해빙 93
해빙도 40
해빙예보 40
해상 85, 86
해상기상 85
해상예보 109
해석법 61
해양오염 42
해운과 기상정보 68
해탐 188, 189
해파리 138
해풍 75, 148,
해풍순환 77
해풍전선 77
햇무리 141
현열 전도율 47
호설 57
호우재해 92
호흡기 질환 184
혼합비 167
홍수 42, 92
홍수대책 56
홍수예보 109
화분병 185
화분증 184
화상자료 128
화씨 163
화재 156
화학에너지 17
환경농도 73, 76
환기 53
환기구동력 53, 55
황산화물 78
횡풍 90

232
264
275
308
261
238
190
242
243
221
237
269
181
338
367
273
288
209
160
132
242
239
200
275
162
136
223
302
332
080
182
082
145
037
139
168
284
140
073
270
218
138
202
212
240
148
169
162
145
157
151
178
203

| | |
|---|---|
| 대학 | |
| 학과 | |
| 학번 | |
| 이름 | |

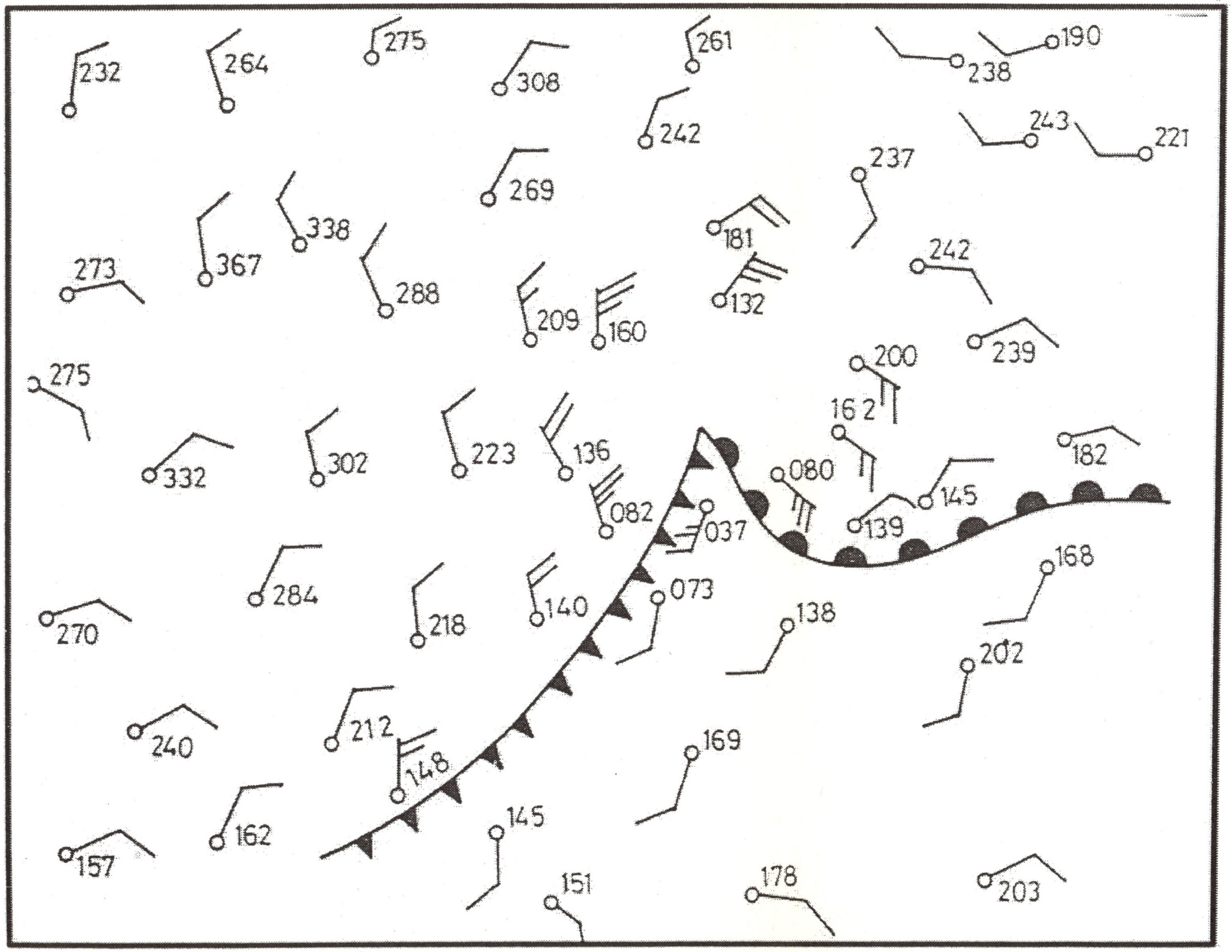

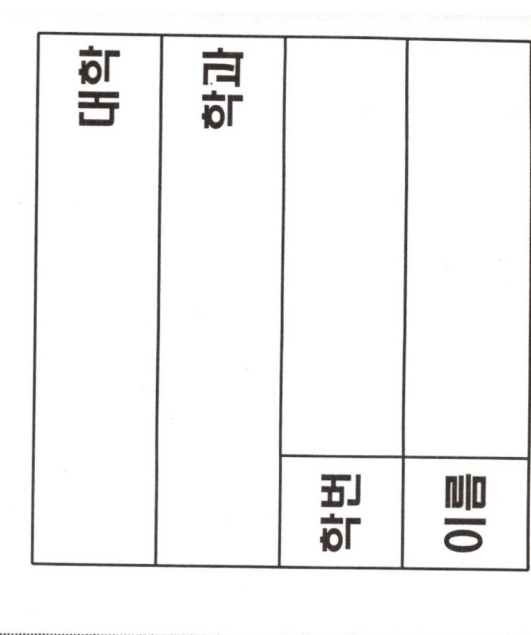

1020
1016
1012
1008
1004
1000
1020
1006
1004
998
1018
1016
996
1018
1000
996
1004
1016
1008
1000
992
992
1014
1012
988
988
986
1012
996
1008
1004
992
992
1010
988
1000
1006
996
996
1008
1004
1000
1002
1012
1008
1012
1016
1004
1008
1016
1020


| 이름 | 학번 | 학과 | 대학 |
|---|---|---|---|
| | | | |

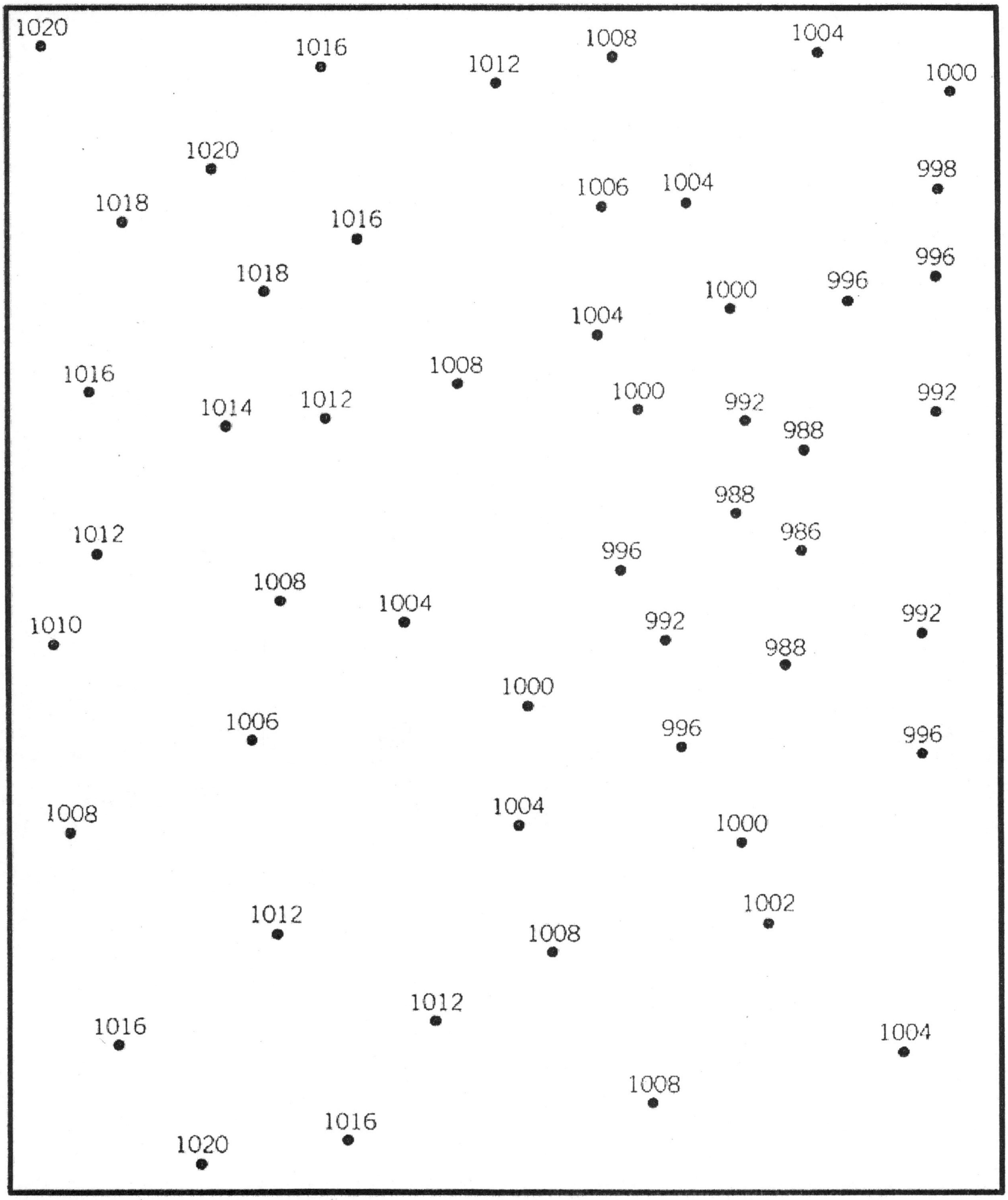

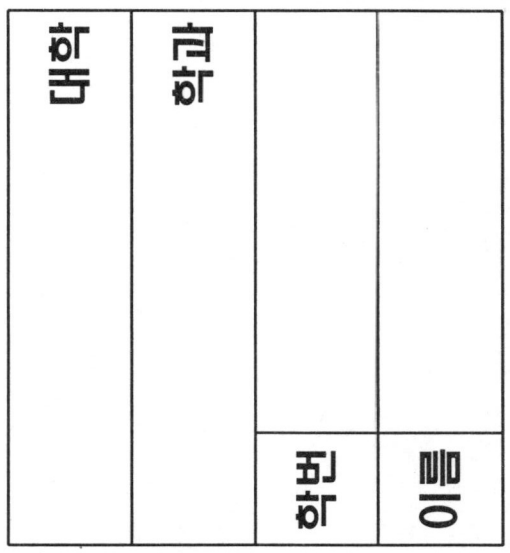

## 《저 자 소 개》

**소 선 섭(蘇 鮮 燮)**

§ 경 력
- 공주사범대학 지구과학교육과 졸(1972年)
- 서울대학교 대학원 지구과학과 졸(1974年)
- 일본 동경대학 대학원 연구생, 석사, 박사 卒(1977~1983年)
- 대기과학 전공, 이학박사 (동경대학)
- 현 공주대학교(1983年~) 대기과학과(1994年~) 교수

§ 저 서
- 기상역학서설(교학연구사)
- 기상관측법(교문사)
- 지구물리개론(범문사)
- 기상역학 서설 주해(공주대학교 출판부)
- 지구유체역학입문(       〃       )
- 대기·지구통계학(       〃       )
- 기상역학주해(       〃       )
- 일반기상학(교문사)
- 지구과학개론(교문사)
- 지구과학실험(교문사)
- 대기관측법(교문사)
- 승마입문(공주대학교 대기과학과)
- 승마와 마필(乘馬와 馬匹)
  (마사연구소, 공주대학교 출판부)

§ 연락처

**대 학**
우 314-710, 한국 충남 공주시 신관동 182,
공주대학교 자연과학대학 대기과학과
전화   (041) 850-8528, 8843
H.P.   017-279-9889
FAX   (041) 850-8843
E-mail: soseuseu@kongju.ac.kr

**천마승마목장(天馬乘馬牧場)**
Pegasus Horse Riding Ranch
우 314-843, 한국 충남 공주시 이인면 주봉리
(돌고지) 323,
전화 (041) 858-1616
Homepage: www.pegasusranch.org

---

## 날씨와 인간생활

인 쇄 : 2005년 3월 3일
발 행 : 2005년 3월 5일

저 자 : 소 선 섭
발행인 : 박 상 규
발행처 : **도서출판 보 성**
　　　　대전광역시 동구 삼성2동 318-31
전 화 : (042) 673-1511 / (042) 635-1511
등록번호 제61호

ISBN 89-89891-40-X 93440

【13,000원】